自动化技术轻松入门丛书

S7-200 SMART PLC
完全精通教程

主　编　向晓汉

副主编　向定汉

主　审　苏高峰

机械工业出版社

本书从基础和实用出发，涵盖的主要内容分为两个部分，第一部分（第 1～5 章）为基础篇，主要介绍 S7-200 SMART 系列 PLC 的硬件和接线、STEP7-Micro/WIN SMART 软件的使用、PLC 的编程语言、编程方法与调试；第二部分（第 6～10 章）为提高与应用篇，包括 PLC 的通信、PLC 在运动控制的应用、PLC 在变频调速系统中的应用和可编程序控制器系统集成等。

本书内容丰富，重点突出，强调知识的实用性，每章中都配有大量实用的例题，便于读者模仿学习，大部分实例都有详细的软件、硬件配置清单，并配有接线图和程序。另外每章配有习题供读者训练之用。本书的配套光盘中有重点内容的对应程序和操作视频资料。

本书可供学习 S7-200 SMART 系列 PLC 的工程技术人员使用，也可以作为大中专院校机电类、信息类专业的教材。

图书在版编目（CIP）数据

S7-200 SMART PLC 完全精通教程 / 向晓汉主编. —北京：机械工业出版社，2013.8

（自动化技术轻松入门丛书）

ISBN 978-7-111-43442-9

Ⅰ. ①S… Ⅱ. ①向… Ⅲ. ①plc 技术—教材 Ⅳ. ①TM571.6

中国版本图书馆 CIP 数据核字（2013）第 168539 号

机械工业出版社（北京市百万庄大街 22 号　邮政编码 100037）

策划编辑：时　静

责任编辑：时　静　尚　晨

责任印制：李　洋

北京宝昌彩色印刷有限公司印刷

2013 年 8 月第 1 版·第 1 次印刷

184mm×260mm·21.75 印张·537 千字

0001—3500 册

标准书号：ISBN 978-7-111-43442-9

定价：56.00 元

前　言

随着计算机技术的发展，以可编程序控制器、变频器调速和计算机通信等技术为主体的新型电气控制系统已经逐渐取代了传统的继电器电气控制系统，并广泛应用于各行业。由于西门子 S7-200 系列 PLC 具有很高的性价比，因此在工控市场占有非常大的份额，应用十分广泛，而 S7-200 SMART 系列 PLC 是 S7-200 系列 PLC 升级版本，且价格略低，可以预见其有广泛的应用前景。为了使读者能更好地掌握相关知识，我们在总结长期的教学经验和工程实践的基础上，联合相关企业人员，共同编写了本书，力争使读者通过"看书"就能学会 S7-200 SMART 系列 PLC。本书力求简单和详细，基础部分用较多的小型实例引领读者入门，让读者在学完入门部分后，能完成简单的工程。提高与应用部分精选工程的实际案例，供读者模仿学习，提高读者解决实际问题的能力。

我们在编写过程中，将一些生动的操作实例融入到书中，以提高读者的学习兴趣。本书与其他相关书籍相比，具有以下特点。

（1）用实例引导读者学习。该书的大部分章节用精选的实例讲解。

（2）重点的实例都包含软硬件的配置方案图、接线图和程序，为确保程序的正确性，程序已经在 PLC 上运行通过。

（3）对于比较复杂的实例，本书配有操作视频，便于读者学习。

（4）该书实例易于工程移植。

全书共分 10 章。第 1 章由无锡雷华科技有限公司的唐克彬编写；第 2、3 章由桂林电子科技大学的向定汉教授编写；第 4、5、6 章由无锡职业技术学院的向晓汉编写；第 7 章由无锡雷华科技有限公司的陆彬编写；第 8、9 章由无锡雪浪环保科技有限公司的刘摇摇编写；第 10 章由无锡雷华科技有限公司的欧阳慧编写。本书由向晓汉任主编，向定汉任副主编，苏高峰任主审。

由于作者水平有限，缺点和错误在所难免，敬请读者批评指正。

作　者

目　　录

第 1 章

可编程序控制器基础

本章介绍可编程序控制器的历史、功能、特点、应用范围、发展趋势、在我国的使用情况、结构和工作原理等知识，使读者初步了解可编程序控制器，为学习本书后续内容做好准备。

1.1 概述

可编程序控制器（Programmable Logic Controller）简称 PLC，国际电工委员会（IEC）于 1985 年对可编程序控制器作了如下定义："可编程序控制器是一种数字运算操作的电子系统，专为在工业环境下应用而设计。它采用可编程序的存储器，用来在其内部存储执行逻辑运算、顺序控制、定时、计数和算术运算等操作的指令，并通过数字、模拟的输入和输出，控制各种类型的机械或生产过程。可编程序控制器及其有关设备，都应按易于与工业控制系统连成一个整体，易于扩充功能的原则设计。PLC 是一种工业计算机，其种类繁多，不同厂家的产品有各自的特点，但作为工业标准设备，可编程序控制器又有一定的共性。

1.1.1 PLC 的发展历史

20 世纪 60 年代以前，汽车生产线的自动控制系统基本上都由继电器控制装置构成的。当时每次改型都直接导致继电器控制装置的重新设计和安装，福特汽车公司（FORD）的老板曾经说，无论顾客需要什么样的汽车，福特的汽车永远是黑色的，从侧面反映汽车改型和升级换代比较困难。为了改变这一现状，1969 年，美国的通用汽车公司（GM）公开招标，要求用新的装置取代继电器控制装置，并提出十项招标指标，要求新的装置具备编程方便、现场可修改程序、维修方便、采用模块化设计、体积小、可与计算机通信等功能。同一年，美国数字设备公司（DEC）研制出了世界上第一台可编程序控制器 PDP-14，并在美国通用汽车公司的生产线上试用成功，取得了满意的效果，可编程序控制器从此诞生。由于当时的 PLC 只能取代继电器接触器控制，功能仅限于逻辑运算、计时、计数等，所以称为"可编程逻辑控制器"。伴随着微电子技术、控制技术与信息技术的不断发展，可编程序控制器的功能不断增强。美国电气制造商协会（NEMA）于 1980 年正式将其命名为"可编程序控制器"，简称 PC，由于这个名称和个人计算机的简称相同，容易混淆，因此在我国，很多人仍然习惯称可编程序控制器为 PLC。可以说

PLC 是在继电器控制系统基础上发展起来的。

由于 PLC 具有易学易用、操作方便、可靠性高、体积小、通用灵活和使用寿命长等一系列优点，因此，很快就在工业中得到了广泛的应用。同时，这一新技术也受到其他国家的重视。1971 年日本引进这项技术，很快研制出日本第一台 PLC，欧洲于 1973 年研制出第一台 PLC，我国从 1974 年开始研制，1977 年国产 PLC 正式投入工业应用。

20 世纪 80 年代以来，随着电子技术的迅猛发展，以 16 位和 32 位微处理器构成的微机化 PLC 得到快速发展，（例如 GE 的 RX7i，使用的是赛扬 CPU，其主频达 1GHz，其信息处理能力几乎和个人电脑相当）使得 PLC 在设计、性能价格比以及应用方面有了突破，不仅控制功能增强，功耗和体积减小，成本下降，可靠性提高，编程和故障检测更为灵活方便，而且随着远程 I/O 和通信网络、数据处理和图像显示的发展，已经使得 PLC 普遍用于控制复杂生产过程。PLC 已经成为工厂自动化的三大支柱（PLC、机器人和 CAD/CAM）之一。

1.1.2 PLC 的主要特点

PLC 之所以高速发展，除了工业自动化的客观需要外，还有许多适合工业控制的独特的优点，它较好地解决了工业控制领域中普遍关心的可靠、安全、灵活、方便、经济等问题，其主要特点有以下几方面。

1．抗干扰能力强，可靠性高

在传统的继电器控制系统中，使用了大量的中间继电器、时间继电器，由于器件的固有缺点，如器件老化、接触不良、触点抖动等现象，大大降低了系统的可靠性。而在 PLC 控制系统中大量的开关动作由无触点的半导体电路完成，因此故障大大减少。

此外，PLC 的硬件和软件方面采取了措施提高其可靠性。在硬件方面，所有的 I/O 接口都采用了光电隔离，使得外部电路与 PLC 内部电路实现了物理隔离。各模块都采用了屏蔽措施，以防止辐射干扰。电路中采用了滤波技术，以防止或抑制高频干扰；在软件方面，PLC 具有良好的自诊断功能，一旦系统的软硬件发生异常情况，CPU 会立即采取有效措施，以防止故障扩大。通常 PLC 具有看门狗功能。

对于大型的 PLC 系统，还可以采用双 CPU 构成冗余系统或者三 CPU 构成表决系统，使系统的可靠性进一步提高。

2．程序简单易学，系统的设计调试周期短

PLC 是面向用户的设备，PLC 的生产厂家充分考虑到现场技术人员的技能和习惯，采用梯形图或面向工业控制的简单指令形式调试设备。梯形图与继电器原理图很相似，直观、易懂、易掌握，不需要学习专门的计算机知识和语言。设计人员可以在设计室设计、修改和模拟调试程序，非常方便。

3．安装简单，维修方便

PLC 不需要专门的机房，可以在各种工业环境下直接运行，使用时只需将现场的各种设备与 PLC 相应的 I/O 端相连接，即可投入运行。各种模块上均有运行和故障指示装置，便于用户了解运行情况和查找故障。

4．采用模块化结构，体积小，重量轻

为了适应工业控制需求，除了整体式 PLC 外，绝大数 PLC 采用模块化结构。PLC 的各部件，包括 CPU、电源、I/O 等都采用模块化设计。此外，PLC 相对于通用工控机，其

体积和重量要小得多。

5. 丰富的 I/O 接口模块，扩展能力强

PLC 针对不同的工业现场信号（如交流或直流、开关量或模拟量、电压或电流、脉冲或电位、强电或弱电等）有相应的 I/O 模块与工业现场的器件或设备（如按钮、行程开关、接近开关、传感器及变送器、电磁线圈、控制阀等）直接连接。另外，为了提高操作性能，它还有多种人-机对话的接口模块，为了组成工业局部网络，它还有多种通信联网的接口模块等。

1.1.3 PLC 的应用范围

目前，PLC 在国内外已广泛应用于机床、控制系统、自动化楼宇、钢铁、石油、化工、电力、建材、汽车、纺织机械、交通运输、环保以及文化娱乐等各行各业。随着 PLC 性能价格比的不断提高，其应用范围还将不断扩大，其应用场合可以说是无处不在，具体应用大致可归纳为如下几类。

1. 顺序控制

这是 PLC 最基本、最广泛应用的领域，它取代传统的继电器顺序控制，PLC 用于单机控制、多机群控制、自动化生产线的控制。例如数控机床、注塑机、印刷机械、电梯控制和纺织机械等。

2. 计数和定时控制

PLC 为用户提供了足够的定时器和计数器，并设置相关的定时和计数指令，PLC 的计数器和定时器精度高、使用方便，可以取代继电器系统中的时间继电器和计数器。

3. 位置控制

大多数的 PLC 制造商，目前都提供拖动步进电动机或伺服电动机的单轴或多轴位置控制模块，这一功能可广泛用于各种机械，如金属切削机床、装配机械等。

4. 模拟量处理

PLC 通过模拟量的输入/输出模块，实现模拟量与数字量的转换，并对模拟量进行控制，有的还具有 PID 控制功能。例如用于锅炉的水位、压力和温度控制。

5. 数据处理

现代的 PLC 具有数学运算、数据传递、转换、排序和查表等功能，也能完成数据的采集、分析和处理。

6. 通信联网

PLC 的通信包括 PLC 相互之间、PLC 与上位计算机、PLC 和其他智能设备之间的通信。PLC 系统与通用计算机可以直接或通过通信处理单元、通信转接器相连构成网络，以实现信息的交换，并可构成"集中管理、分散控制"的分布式控制系统，满足工厂自动化系统的需要。

1.1.4 PLC 的分类与性能指标

1. PLC 的分类

（1）按组成结构形式分类

可以将 PLC 分为两类：一类是整体式 PLC（也称单元式），其特点是电源、中央处理

单元、I/O 接口都集成在一个机壳内；另一类是标准模板式结构化的 PLC（也称组合式），其特点是电源模板、中央处理单元模板、I/O 模板等在结构上是相互独立的，可根据具体的应用要求，选择合适的模块，安装在固定的机架或导轨上，构成一个完整的 PLC 应用系统。

（2）按 I/O 点容量分类

1）小型 PLC。小型 PLC 的 I/O 点数一般在 128 点以下，如西门子的 S7-200 SMART 系列 PLC。

2）中型 PLC。中型 PLC 采用模块化结构，其 I/O 点数一般在 256～1024 点之间，如西门子的 S7-300 系列 PLC。

3）大型 PLC。一般 I/O 点数在 1024 点以上的称为大型 PLC，如西门子的 S7-400 系列 PLC。

2．PLC 的性能指标

各厂家的 PLC 虽然各有特色，但其主要性能指标是相同的。

（1）输入/输出（I/O）点数

输入/输出（I/O）点数是最重要的一项技术指标，是指 PLC 的面板上连接外部输入、输出端子数，常称为"点数"，用输入与输出点数的和表示。点数越多表示 PLC 可接入的输入器件和输出器件越多，控制规模越大。点数是 PLC 选型时最重要的指标之一。

（2）扫描速度

扫描速度是指 PLC 执行程序的速度。以 ms/K 为单位，即执行 1K 步指令所需的时间。1步占 1 个地址单元。

（3）存储容量

存储容量通常用 K 字（KW）或 K 字节（KB）、K 位来表示。这里 1K=1024。有的 PLC 用"步"来衡量，一步占用一个地址单元。存储容量表示 PLC 能存放多少用户程序。例如，三菱型号为 FX2N-48MR 的 PLC 存储容量为 8000 步。有的 PLC 的存储容量可以根据需要配置，有的 PLC 的存储器可以扩展。

（4）指令系统

指令系统表示该 PLC 软件功能的强弱。指令越多，编程功能就越强。

（5）内部寄存器（继电器）

PLC 内部有许多寄存器用来存放变量、中间结果、数据等，还有许多辅助寄存器可供用户使用。因此寄存器的配置也是衡量 PLC 功能的一项指标。

（6）扩展能力

扩展能力是反映 PLC 性能的重要指标之一。PLC 除了主控模块外，还可配置实现各种特殊功能的高功能模块。例如 A-D 模块、D-A 模块、高速计数模块、远程通信模块等。

1.1.5　PLC 与继电器控制系统的比较

在 PLC 出现以前，继电器硬接线电路是逻辑、顺序控制的唯一执行者，它结构简单、价格低廉，一直被广泛应用。PLC 出现后，几乎所有的方面都超过继电器控制系统，两者的性能比较见表 1-1。

表 1-1 可编程序控制器与继电器控制系统的比较

序号	比较项目	继电器控制	可编程序控制器控制
1	控制逻辑	硬接线多、体积大、连线多	软逻辑、体积小、接线少、控制灵活
2	控制速度	通过触点开关实现控制，动作受继电器硬件限制，通常超过 10ms	由半导体电路实现控制，指令执行时间段，一般为微秒级
3	定时控制	由时间继电器控制，精度差	由集成电路的定时器完成，精度高
4	设计与施工	设计、施工、调试必须按照顺序进行，周期长	系统设计完成后，施工与程序设计同时进行，周期短
5	可靠性与维护	继电器的触点寿命短，可靠性和维护性差	无触点，寿命长，可靠性高，有自诊断功能
6	价格	价格低	价格高

1.1.6 PLC 与微机的比较

采用微电子技术制造的可编程序控制器与微机一样，也由 CPU、ROM（或者 FLASH）、RAM、I/O 接口等组成，但又不同于一般的微机，可编程序控制器采用了特殊的抗干扰技术，是一种特殊的工业控制计算机，更加适合工业控制。两者的性能比较见表 1-2。

表 1-2 PLC 与微机的比较

序号	比较项目	可编程序控制器控制	微 机 控 制
1	应用范围	工业控制	科学计算、数据处理、计算机通信
2	使用环境	工业现场	具有一定温度和湿度的机房
3	输入/输出	控制强电设备，需要隔离	与主机弱电联系，不隔离
4	程序设计	一般使用梯形图语言，易学易用	编程语言丰富，如 C、BASIC 等
5	系统功能	自诊断、监控	使用操作系统
6	工作方式	循环扫描方式和中断方式	中断方式

1.1.7 PLC 的发展趋势

PLC 的发展趋势有如下几个方面。

1）向高性能、高速度、大容量发展。

2）网络化。强化通信能力和网络化，向下将多个可编程序控制器或者多个 I/O 框架相连；向上与工业计算机、以太网等相连，构成整个工厂的自动化控制系统。即便是微型的 S7-200 系列 PLC 也能组成多种网络，通信功能十分强大。

3）小型化、低成本、简单易用。目前，有的小型 PLC 的价格只有几百元人民币。

4）不断提高编程软件的功能。编程软件可以对 PLC 控制系统的硬件组态，在屏幕上可以直接生成和编辑梯形图、指令表、功能块图和顺序功能图程序，并可以实现不同编程语言的相互转换。程序可以下载、存盘和打印，通过网络或电话线，还可以实现远程编程。

5）适合 PLC 应用的新模块。随着科技的发展，对工业控制领域将提出更高的、更特殊的要求，因此，必须开发特殊功能模块来满足这些要求。

6）PLC 的软件化与微机化。目前已有多家厂商推出了在微机上运行的可实现 PLC 功能的软件包，也称为"软 PLC"，"软 PLC"的性能价格比比传统的"硬 PLC"更高，是 PLC 的一个发展方向。

微机化的 PLC 类似于 PLC，但它采用了微机的 CPU，功能十分强大，如 GE 的 Rx7i 和 Rx3i 使用的就是工控机用的赛扬 CPU，主频已经达到 1GHz。

1.1.8 PLC 在我国的使用情况

1. 国外 PLC 品牌

目前 PLC 在我国得到了广泛的应用，很多知名厂家的 PLC 在我国都有应用。

1）美国是 PLC 生产大国，有 100 多家 PLC 生产厂家。其中 A-B 公司的 PLC 产品规格比较齐全，主推大中型 PLC，主要产品系列是 PLC-5；通用电气也是知名 PLC 生产厂商，大中型 PLC 产品系列有 RX3i 和 RX7i 等；德州仪器也生产大、中、小全系列 PLC 产品。

2）欧洲的 PLC 产品也久负盛名。德国的西门子公司、AEG 公司和法国的 TE 公司都是欧洲著名的 PLC 制造商。其中西门子公司的 PLC 产品与美国的 A-B 的 PLC 产品齐名。

3）日本的小型 PLC 具有一定的特色，性价比较高，比较有名的品牌有三菱、欧姆龙、松下、富士、日立和东芝等，在小型机市场，日系 PLC 的市场份额占有率曾经高达 70%。

2. 国产 PLC 品牌

我国自主品牌的 PLC 生产厂家有近 30 余家。在目前已经上市的众多 PLC 产品中，还没有形成规模化的生产和名牌产品，甚至还有一部分是以仿制、来件组装或"贴牌"方式生产。单从技术角度来看，国产小型 PLC 与国际知名品牌小型 PLC 差距正在缩小，使用越来越多。例如和利时、深圳汇川和无锡信捷等公司生产的小型 PLC 已经比较成熟，其可靠性在许多低端应用中得到了验证，但其知名度与世界先进厂家还有相当的差距。

总的来说，我国使用的小型可编程序控制器主要以日本的品牌为主，而大中型可编程序控制器主要以欧美的品牌为主。目前国内 95%以上的 PLC 市场被国外品牌所占领。

1.2 可编程序控制器的结构和工作原理

1.2.1 可编程序控制器的硬件组成

可编程序控制器种类繁多，但其基本结构和工作原理相同。可编程序控制器的功能结构区由 CPU（中央处理器）、存储器和输入模块/输出模块三部分组成，如图 1-1 所示。

1. CPU（中央处理器）

CPU 的功能是完成 PLC 内所有的控制和监视操作。中央处理器一般由控制器、运算器和寄存器组成。CPU 通过数据总线、地址总线和控制总线与存储器、输入输出接口电路连接。

2. 存储器

在 PLC 中使用两种类型的存储器：一种是只读类型的存储器，如 EPROM 和

EEPROM，另一种是可读/写的随机存储器 RAM。PLC 的存储器分为 5 个区域，如图 1-2 所示。

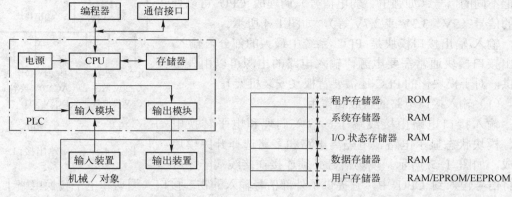

图 1-1　可编程序控制器结构框图　　　　　图 1-2　存储器的区域划分

　　程序存储器的类型是只读存储器（ROM），PLC 的操作系统存放在这里，程序由制造商固化，通常不能修改。也有的 PLC 允许用户对其操作系统进行升级，例如西门子 S7-200 SMART 和 S7-1200。该存储器中的程序负责解释和编译用户编写的程序、监控 I/O 口的状态、对 PLC 进行自诊断、扫描 PLC 中的程序等。系统存储器属于随机存储器（RAM），主要用于存储中间计算结果和数据、系统管理，有的 PLC 厂家用系统存储器存储一些系统信息，如错误代码等，系统存储器不对用户开放。I/O 状态存储器属于随机存储器，用于存储 I/O 装置的状态信息，每个输入模块和输出模块都在 I/O 映像表中分配一个地址，而且这个地址是唯一的。数据存储器属于随机存储器，主要用于数据处理功能，为计数器、定时器、算术计算和过程参数提供数据存储。有的厂家将数据存储器细分为固定数据存储器和可变数据存储器。用户编程存储器其类型可以是随机存储器、可擦除存储器（EPROM）和电擦除存储器（EEPROM），高档的 PLC 还可以用 FLASH 存储。用户编程存储器主要用于存放用户编写的程序。存储器的关系如图 1-3 所示。

　　只读存储器可以用来存放系统程序，PLC 断电后再上电，系统内容不变且重新执行。只读存储器也可用来固化用户程序和一些重要参数，以免因偶然操作失误而造成程序和数据的破坏或丢

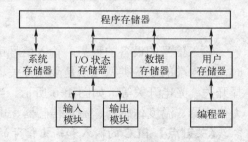

图 1-3　存储器的关系

失。随机存储器（RAM）中一般存放用户程序和系统参数。当 PLC 处于编程工作时，CPU 从 RAM 中取指令并执行。用户程序执行过程中产生的中间结果也在 RAM 中暂时存放。RAM 通常由 CMOS 型集成电路组成，功耗小，但断电时内容消失，所以一般使用大电容或后备锂电池保证断电后 PLC 的内容在一定时间内不丢失。

3. 输入/输出接口

　　可编程序控制器的输入和输出信号可以是开关量或模拟量。输入/输出接口是 PLC 内部弱电（low power）信号和工业现场强电（high power）信号联系的桥梁。输入/输出接口

主要有两个作用，一是利用内部的电隔离电路将工业现场和 PLC 内部进行隔离，起到保护作用；二是调理信号，可以把不同的信号（如强电、弱电信号）调理成 CPU 可以处理的信号（5V、3.3V 或 2.7V 等），如图 1-4 所示。

输入/输出接口模块是 PLC 系统中最大的部分，输入/输出接口模块通常需要电源，输入电路的电源可以由外部提供，对于模块化的 PLC 还需要背板（安装机架）。

（1）输入接口电路的组成和作用

输入接口电路由接线端子、输入调理和电平转换电路、模块状态显示电路、电隔离电路和多路选择开关模块组成，如图 1-5 所示。现场信号必须连接在接线端子才可

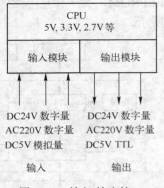

图 1-4　输入/输出接口

能将信号输入到 CPU 中，它提供了外部信号输入的物理接口；调理和电平转换电路十分重要，可以将工业现场的信号（如强电 AC 220V 信号）转化成电信号（CPU 可以识别的弱电信号）；当外部有信号输入时，模块状态显示电路输入模块上有指示灯显示，这个电路比较简单，当线路中有故障时，它帮助用户查找故障，由于氖灯或 LED 灯的寿命比较长，所以这个灯通常是氖灯或 LED 灯；电隔离电路主要利用电隔离器件将工业现场的机械或者电输入信号和 PLC 的 CPU 的信号隔开，它能确保过高的电干扰信号和浪涌不串入 PLC 的微处理器，起保护作用，电隔离电路有三种隔离方式，用得最多的是光电隔离、其次是变压器隔离和干簧继电器隔离；多路选择开关接受调理完成的输入信号，并存储在多路开关模块中，当输入循环扫描时，多路开关模块中信号输送到 I/O 状态寄存器中。PLC 在设计过程中就考虑到了电磁兼容（EMC）。

图 1-5　输入接口的结构

输入信号的设备的种类。输入信号可以是离散信号和模拟信号。当输入端是离散信号时，输入端的设备类型可以是限位开关、按钮、压力继电器、继电器触点、接近开关、选择开关、光电开关等，如图 1-6 所示。当输入为模拟量输入时，输入设备的类型可以是压力传感器、温度传感器、流量传感器、电压传感器、电流传感器、力传感器等。

【关键点】PLC 的输入和输出信号的控制电压通常是 DC 24V，DC 24V 电压在工业控制中最为常见。

（2）输出接口电路的组成和作用

输出接口电路由多路选择开关模块、信号锁存器、电隔离电路、模块状态显示电路、输出电平转换电路和接线端子组成，如图 1-7 所示。在输出扫描期间，多路选择开关模块接受来自映像表中的输出信号，并对这个信号的状态和目标地址进行译码，最后将信息送给锁存器；信号锁存器是将多路选择开关模块的信号保存起来，直到下一次更新；输出接口的电隔离电路作用和输入模块的一样，但是由于输出模块输出的信号比输入信号要强得多，因此要求隔离电磁干扰和浪涌的能力更高；输出电平转换电路将隔离电路送来的信号

放大成足够驱动现场设备的信号，放大器件可以是双向晶闸管、晶体管和干簧继电器等；输出端的接线端子用于将输出模块与现场设备相连接。

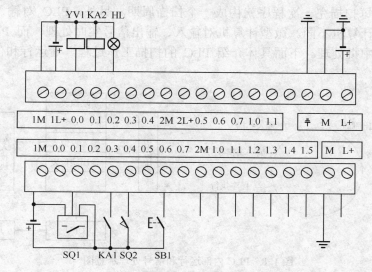

图 1-6　输入/输出接口

图 1-7　输出接口的结构

可编程序控制器有三种输出接口形式：继电器输出、晶体管输出和晶闸管输出。继电器输出形式的 PLC 的负载电源可以是直流电源或交流电源，但其输出响应频率较慢。晶体管输出的 PLC 负载电源是直流电源，其输出响应频率较快。晶闸管输出形式的 PLC 的负载电源是交流电源。选型时要特别注意 PLC 的输出形式。

输出信号的设备根据离散信号和模拟信号的不同可以分为以下两类。当输出端是离散信号时，输出端的设备类型可以是电磁阀的线圈、电动机起动器、控制柜的指示器、接触器线圈、LED 灯、指示灯、继电器线圈、报警器和蜂鸣器等，如图 1-6 所示。当输出为模拟量输出时，输出设备的类型可以是流量阀、AC 驱动器（如交流伺服驱动器）、DC 驱动器、模拟量仪表、温度控制器和流量控制器等。

1.2.2　可编程序控制器的工作原理

PLC 是一种存储程序的控制器。用户根据某一对象的具体控制要求，编制好控制程序后，用编程器将程序输入到 PLC（或用计算机下载到 PLC）的用户程序存储器中寄存。PLC 的控制功能就是通过运行用户程序来实现的。

PLC 运行程序的方式与微型计算机相比有较大的不同，微型计算机运行程序时，一旦执行到 END 指令，程序运行结束。而 PLC 从 0 号存储地址所存放的第一条用户程序开始，在无中断或跳转的情况下，按存储地址号递增的方向顺序逐条执行用户程序，直到 END 指令结束。然后再从头开始执行，并周而复始地重复，直到停机或从运行（RUN）切换到停止（STOP）工作状态。我们把 PLC 这种执行程序的方式称为扫描工作方式。每扫描完一次程序就构成一个扫描周期。另外，PLC 对输入、输出信号的处理与微型计算机不同。微型计算机对输入、输出信号实时处理，而 PLC 对输入、输出信号是集中批处理。下面具体介绍 PLC 的扫描工作过程。其运行和信号处理示意如图 1-8 所示。

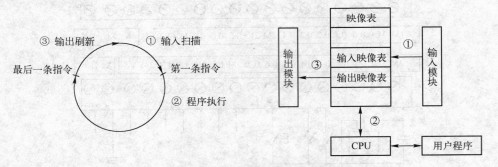

图 1-8　PLC 内部运行和信号处理示意图

PLC 扫描工作方式主要分为三个阶段：输入扫描、程序执行、输出刷新。

1．输入扫描

PLC 在开始执行程序之前，首先扫描输入端子，按顺序将所有输入信号，读入到寄存器——输入状态的输入映像寄存器中，这个过程称为输入扫描。PLC 在运行程序时，所需的输入信号不是现时取输入端子上的信息，而是取输入映像寄存器中的信息。在本工作周期内这个采样结果的内容不会改变，只有到下一个扫描周期输入扫描阶段才被刷新。PLC 的扫描速度快慢取决于 CPU 的时钟速度，一般情况下速度很快。

2．程序执行

PLC 完成了输入扫描工作后，按顺序从 0 号地址开始的程序进行逐条扫描执行，并分别从输入映像寄存器、输出映像寄存器以及辅助继电器中获得所需的数据进行运算处理。再将程序执行的结果写入输出映像寄存器中保存。但这个结果在全部程序未被执行完毕之前不会送到输出端子上，也就是物理输出是不会改变的。扫描时间取决于程序的长度、复杂程度和 CPU 的功能。

3．输出刷新

在执行到 END 指令，即执行完用户所有程序后，PLC 将输出映像寄存器中的内容送到输出锁存器中进行输出，驱动用户设备。扫描时间取决于输出模块的数量。

从以上的介绍可以知道，PLC 程序扫描特性决定了 PLC 的输入和输出状态并不能在扫描的同时改变，例如一个按钮开关的输入信号的输入刚好在输入扫描之后，那么这个信号只有在下一个扫描周期才能被读入。

上述三个步骤是 PLC 的软件处理过程，可以认为就是程序扫描时间。扫描时间通常由三个因素决定，一是 CPU 的时钟速度，越高档的 CPU，时钟速度越高，扫描时间越短；二是 I/O 模块的数量，模块数量越少，扫描时间越短；三是程序的长度，程序长度越短，扫描时间越短。一般的 PLC 执行容量为 1K 的程序约需要的扫描时间是 1～10mS。

1.2.3　可编程序控制器的立即输入、输出功能

目前比较高档的 PLC 都有立即输入、输出功能。

1．立即输出功能

所谓立即输出功能就是输出模块在处理用户程序时，能立即被刷新。PLC 临时挂起（中断）正常运行的程序，将输出映像表中的信息输送到输出模块，立即进行输出刷新，然后再回到程序中继续运行，立即输出的示意图如图 1-9 所示。注意，立即输出功能并不能立即刷新所有的输出模块。

2．立即输入功能

立即输入适用于要求对反映速度很严格的情况下，例如几毫秒的时间对于控制来说是十分关键的。立即输入时，PLC 立即挂起正在执行的程序，扫描输入模块，然后更新特定的输入状态到输入映像表，最后继续执行剩余的程序，立即输入的示意图如图 1-10 所示。

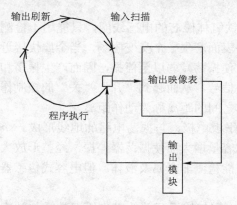

图 1-9　立即输出过程

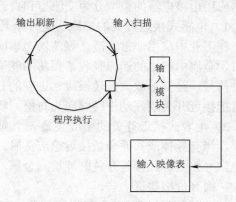

图 1-10　立即输入过程

1.3　接近开关

接近开关和 PLC 并无本质联系，但后续章节经常用到，所以以下将对此内容进行介绍。熟悉的读者可以跳过。

接近式位置开关是与（机器的）运动部件无机械接触而能操作的位置开关。当运动的物体靠近开关到一定位置时，开关发出信号，达到行程控制及计数自动控制的开关。也就是说，它是一种非接触式无触头的位置开关，是一种开关型的传感器，简称接近开关（Proximity Sensors），又称接近传感器，外形如图 1-11 所示。接近开关有行程开关、微动开关的特性，又有传感性能，而且动作可靠，性能稳定，频率响应快，使用寿命长，抗干扰能力强等。它由感应头、高频振荡器、放大器和外壳组成。常见的接近开关有 LJ、CJ 和 SJ 等系列产品。接近开关的图形符号如图 1-12a 所示，图 1-12b 所示为接近开关文字符号，表明接近开关为电容式接近开关，在画图时更加适用。

1.3.1　接近开关的功能

当运动部件与接近开关的感应头接近时，就使其输出一个电信号。接近开关在电路中

的作用与行程开关相同，都是位置开关，起限位作用，但两者是有区别的：行程开关有触头，是接触式的位置开关；而接近开关是无触头的，是非接触式的位置开关。

图 1-11　接近开关

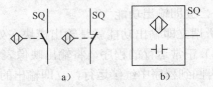

图 1-12　接近开关的图形及文字符号

1.3.2　接近开关的分类和工作原理

按照工作原理区分，接近开关分为电感式、电容式、磁感式和光电式等形式。另外，根据应用电路电流的类型分为交流型和直流型。

1）电感式接近开关的感应头是一个具有铁氧体磁芯的电感线圈，只能用于检测金属体，在工业中应用非常广泛。振荡器在感应头表面产生一个交变磁场，当金属快接近感应头时，金属中产生的涡流吸收了振荡的能量，使振荡减弱以至停振，因而产生振荡和停振两种信号，经整形放大器转换成二进制的开关信号，从而起到"开"、"关"的控制作用。通常把接近开关刚好动作时感应头与检测物体之间的距离称为动作距离。

2）电容式接近开关的感应头是一个圆形平板电极，与振荡电路的地线形成一个分布电容，当有导体或其他介质接近感应头时，电容量增大而使振荡器停振，经整形放大器输出电信号。电容式接近开关既能检测金属，又能检测非金属及液体。但电容式传感器体积较大，而且价格要贵一些。

3）磁感式接近开关主要指霍尔接近开关，霍尔接近开关的工作原理是霍尔效应，当带磁性的靠近霍尔开关式，霍尔接近开关的状态翻转（如由"ON"变为"OFF"）。有的资料上将干簧继电器也归类为磁性接近开关。

4）光电式传感器是根据投光器发出的光，在检测体上发生光量增减，用光电变换元件组成的受光器检测物体有无、大小的非接触式控制器件。光电式传感器的种类很多，按照其输出信号的形式，可以分为模拟式、数字式、开关量输出式。

利用光电效应制成的传感器称为光电式传感器。光电式传感器的种类很多，其中，输出形式为开关量的传感器为光电式接近开关。

光电式接近开关主要由光发射器和光接收器组成。光发射器用于发射红外光或可见光。光接收器用于接收发射器发射的光，并将光信号转换成电信号，以开关量形式输出。

按照接收器接收光的方式不同，光电式接近开关可以分为对射式、反射式和漫射式 3种。光发射器和光接收器有一体式和分体式两种形式。

5）此外，还有特殊种类的接近开关，如光纤接近开关和气动接近开关。特别是光纤接近开关在工业上使用越来越多，它非常适合在狭小的空间、恶劣的工作环境（高温、潮湿和干扰大）、易爆环境、精度要求高等条件下使用。光纤接近开关的缺点是价格相对较高。

1.3.3 接近开关的选型

常用的电感式接近开关（Inductive Sensor）型号有 LJ 系列产品，电容式接近开关（Capacitive Sensor）型号有 CJ 系列产品，磁感式接近开关有 HJ 系列产品，光电型接近开关有 OJ 系列。当然，还有很多厂家都有自己的产品系列，一般接近开关型号的含义如图 1-13 所示。接近开关的选择要遵循以下原则。

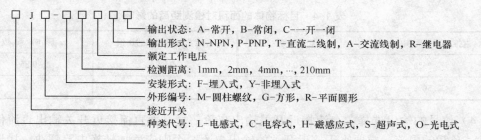

图 1-13 接近开关型号的含义

1）接近开关类型的选择。检测金属时优先选用感应式接近开关，检测非金属时选用电容式接近开关，检测磁信号时选用磁感式接近开关。

2）外观的选择。根据实际情况选用，但圆柱螺纹形状的最为常见。

3）检测距离（Sensing Range）的选择。根据需要选用，但注意同一接近开关检测距离并非恒定，接近开关的检测距离与被检测物体的材料、尺寸以及物体的移动方向有关。表 1-3 列出了目标物体材料对于检测距离的影响。不难发现，感应式接近开关对于有色金属的检测明显不如检测钢和铸铁。常用的金属材料不影响电容式接近开关的检测距离。

表 1-3 目标物体材料对检测距离的影响

序 号	目标物体材料	影响系数	
		感 应 式	电 容 式
1	碳素钢	1	1
2	铸铁	1.1	1
3	铝箔	0.9	1
4	不锈钢	0.7	1
5	黄铜	0.4	1
6	铝	0.35	1
7	紫铜	0.3	1
8	水	0	0.9
9	PVC（聚氯乙烯）	0	0.5
10	玻璃	0	0.5

目标的尺寸同样对检测距离有影响。满足以下一个条件时，检测距离不受影响。

● 当检测距离的 3 倍大于接近开关感应头的直径，而且目标物体的尺寸大于或等于 3

倍的检测距离×3 倍的检测距离（长×宽）。

● 当检测距离的 3 倍小于接近开关感应头的直径，而且目标物体的尺寸大于或等于检测距离×检测距离（长×宽）。

如果目标物体的面积达不到推荐数值时，接近开关的有效检测距离将按照表 1-4 推荐的数值减少。

表 1-4　目标物体的面积对检测距离的影响

占推荐目标面积的比例	影 响 系 数	占推荐目标面积的比例	影 响 系 数
75%	0.95	25%	0.85
50%	0.90		

4）信号的输出选择。交流接近开关输出交流信号，而直流接近开关输出直流信号。注意，负载的电流一定要小于接近开关的输出电流，否则应添加转换电路解决。接近开关的信号输出能力见表 1-5。

表 1-5　接近开关的信号输出能力

接近开关种类	输出电流/mA	接近开关种类	输出电流/mA
直流二线制	50～100	直流三线制	150～200
交流二线制	200～350		

5）触头数量的选择。接近开关有常开触头和常闭触头。可根据具体情况选用。

6）开关频率的确定。开关频率是指接近开关每秒从"开"到"关"转换的次数。直流接近开关可达 200Hz；而交流接近开关要小一些，只能达到 25Hz。

7）额定电压的选择。对于交流型的接近开关，优先选用 AC 220V 和 AC 36V，而对于直流型的接近开关，优先选用 DC 12V 和 DC 24V。

1.3.4　应用接近开关的注意事项

1.　单个 NPN 型和 PNP 型接近开关的接线

在直流电路中使用的接近开关有二线式（2 根导线）、三线式（3 根导线）和四线式（4 根导线）等多种，二线、三线、四线式接近开关都有 NPN 型和 PNP 型两种，通常日本和美国多使用 NPN 型接近开关，欧洲多使用 PNP 型接近开关，而我国则二者都有应用。NPN 型和 PNP 型接近开关的接线方法不同，正确使用接近开关的关键就是正确接线，这一点至关重要。

接近开关的导线有多种颜色，一般情况下，BN 表示棕色的导线，BU 表示蓝色的导线，BK 表示黑色的导线，WH 表示白色的导线，GR 表示灰色的导线。根据国家标准，各颜色导线的作用按照表 1-6 定义。对于二线式 NPN 型接近开关，棕色线与负载相连，蓝色线与零电位点相连；对于二线式 PNP 型接近开关，棕色线与高电位相连，负载的一端与接近开关的蓝色线相连，而负载的另一端与零电位点相连。图 1-14 和图 1-15 所示分别为二线式 NPN 型接近开关接线图和二线式 PNP 型接近开关接线图。

表 1-6　接近开关的导线颜色定义

种　类	功　能	接 线 颜 色	端 子 号
交流二线式和直流二线式（不分极性）	NO（接通）	不分正负极，颜色任选，但不能为黄色、绿色或者黄绿双色	3、4
	NC（分断）		1、2
直流二线式（分极性）	NO（接通）	正极棕色，负极蓝色	1、4
	NC（分断）	正极棕色，负极蓝色	1、2
直流三线式（分极性）	NO（接通）	正极棕色，负极蓝色，输出黑色	1、3、4
	NC（分断）	正极棕色，负极蓝色，输出黑色	1、3、2
直流四线式（分极性）	正极	棕色	1
	负极	蓝色	3
	NO 输出	黑色	4
	NC 输出	白色	2

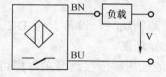　　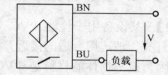

图 1-14　二线式 NPN 型接近开关接线图　　图 1-15　二线式 PNP 型接近开关接线图

　　表 1-6 中的"NO"表示常开、输出，而"NC"表示常闭、输出。

　　对于三线式 NPN 型接近开关，棕色的导线与一端负载相连，同时与电源正极相连；黑色的导线是信号线，与负载的另一端相连；蓝色的导线与电源负极相连。对于三线式 PNP 型接近开关，棕色的导线与电源正极相连；黑色的导线是信号线，与负载的一端相连；蓝色的导线与负载的另一端及电源负极相连，如图 1-16 和图 1-17 所示。

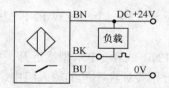　　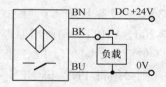

图 1-16　三线式 NPN 型接近开关接线图　　图 1-17　三线式 PNP 型接近开关接线图

　　四线式接近开关的接线方法与三线式接近开关类似，只不过四线式接近开关多了一对触头而已，其接线图如图 1-18 和图 1-19 所示。

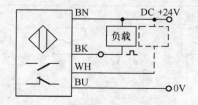　　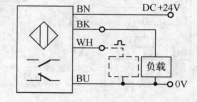

图 1-18　四线式 NPN 型接近开关接线图　　图 1-19　四线式 PNP 型接近开关接线图

2. 单个 NPN 型和 PNP 型接近开关的接线常识

初学者通常不能正确区分 NPN 型和 PNP 型的接近开关，其实只要记住一点：PNP 型接近开关是正极开关，也就是信号从接近开关流向负载；而 NPN 型接近开关是负极开关，也就是信号从负载流向接近开关。

【例 1-1】 在图 1-20 中，有一只 NPN 型接近开关与指示灯相连，当一个铁块靠近接近开关时，回路中的电流会怎样变化？

【解】 指示灯就是负载，当铁块到达接近开关的感应区时，回路突然接通，指示灯由暗变亮，电流从很小变化到 100% 的幅度，电流曲线如图 1-21 所示（理想状况）。

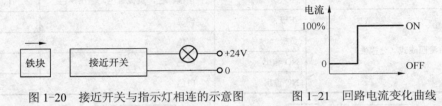

图 1-20 接近开关与指示灯相连的示意图　　图 1-21 回路电流变化曲线

【例 1-2】 某设备用于检测 PVC 物块，当检测物块时，设备上的 DC 24V 功率为 12W 的报警灯亮，请选用合适的接近开关，并画出原理图。

【解】 因为检测物体的材料是 PVC，所以不能选用感应接近开关，但可选用电容式接近开关。报警灯的额定电流为：$I_N = \dfrac{P}{U} = \dfrac{12}{24}A = 0.5A$，查表 1-6 可知，直流接近开关承受的最大电流为 0.2A，所以采用图 1-17 的方案不可行，信号必须经过中间继电器进行转换，原理图如图 1-22 所示，当物块靠近接近开关时，黑色的信号线上产生高电平，其负载继电器 KA 的线圈得电，继电器 KA 的常开触头闭合，所以报警灯 EL 亮。

由于没有特殊规定，所以 PNP 或 NPN 型接近开关以及二线或三线式接近开关都可以选用。本例选用三线式 PNP 型接近开关。

【例 1-3】 某设备上有一个两线式 NPN 型接近开关和一个三线式 PNP 型接近开关，控制器是 S7-200 SAMRT，请画出原理图。

【解】 一般而言，同一台 PLC 上，最好使用 PNP 或者 NPN 型接近开关中的一种。如果有两种，则必须将 PNP 和 NPN 型接近开关分别设计在不同的输入组中，如图 1-23 所示，三线式 PNP 型接近开关是 PNP 型输入，两线式 NPN 型接近开关是 NPN 型输入。

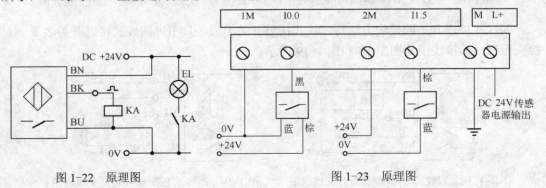

图 1-22 原理图　　　　　　　　图 1-23 原理图

【关键点】特别要提醒读者，同一台 PLC 中，如果同时设计 PNP 和 NPN 型接近开关是不合理的，因为这样很容易在接线时出错，特别是在检修时，更是如此。

重点难点总结

1．PLC 的应用范围。
2．PLC 的工作机理和结构。
3．接近开关的接线和使用。

习题

1．PLC 的主要性能指标有哪些？
2．PLC 主要用在哪些场合？
3．PLC 是怎样分类的？
4．PLC 的发展趋势是什么？
5．PLC 的结构主要有哪几个部分？
6．PLC 的输入和输出模块主要有哪几个部分？每部分的作用是什么？
7．PLC 的存储器可以细分为哪几个部分？
8．PLC 是怎样进行工作的？
9．举例说明常见的哪些设备可以作为 PLC 的输入设备和输出设备？
10．什么是立即输入和立即输出？在何种场合应用？
11．S7 系列的 PLC 有哪几类？
12．PLC 控制与继电器控制有何优缺点？
13．三线式 NPN 型接近开关怎样接线？
14．电容式和电感式开关传感器的区别是什么？
15．两线/三线式 NPN 和 PNP 型接近开关怎样接线？
16．PLC 是在（　　　）基础上发展起来的。
　　A．继电控制系统　　　B．单片机　　　　　C．工业电脑　　　　　D．机器人
17．工业中控制电压一般是（　　　）。
　　A．24V　　　　　　　B．36V　　　　　　　C．110V　　　　　　　D．220V
18．工业中控制电压一般是（　　　）。
　　A．交流　　　　　　　B．直流　　　　　　　C．混合式　　　　　　D．交变电压
19、请写出电磁兼容性英文缩写是（　　　）。
　　A．MAC　　　　　　　B．EMC　　　　　　　C．CME　　　　　　　D．AMC

第 2 章

S7-200 SMART 系列 PLC
的硬件介绍

本章主要介绍 S7-200 SMART 的 CPU 模块及其扩展模块的技术性能和接线方法以及 S7-200 SMART 的安装和电源的需求计算。

2.1 S7-200 SMART 系列 PLC 概述

S7-200 SMART 系列 PLC 的 CPU 模块有 9 个型号。其中标准型有 6 个型号，经济型有 3 个型号。标准型 PLC 中有 20 点、40 点和 60 点三类，每类中又分为继电器输出和晶体管输出两种。经济型 PLC 中也有 20 点、40 点和 60 点三类，目前只有继电器输出形式。

2.1.1 西门子 S7 系列模块简介

德国的西门子（SIEMENS）公司是欧洲最大的电子和电气设备制造商之一，生产的 SIMATIC 可编程序控制器在欧洲处于领先地位。其第一代可编程序控制器是 1975 年投放市场的 SIMATIC S3 系列的控制系统。在 1979 年，西门子公司将微处理器技术应用到可编程序控制器中，研制出了 SIMATIC S5 系列，取代了 S3 系列，目前 S5 系列产品仍然有小部分在工业现场使用，在 20 世纪末，西门子又在 S5 系列的基础上推出了 S7 系列产品。最新的 SIMATIC 产品为 SIMATIC S7 和 C7 等几大系列。C7 是基于 S7-300 系列 PLC 性能，同时集成了 HMI（人机界面）。

SIMATIC S7 系列产品分为通用逻辑模块（LOGO!）、S7-200 系列、S7-200 SMART 系列、S7-1200 系列、S7-300 系列、S7-400 系列和 S7-1500 系列七个产品系列。S7-200 是在德州仪器公司的小型 PLC 的基础上发展而来的，因此其指令系统、程序结构、编程软件和 S7-300/400 有较大的区别，在西门子 PLC 产品系列中是一个特殊的产品。S7-200 SMART 是 S7-200 的升级版本，是西门子家族的新成员，于 2012 年 7 月发布。其绝大多数的指令和使用方法与 S7-200 类似，其编程软件也和 S7-200 的类似，而且在 S7-200 中运行的程序，大部分都可以在 S7-200 SMART 中运行。S7-1200 系列是在 2009 年才推出的新型小型 PLC，定位于 S7-200 和 S7-300 产品之间。S7-300/400 是由西门子的 S5 系列发展而来，是西门子公司的最具竞争力的 PLC 产品。2013 年西门子公司又推出了新品 S7-

1500 系列产品。西门子 PLC 产品系列的定位见表 2-1。

表 2-1　SIMATIC PLC 的定位

序　号	控制器	定　位	主要任务和性能特征
1	LOGO!	低端的独立自动化系统中简单的开关量解决方案和智能逻辑控制器	简单自动化 作为时间继电器、计数器和辅助接触器的替代开关设备 模块化设计，柔性应用 有数字量、模拟量和通信模块 用户界面友好，配置简单 使用拖放功能和智能电路开发
2	S7-200	低端的离散自动化系统和独立自动化系统中使用的紧凑型辑控制器模块	串行模块结构、模块化扩展 紧凑设计，CPU 集成 I/O 实时处理能力，高速计数器和报警输入和中断 易学易用的软件 多种通信选项
3	S7-200 SMART	低端的离散自动化系统和独立自动化系统中使用的紧凑型辑控制器模块，是 S7-200 的升级版本	串行模块结构、模块化扩展 紧凑设计，CPU 集成 I/O 集成了 PROFINET 接口 实时处理能力，高速计数器和报警输入和中断 易学易用的软件 多种通信选项
4	S7-1200	低端的离散自动化系统和独立自动化系统中使用的小型控制器模块	可升级及灵活的设计 集成了 PROFINET 接口 集成了强大的计数、测量、闭环控制及运动控制功能 直观高效的 STEP7 Basic 工程系统可以直接组态控制器和 HMI
5	S7-300	中端的离散自动化系统中使用的控制器模块	通用型应用和丰富的 CPU 模块种类 高性能 模块化设计，紧凑设计 由于使用 MMC 存储程序和数据，系统免维护
6	S7-400	高端的离散和过程自动化系统中使用的控制器模块	特别强的通信和处理能力 定点加法或乘法的指令执行速度最快为 0.03μs 大型 I/O 框架和最高 20MB 的主内存 快速响应，实时性强，垂直集成 支持热插拔和在线 I/O 配置，避免重启 具备等时模式，可以通过 PROFIBUS 控制高速机器
7	S7-1500	中高端系统	S7-1500 控制器除了包含多种创新技术之外，还设定了新标准，最大程度提高生产效率。无论是小型设备还是对速度和准确性要求较高的复杂设备装置，都一一适用 SIMATIC S7-1500 无缝集成到 TIA 博途中，极大提高了工程组态的效率

2.1.2　S7-200 SMART 系列 PLC 的产品特点

　　S7-200 SMART 系列 PLC 是在 S7-200 系列 PLC 的基础上发展而来，它具有一些新的优良特性，具体有以下几方面。

1. 机型丰富，更多选择

　　提供不同类型、I/O 点数丰富的 CPU 模块，单体 I/O 点数最高可达 60 点，可满足大部分小型自动化设备的控制需求。另外，CPU 模块配备标准型和经济型供用户选择，对于不同的应用需求，产品配置更加灵活，最大限度地控制成本。

2. 选件扩展，精确定制

　　新颖的信号板设计可扩展通信端口、数字量通道、模拟量通道。在不额外占用电控柜空间的前提下，信号板扩展能更加贴合用户的实际配置，提升产品的利用率，同时降低用户的扩展成本。

3．高速芯片，性能卓越

配备西门子专用高速处理器芯片，基本指令执行时间可达 0.15μs，在同级别小型 PLC 中遥遥领先。一颗强有力的"芯"，能在应对繁琐的程序逻辑及复杂的工艺要求时表现的从容不迫。

4．以太互联，经济便捷

CPU 模块本体标配以太网接口，集成了强大的以太网通信功能。通过一根普通的网线即可将程序下载到 PLC 中，方便快捷，省去了专用编程电缆。而且以太网接口还可与其他 CPU 模块、触摸屏、计算机进行通信，轻松组网。

5．三轴脉冲，运动自如

CPU 模块本体最多集成 3 路高速脉冲输出，频率高达 100kHz，支持 PWM/PTO 输出方式以及多种运动模式，可自由设置运动包络。配以方便易用的向导设置功能，快速实现设备调速、定位等功能。

6．通用 SD 卡，方便下载

本机集成 Micro SD 卡插槽，使用市面上通用的 Micro SD 卡即可实现程序的更新和 PLC 固件升级，极大地方便了客户工程师对最终用户的服务支持，也省去了因 PLC 固件升级而返厂服务的不便。

7．软件友好，编程高效

在继承西门子编程软件强大功能的基础上，STEP7-Micro/WIN SMART 编程软件融入了更多的人性化设计，如新颖的带状式菜单、全移动式界面窗口、方便的程序注释功能、强大的密码保护等。在体验强大功能的同时，还能大幅提高开发效率，缩短产品上市时间。

8．完美整合，无缝集成

SIMATIC S7-200 SMART 可编程序控制器、SMART LINE 触摸屏和 SINAMICS V20 变频器完美整合，为 OEM 客户带来高性价比的小型自动化解决方案，满足客户对于人机交互、控制、驱动等功能的全方位需求。

2.2　S7-200 SMART CPU 模块及其接线

2.2.1　S7-200 SMART CPU 模块的介绍

全新的 S7-200 SMART 带来两种不同类型的 CPU 模块——标准型和经济型，全方位满足不同行业、不同客户、不同设备的各种需求。标准型作为可扩展 CPU 模块，可满足对 I/O 规模有较大需求，逻辑控制较为复杂的应用；而经济型 CPU 模块直接通过单机本体满足相对简单的控制需求。

1．S7-200 SMART CPU 的外部介绍

S7-200 SMART CPU 将微处理器、集成电源和多个数字量 I/O 点集成在一个紧凑的盒子中，形成功能比较强大的 S7-200 SMART 系列 PLC，如图 2-1 所示。以下按照图中序号为顺序介绍其外部的各部分的功能。

1）集成以太网口。用于程序下载、设备组网。这是程序下载更加方便快捷，节省了购买专用通信电缆的费用。

图 2-1　S7-200 SMART PLC 外形

2）通信及运行状态指示灯。显示 PLC 的工作状态，如运行状态、停止状态和强制状态等。

3）导轨安装卡子。用于安装时将 PLC 锁紧在 35mm 的标准导轨上，安装便捷。同时此 PLC 也支持螺钉式安装。

4）接线端子。S7-200 SMART 所有模块的输入、输出端子均可拆卸，而 S7-200 PLC 没有这个优点。

5）扩展模块接口。用于连接扩展模块，插针式连接，模块连接更加紧密。

6）通用 Micro SD 卡。支持程序下载和 PLC 固件更新。

7）指示灯：I/O 点接通时，指示灯会亮。

8）信号扩展版安装处。信号板扩展实现精确化配置，同时不占用电控柜空间。

9）RS-485 串口。用于串口通信，如自由口通信、USS 通信和 Modbus 通信等。

2. S7-200 SMART CPU 的技术性能

西门子公司的 CPU 是 32 位的。西门子公司提供多种类型的 CPU，以适用各种应用要求，不同的 CPU 有不同的技术参数，其规格（节选）见表 2-2。读懂这个性能表是很重要的，设计者在选型时，必须要参考这个表格，例如晶体管输出时，输出电流为 0.5A，若使用这个点控制一台电动机的起/停，设计者必须考虑这个电流是否能够驱动接触器，从而决定是否增加一个中间继电器。

表 2-2　ST40 DC/DC/DC 的规格表

常 规 规 范		
序号	技 术 参 数	说　　明
1	可用电流（EM 总线）	最大 740 mA（DC 5 V）
2	功耗	18 W
3	可用电流（DC 24 V）	最大 300 mA（传感器电源）
4	数字量输入电流消耗（DC 24 V）	所用的每点输入 4 mA

（续）

序号	技 术 参 数		说　　明
CPU 特征			
1	用户存储器	程序	24 KB
		用户数据	16 KB
		保持性	最大 10 KB
2	板载数字量 I/O		24 / 16
3	过程映像大小		256 位输入（I）/ 256 位输出（Q）
4	位存储器（M）		256 位
5	信号模块扩展		最多 4 个
6	信号板扩展		最多 1 个
7	高速计数器		4 个时，每个 60 kHz，单相；2 个时，每个 40 kHz，A/B 相
8	脉冲输出		3 个，每个 100 kHz
9	存储卡		Micro SD 卡（可选）
10	实时时钟精度		120s/月
性　　能			
1	布尔运算		0.15μs / 指令
2	移动字		1.2μs / 指令
3	实数数学运算		3.6μs / 指令
支持的用户程序元素			
1	累加器数量		4
2	定时器的类型/数量		非保持性（TON、TOF）：192 个 保持性（TONR）：64 个
3	计数器数量		256
通　　信			
1	端口数		以太网：1 个 PN 口
			串行端口：1 个 RS-485 口
			附加串行端口：仅在 SR40 / ST40 上 1 个（带有可选 RS-232 / 485 信号板）
2	HMI 设备		每个端口 4 个
3	连接		以太网：1 个用于编程设备，4 个用于 HMI RS-485：4 个用于 HMI
4	数据传输速率		以太网：10 / 100 Mbit/s RS-485 系统协议：9600bit、19200bit 和 187500 bit/s RS-485 自由端口：1200～115200 bit/s
5	隔离（外部信号与 PLC 逻辑）		以太网：变压器隔离，DC 1500 V RS-485：无
6	电缆类型		以太网：CAT5e 屏蔽电缆 RS-485：PROFIBUS 网络电缆
数字量输入/输出			
1	电压范围　（输出）		DC 20.4～28.8 V
2	每点的额定最大电流（输出）		0.5 A
3	额定电压（输入）		4 mA 时 DC 24 V，额定值
4	允许的连续电压（输入）		最大 DC 30 V

3. S7-200 SMART CPU 的工作方式

CPU 前面板即存储卡插槽的上部，有 3 盏指示灯显示当前工作方式。指示灯为绿色时，表示运行状态；指示灯为红色时，表示停止状态；标有"SF"的灯亮时，表示系统故障，PLC 停止工作。

CPU 处于停止工作方式时，不执行程序。进行程序的上传和下载时，都应将 CPU 置于停止工作方式。停止方式可以通过 PLC 上的旋钮设定，也可以在编译软件中设定。

CPU 处于运行工作方式时，PLC 按照自己的工作方式运行用户程序。运行方式可以通过 PLC 上的旋钮设定，也可以在编译软件中设定。

2.2.2　S7-200 SMART CPU 模块的接线

1. CPUSx40 的输入端子的接线

S7-200 SMART 系列 CPU 的输入端接线与三菱的 FX 系列的输入端接线不同，后者不需要接入直流电源，其电源由系统内部提供，而 S7-200 SMART 系列 CPU 的输入端则必须接入直流电源。

下面以 CPUSx40 为例介绍输入端的接线。"1M"是输入端的公共端子，与 DC 24V 电源相连，电源有两种连接方法对应 PLC 的 NPN 型和 PNP 型接法。当电源的负极与公共端子相连时，为 PNP 型接法，如图 2-2 所示，"N"和"L1"端子为交流电的电源接入端子，通常为 AC 120～240V，为 PLC 提供电源，当然也有直流供电的；而当电源的正极与公共端子相连时，为 NPN 型接法，如图 2-3 所示。"M"和"L+"端子为 DC 24V 的电源接入端子，为 PLC 提供电源，当然也有交流供电的，注意这对端子不是电源输出端子。

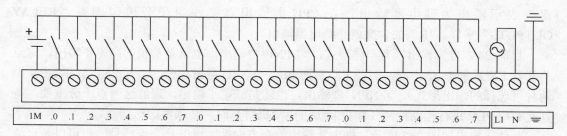

图 2-2　输入端子的接线（PNP 型）

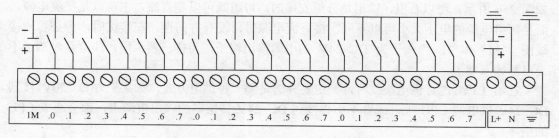

图 2-3　输入端子的接线（NPN 型）

初学者往往不容易区分 PNP 型和 NPN 型的接法，经常混淆，若读者记住以下的方法，就不会出错：把 PLC 作为负载，以输入开关（通常为接近开关）为对象，若信号从开关流出（信号从开关流出，向 PLC 流入），则 PLC 的输入为 PNP 型接法；把 PLC 作为负载，以输入开关（通常为接近开关）为对象，若信号从开关流入（信号从 PLC 流出，向开关流入），则 PLC 的输入为 NPN 型接法。三菱的 FX 系列（FX3U 除外）PLC 只支持 NPN 型接法。

【例 2-1】 有一台 CPUSx40，输入端有一只三线 PNP 型接近开关和一只二线 PNP 型接近开关，应如何接线？

【解】 对于 CPUSx40，公共端接电源的负极。而对于三线 PNP 型接近开关，只要将其正、负极分别与电源的正、负极相连，将信号线与 PLC 的"I0.0"相连即可；而对于二线 PNP 型接近开关，只要将电源的正极分别与其正极相连，将信号线与 PLC 的"I0.1"相连即可，如图 2-4 所示。

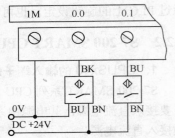

图 2-4 例 2-1 输入端子的接线

2. CPUSx40 的输出端子的接线

S7-200 SMART 系列 CPU 的数字量输出有两种形式：一种是 24V 直流输出（即晶体管输出），另一种是继电器输出。标注为"CPUST40（DC/DC/DC）"的含义是：第一个 DC 表示供电电源电压为 DC 24V，第二个 DC 表示输入端的电源电压为 DC 24V，第三个 DC 表示输出为 DC 24V，在 CPU 的输出点接线端子旁边印刷有"2V DC OUTPUTS"字样，"T"的含义就是晶体管输出。标注为"CPUSR40（AC/DC/继电器）"的含义是：AC 表示供电电源电压为 AC 120～240V，通常用 AC 220V，DC 表示输入端的电源电压为 DC 24V，"继电器"表示输出为继电器输出，在 CPU 的输出点接线端子旁边印刷有"RELAY OUTPUTS"字样，"R"的含义就是继电器输出。

目前 24V 直流输出只有一种形式，即 PNP 型输出，也就是常说的高电平输出，这点与三菱 FX 系列 PLC 不同，三菱 FX 系列 PLC（FX3U 除外，FX3U 有 PNP 型和 NPN 型两种可选择的输出形式）为 NPN 型输出，也就是低电平输出，理解这一点十分重要，特别是利用 PLC 进行运动控制（如控制步进电动机时）时，必须考虑这一点。

晶体管输出如图 2-5 所示。继电器输出没有方向性，可以是交流信号，也可以是直流信号，但不能使用 220V 以上的交流电，特别是 380V 的交流电容易误接入。继电器输出如图 2-6 所示。可以看出，输出是分组安排的，每组既可以是直流，也可以是交流电源，而且每组电源的电压大小可以不同，接直流电源时，没有方向性。在接线时，务必看清接线图。"M"和"L+"端子为 DC 24V 的电源输出端子，为传感器供电，注意这对端子不是电源输入端子。

在给 CPU 进行供电接线时，一定要分清是哪一种供电方式，如果把 AC 220V 接到 DC 24V 供电的 CPU 上，或者不小心接到 DC 24V 传感器的输出电源上，都会造成 CPU 的损坏。

【例 2-2】 有一台 CPUSR40，控制一只 DC 24V 的电磁阀和一只 AC 220V 电磁阀，输出端应如何接线？

【解】 因为两个电磁阀的线圈电压不同，而且有直流和交流两种电压，所以如果不经

过转换，只能用继电器输出的 CPU，而且两个电磁阀分别在两个组中。其接线如图 2-7
所示。

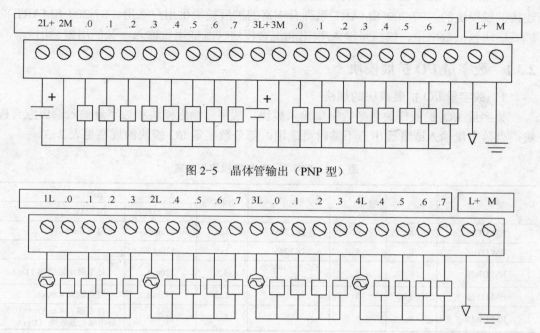

图 2-5　晶体管输出（PNP 型）

图 2-6　继电器输出

【例 2-3】　有一台 CPUST40，控制两台步进电动机和一台三相异步电动机的起/停，
三相电动机的起/停由一只接触器控制，接触器的线圈电压为 AC 220V，输出端应如何接
线（步进电动机部分的接线可以省略）？

【解】　因为要控制两台步进电动机，所以要选用晶体管输出的 CPU，而且必须用
Q0.0 和 Q0.1 作为输出高速脉冲点控制步进电动机，但接触器的线圈电压为 AC 220V，所
以电路要经过转换，增加中间继电器 KA，其接线如图 2-8 所示。

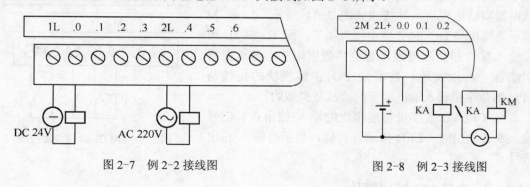

图 2-7　例 2-2 接线图

图 2-8　例 2-3 接线图

2.3　S7-200 SMART 扩展模块及其接线

通常 S7-200 SMART 系列 CPU 只有数字量输入和数字量输出，要完成模拟量输入、

模拟量输出、通信以及当数字输入、输出点不够时，都应该选用扩展模块来解决问题。S7-200 SMART 系列 CPU 中只有标准型 CPU 才可以连接扩展模块，而经济型 CPU 是不能连接扩展模块的。S7-200 SMART 系列有丰富的扩展模块供用户选用。S7-200 SMART 的扩展模块包括数字量、模拟量输入/输出和混合模块（既能用做输入，又能用做输出）。

2.3.1 数字量 I/O 扩展模块

1. 数字量 I/O 扩展模块的规格

数字量 I/O 扩展模块包括数字量输入模块、数字量输出模块和数字量输入输出混合模块，当数字量输入或者输出点不够时可选用。部分数字量 I/O 模块的规格见表 2-3。

表 2-3　数字量 I/O 扩展模块规格表

型　　号	输入点	输出点	电压	功率/W	电流	
					SM 总线	DC 24V
EM DE08	8	0	DC 24V	1..5	105mA	每点 4mA
EM DT08	0	8	DC 24V	1..5	120mA	—
EM DR08	0	8	DC 5～30V 或 AC 5～250V	4.5	120mA	每个继电器线圈 11mA
EM DT16	8	8		2..5	145mA	每点输入 4 mA
EM DR16	8	8		5..5	145mA	每点输入 4 mA，所用的每个继电器线圈 11 mA

2. 数字量 I/O 扩展模块的接线

数字量 I/O 模块有专用的插针与 CPU 通信，并通过此插针由 CPU 向扩展 I/O 模块提供 DC 5V 的电源。EM DE08 数字量输入模块的接线如图 2-9 所示，图中为 PNP 型输入，也可以为 NPN 型输入。

EM DT08 数字量晶体管型输出模块，其接线如图 2-10 所示，只能为 PNP 型输出。EM DR08 数字量继电器型输出模块，其接线如图 2-11 所示，L+ 和 M 端子是模块的 DC 24V 供电接入端子，而 1L 和 2L 可以接入直流和交流电源，是给负载供电的，这点要特别注意。可以发现，数字量 I/O 扩展模块的接线与 CPU 的数字量输入输出端子的接线是类似的。

当 CPU 和数字量扩展模块的输入/输出点有信号输入或者输出时，LED 指示灯会亮，显示有输入/输出信号。

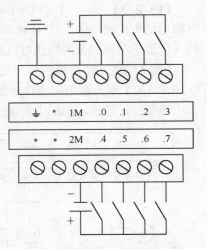

图 2-9　EM DE08 模块接线图

2.3.2 模拟量 I/O 扩展模块

1. 模拟量 I/O 扩展模块的规格

模拟量 I/O 扩展模块包括模拟量输入模块、模拟量输出模块和模拟量输入输出混合模块。部分模拟量 I/O 模块的规格见表 2-4。

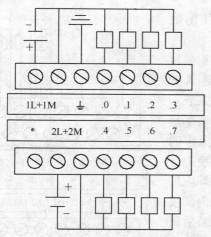
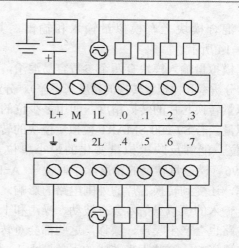

图 2-10　EM DT08 模块接线图　　　　图 2-11　EM DR08 模块接线图

表 2-4　模拟量 I/O 扩展模块规格表

型　　号	输 入 点	输 出 点	电压	功率/W	电源要求	
					SM 总线	DC 24V
EM AE04	4	0	DC 24V	1.5	80mA	40mA
EM AQ2	0	2	DC 24V	1.5	80mA	50mA
EM AM06	4	2	DC 24V	2	80mA	60mA

2. 模拟量 I/O 扩展模块的接线

　　S7-200 SMART 系列的模拟量模块用于输入/输出电流或者电压信号。模拟量输入模块 EM AE04 的接线如图 2-12 所示，通道 0 和 1 不能同时测量电流和电压信号，只能二选其一；通道 2 和 3 也是如此。信号范围：±10V、±5V、±2.5V 和 0～20mA；满量程数据字格式：-27648～+27648，这点与 S7-300/400 PLC 相同，但不同于 S7-200 PLC（-32000～+32000）。

　　模拟量输出模块 EM AQ02 的接线如图 2-13 所示，两个模拟输出电流或电压信号，可以按需要选择。信号范围：±10V 和 0～20mA；满量程数据字格式：-27648～+27648，这点与 S7-300/400 PLC 相同，但不同于 S7-200 PLC。

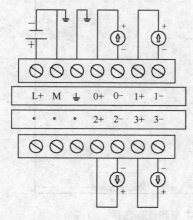
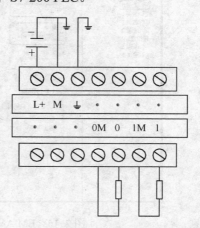

图 2-12　EM AE04 模块接线图　　　　图 2-13　EM AQ02 模块接线图

混合模块上有模拟量输入和输出。其接线图如图 2-14 所示。

模拟量输入模块有两个参数容易混淆，即模拟量转换的分辨率和模拟量转换的精度（误差）。分辨率是 A-D 模拟量转换芯片的转换精度，即用多少位的数值来表示模拟量。若 S7-200 SMART 模拟量模块的转换分辨率是 12 位，能够反映模拟量变化的最小单位是满量程的 1/4096。模拟量转换的精度除了取决于 A-D 转换的分辨率，还受到转换芯片的外围电路的影响。在实际应用中，输入的模拟量信号会有波动、噪声和干扰，内部模拟电路也会产生噪声、漂移，这些都会对转换的最后精度造成影响。这些因素造成的误差要大于 A-D 芯片的转换误差。

当模拟量的扩展模块正常状态时，LED 指示灯为绿色显示，而当供电时，为红色闪烁。

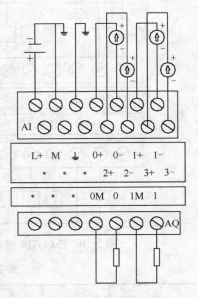

图 2-14 EM AM06 模块接线图

使用模拟量模块时，要注意以下问题。

1）模拟量模块有专用的插针接头与 CPU 通信，并通过此电缆由 CPU 向模拟量模块提供 DC 5V 的电源。此外，模拟量模块必须外接 DC 24V 电源。

2）每个模块能同时输入/输出电流或者电压信号，对于模拟量输入的电压或者电流信号选择和量程的选择都是通过组态软件选择，如图 2-15 所示，模块 EM AM06 的通道 0 设定为电压信号，量程为±2.5V。而 S7-200 的信号类型和量程是由 DIP 开关设定的。

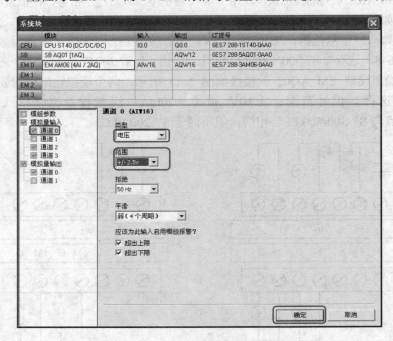

图 2-15 EM AM06 信号类型和量程选择

双极性就是信号在变化的过程中要经过"零",单极性不过"零"。由于模拟量转换为数字量,是有符号整数,所以双极性信号对应的数值会有负数。在 S7-200 SMART 中,单极性模拟量输入/输出信号的数值范围是 0～27648;双极性模拟量信号的数值范围是 −27648～27648。

3)对于模拟量输入模块,传感器电缆线应尽可能短,而且应使用屏蔽双绞线,导线应避免弯成锐角。靠近信号源屏蔽线的屏蔽层应单端接地。

4)一般电压信号比电流信号容易受干扰,所以应优先选用电流信号。电压型的模拟量信号由于输入端的内阻很高(S7-200 SMART 的模拟量模块为 10MΩ),极易引入干扰。一般电压信号是用在控制设备柜内电位器设置,或者距离非常近、电磁环境好的场合。电流信号不容易受到传输线沿途的电磁干扰,因而在工业现场获得广泛的应用。电流信号可以传输的距离比电压信号远得多。

5)前述的 CPU 和扩展模块的数字量的输入点和输出点都有隔离保护,但模拟量的输入和输出则没有隔离。如果用户的系统中需要隔离,要另行购买信号隔离器件。

6)模拟量输入模块的电源地和传感器的信号地必须连接(工作接地),否则将会产生一个很高的上下振动的共模电压,影响模拟量输入值,测量结果可能是一个变动很大的不稳定的值。

7)西门子的模拟量模块的端子排是上下两排分布,容易混淆。在接线时要特别注意,先接下面端子的线,再接上面端子的线,而且不要弄错端子号。

2.3.3　其他扩展模块

1. RTD 模块

RTD 传感器种类主要有 Pt、Cu、Ni 热电偶和热敏电阻,每个大类中又分为不同小种类的传感器,用于采集温度信号。RTD 模块将传感器采集的温度信号转化成数字量。EM AR02 热电偶模块的接线如图 2-16 所示。

RTD 传感器有四线式、三线式和二线式。四线式的精度最高,二线式精度最低,而三线式使用较多,其详细接线如图 2-17 所示。I+和 I−端子是电流源,向传感器供电,而 M+和 M−是测量信号的端子。四线式的 RTD 传感器接线很容易,将传感器的一端的 2 根线分别与 M+和 I+相连接,而传感器的另一端的 2 根线与 M−和 I−相连接;三线式的 RTD 传感器有三根线,将传感器的一端的 2 根线分别与 M−和 I−相连接,而传感器的另一端的 1 根线与 I+相连接,再用一根导线将 M+和 I+短接;二线式的 RTD 传感器有 2 根线,将传感器的两端的 2 根线分别与 I+和 I−相连接,再用一根导线

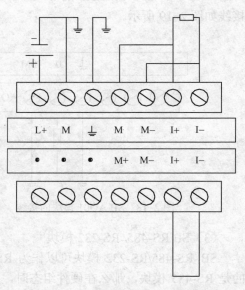

图 2-16　EM AR02 模块的接线

将 M+和 I+短接,用另一根导线将 M−和 I−短接。为了方便读者理解,图中细实线代表传

感器自身的导线，粗实线表示外接的短接线。

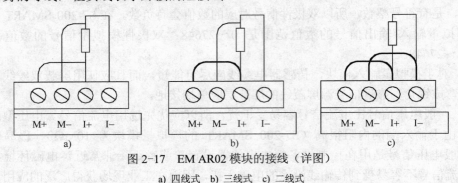

图 2-17　EM AR02 模块的接线（详图）

a) 四线式　b) 三线式　c) 二线式

2. 信号板

S7-200 SMART 系列的 CPU 有信号板，这是 S7-200 所没有的。目前有模拟量输出模块 SB AQ01、数字量输入/输出模块 SB 2DI/2DQ 和通信模块 SB RS-485/RS-232，以下分别介绍。

（1）模拟量输出模块 SB AQ01

模拟量输出模块 SB AQ01 只有一个输出点，由 CPU 供电，不需要外接电源。输出电压或者电流，其范围是电流 0～20mA，对应满量程为 0～27648，电压范围是-10～10V，对应满量程为-27648～27648。SB AQ01 模块的接线如图 2-18 所示。

（2）SB 2DI/2DQ 模块

SB 2DI/2DQ 模块是 2 个数字量输入和 2 个数字量输出，输入点是 PNP 型和 NPN 型可选，这与 S7-200 SMART 的 CPU 相同，其输出点是 PNP 型输出。SB 2DI/2DQ 模块的接线如图 2-19 所示。

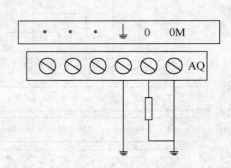

图 2-18　SB AQ01 模块的接线

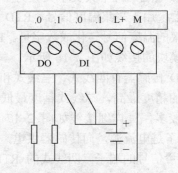

图 2-19　SB 2DI/2DQ 模块的接线

（3）SB RS-485/ RS-232 模块

SB RS-485/RS-232 模块可以作为 RS-232 模块或者 RS-485 模块使用，如设计时选择的是 RS-485 模块，那么在硬件组态时，要选择 RS-485 类型，如图 2-20 所示，在硬件组态时，选择"RS-485"类型。

SB RS-485/ RS-232 模块不需要外接电源，它直接由 CPU 模块供电，此模块的引脚的含义见表 2-5。

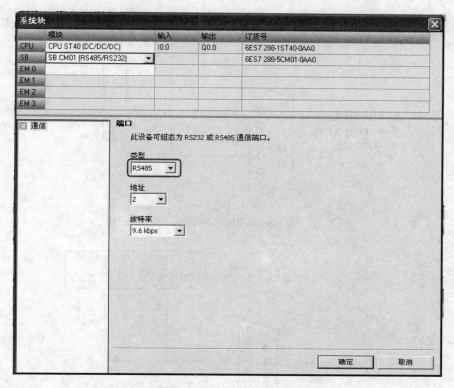

图 2-20　SB RS-485/RS-232 模块类型选择

表 2-5　SB RS-485/RS-232 模块的引脚的含义

引脚号	功　能	说　明
1	功能性接地	
2	Tx/B	对于 RS-485 是接收+/发送+，对于 RS-232 是发送
3	RTS	
4	M	对于 RS-232 是 GND 接地
5	Rx/A	对于 RS-485 是接收-/发送-，对于 RS-232 是接收
6	5V 输出（偏置电压）	

　　当 SB RS-485/RS-232 模块作为 RS-232 模块使用时，接线如图 2-21 所示，下侧的是 DB9 插头，代表的是与 SB RS-485/RS-232 模块通信的设备的插头，而上侧的是模块的接线端子，注意 DB9 的 RXD 接收数据与模块的 Tx/B 相连，DB9 的 TXD 发送数据与模块的 Rx/A 相连，这就是俗称的"跳线"。

　　当 SB RS-485/RS-232 模块作为 RS-485 模块使用时，接线如图 2-22 所示，下侧的是 DB9 插头，代表的是与 SB RS-485/RS-232 模块通信的设备的插头，而上侧的是模块的接线端子，注意 DB9 的 发送/接收+与模块的 RxA 相连，DB9 的 发送/接收-与模块的 TxB 相连，RS-485 无需"跳线"。

　　【关键点】SB RS-485/RS-232 模块可以作为 RS-232 模块或者 RS-485 模块使用，但 CPU 上集成的串口只能作为 RS-485 使用。

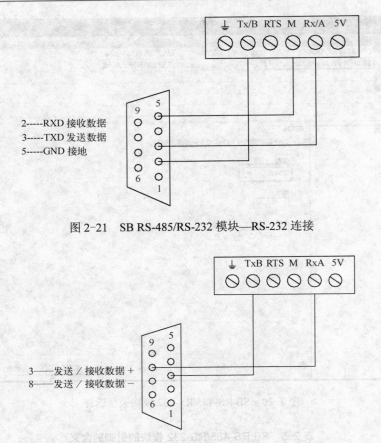

2-----RXD 接收数据
3-----TXD 发送数据
5-----GND 接地

图 2-21　SB RS-485/RS-232 模块—RS-232 连接

3——发送／接收数据＋
8——发送／接收数据－

图 2-22　SB RS-485/RS-232 模块—RS-485 连接

3．MicroSD

（1）MicroSD 简介

MicroSD 是 S7-200 SMART 的特色功能，它支持商用手机卡，支持容量范围是 4～32GB。它有三项主要功能，具体如下。

①复位 CPU 到出厂设置。

②固件升级。

③程序传输。

（2）用 MicroSD 复位 CPU 到出厂设置

1）用普通读卡器将 CPU 复位到出厂设置，然后将文件复制到一个空的 MicroSD 卡中。

2）在 CPU 断电状态下将包含固件文件的存储卡插入 CPU。

3）给 CPU 上电，CPU 会自动复位到出厂设置。复位过程中 RUN 指示灯和 STOP 指示灯以 2Hz 的频率交替点亮。

4）当 CPU 只有 STOP 灯开始闪烁，表示"固件更新"操作成功，从 CPU 上取下存储卡。

（3）用 MicroSD 进行固件升级

1）用普通读卡器将固件文件复制到一个空 MicroSD 卡中。

2）在 CPU 断电状态下将包含固件文件的存储卡插入 CPU。

3）给 CPU 上电，CPU 会自动识别存储卡为固件更新卡并且自动更新 CPU 固件。更新过程中 RUN 指示灯和 STOP 指示灯以 2Hz 的频率交替点亮。

4）当 CPU 只有 STOP 灯开始闪烁，表示"固件更新"操作成功，从 CPU 上取下存储卡。

2.4　S7-200 SMART 的安装

S7-200 SMART 设备易于安装。S7-200 SMART 可采用水平或垂直方式安装在面板或标准 DIN 导轨上。而且 S7-200 SMART 体积小，用户能更有效地利用空间。

2.4.1　安装的预留空间

S7-200 SMART 设备通过自然对流冷却。为保证适当冷却，必须在设备上方和下方留出至少 25 mm 的间隙。此外，模块前端与机柜内壁间至少应留出 25 mm 的深度。预留空间参考如图 2-23 所示。

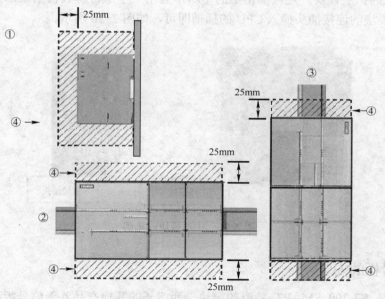

图 2-23　预留空间示意图

2.4.2　安装 CPU 模块

CPU 可以很方便地安装到标准 DIN 导轨或面板上。可使用 DIN 导轨卡夹将设备固定到 DIN 导轨上。具体步骤如下。

1）将 DIN 导轨（35mm）按照每隔 75 mm 的间距固定到安装板上。

2）听到"咔嚓"一声，打开模块底部的 DIN 夹片，并将模块背面卡在 DIN 导轨上，如图 2-24 所示。

3）如果使用扩展模块，则将其置于 DIN 导轨上的 CPU 旁。

4）将模块向下旋转至 DIN 导轨，听到"咔嚓"一声闭合 DIN 夹片，如图 2-25 所示。仔细检查夹片是否将模块牢牢地固定到导轨上。为避免损坏模块，请按安装孔标记，而不要直接按模块前侧。

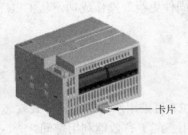

图 2-24　打开卡片

图 2-25　闭合卡片

2.4.3　扩展模块的连接

扩展模块必须与 CPU 模块或者其前一个槽位的扩展模块连接，具体方法是先将 CPU（前一个槽位的扩展模块）连接插槽上的塑料小盖用一字螺钉旋具拨出来，插槽是母头，然后将扩展模块的连接插头插入 CPU 的插槽即可，如图 2-26 所示。

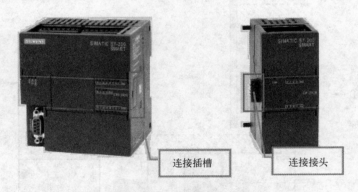

图 2-26　扩展模块连接图

2.4.4　信号板的安装

信号板是 S7-200 SMART 特有的模块，西门子的其他产品并无信号版，信号板体积小，不占用控制柜的空间，信号板有模拟量和数字量模块。安装信号板的步骤如下。

1）确保 CPU 和所有 S7-200 SMART 设备与电源断开连接。

2）卸下 CPU 上部和下部的端子块盖板。

3）将螺钉旋具插入 CPU 上部接线盒盖背面的槽中。

4）轻轻将盖撬起并从 CPU 上卸下。

5）将信号板直接向下放入 CPU 上部的安装位置中。

6）用力将模块压入该位置直到卡入就位，如图 2-27 所示。

7）重新装上端子块盖板。

 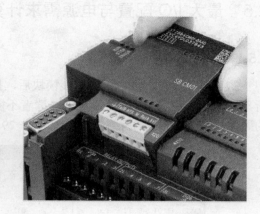

图 2-27　信号板连接图

2.4.5　接线端子的拆卸和安装

S7-200 SMART 的接线端子是可以拆卸的，非常方便维护，在不改换接线的情况下，可以很方便地更换 PLC，而 S7-200 系列 PLC 的接线端子是固定的。

1. 接线端子的拆卸

拆卸接线端子的步骤如下。

1）确保 CPU 和所有 S7-200 SMART 设备与电源断开连接。

2）查看连接器的顶部并找到可插入螺钉旋具头的槽。

3）将小螺钉旋具插入槽中。

4）轻轻撬起连接器顶部使其与 CPU 分离。连接器从夹紧位置脱离。

5）抓住连接器并将其从 CPU 上卸下，如图 2-28 所示。

端子

图 2-28　接线端子拆卸图

2. 接线端子的安装

把接线端子对准插槽，压入直到卡入就位即可。

2.5 最大 I/O 配置与电源需求计算

2.5.1 模块的地址分配

S7-200 SMART CPU 配置扩展模块后，扩展模块的起始地址根据其在不同的槽位而有所不同，这点与 S7-200 是不同的，读者不能随意给定。扩展模块的地址要在"系统块"的硬件组态时，由软件系统给定，如图 2-29 所示。

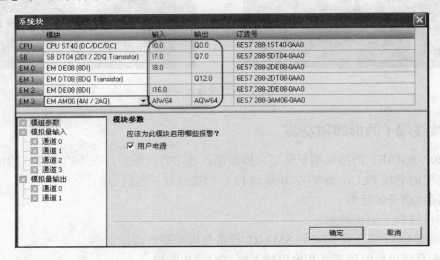

图 2-29 扩展模块的起始地址示例

S7-200 SMART CPU 最多能配置 4 个扩展模块，在不同的槽位配置不同模块的起始地址均不相同，见表 2-6。

表 2-6 不同的槽位扩展模块的地址

模　块	CPU	信号面板	扩展模块 1	扩展模块 2	扩展模块 3	扩展模块 4
I/O 起始地址	I0.0	I7.0	I8.0	I12.0	I16.0	I20.0
	Q0.0	Q7.0	Q8.0	Q12.0	Q16.0	Q20.0
			AIW16	AIW32	AIW48	AIW64
	AQW12	AQW16	AQW32	AQW48	AQW64

2.5.2 最大 I/O 配置

1. 最大 I/O 的限制条件

CPU 的 I/O 映像区的大小限制，最大为 256 个输入和 256 个输出，但实际的 S7-200 SMART CPU 没有这么多，还要受到下面因素的限制。

1）CPU 本体的 I/O 点数的不同。

2）CPU 所能扩展的模块数目，标准型为 4 个，经济型不能扩展模块。

3）CPU 内部+5V 电源是否满足所有扩展模块的需要，扩展模块的+5V 电源不能外接电源，只能由 CPU 供给。

　　而在以上因素中，CPU 的供电能力对扩展模块的个数起决定影响，因此最为关键。

2. 最大 I/O 扩展能力示例

不同型号的 CPU 的扩展能力不同，表 2-7 列举了 CPU 模块的扩展能力。

表 2-7　CPU 模块的最大扩展能力

CPU 模块		可以扩展的最大 DI/DO 和 AI/AO	5V 电源/mA	DI	DO	AI	AO
CPUCR40		无	不能扩展				
CPU SR20	最大 DI/DO	CPU	740	12	8		
		4×EM DT32 16DT/16DO, DC/DC	−740	64	64		
		4×EM DR32 16DT/16DO, DC/Relay	−720				
		总　计	≥0	76	72		
	最大 AI/AO	CPU	740	12	8		
		1×SB 1AO	−15				1
		4×EM AM06 4AI/2AO	−320			16	8
		总　计	>0	76	72	16	9
CPU SR40/ ST40	最大 DI/DO	CPU	740	24	16		
		4×EM DT32 16DT/16DO, DC/DC	−740	64	64		
		4×EM DR32 16DT/16DO, DC/Relay	−720				
		总　计	≥0	88	80		
	最大 AI/AO	CPU	740	24	16		
		1×SB 1AO	−15				1
		4×EM AM06 4AI/2AO	−320			16	8
		总　计	>0	24	16	16	9
CPU SR60/ ST60	最大 DI/DO	CPU	740	36	24		
		4×EM DT32 16DT/16DO, DC/DC	−740	100	88		
		4×EM DR32 16DT/16DO, DC/Relay	−720				
		总　计	≥0	88	80		
	最大 AI/AO	CPU	740	36	24		
		1×SB 1AO	−15				1
		4×EM AM06 4AI/2AO	−320			16	8
		总　计	>0	36	24	16	9

　　以 CPUSR20 为例，对以上表格做一个解释。CPUSR20 自身有 12 个 DI（输入点），8 个 DO（输出点），由于受到总线电流（SM 电流，即 DC+5V）限制，可以扩展 64 个 DI 和 64 个 DO，经过扩展后，DI/DO 分别能达到 76/72 个。最大可以扩展 16 个 AI（模拟量输入）和 9 个 AO（模拟量输出）。表格其余的 CPU 的各项含义与上述类似，在此不再赘述。

2.5.3　电源需求计算

　　所谓电源计算，就是用 CPU 所能提供的电源容量减去各模块所需要的电源消耗量。S7-200 SMART CPU 模块提供 DC 5V 和 DC 24V 电源。当有扩展模块时，CPU 通过 I/O

总线为其提供 5V 电源，所有扩展模块的 5V 电源消耗之和不能超过该 CPU 提供的电源额定值。若不够用则不能外接 5V 电源。

　　每个 CPU 都有一个 DC 24V 传感器电源，它为本机输入点和扩展模块输入点及扩展模块继电器线圈提供 DC 24V。如果电源要求超出了 CPU 模块的电源定额，可以增加一个外部 DC 24V 电源来供给扩展模块。各模块的电源需求见表 2-8。

表 2-8　各模块的电源需求

型　号		电源供应	
		DC+5V	DC+24V
CPU 模块	CPUSR20	740 mA	300 mA
	CPUST40/SR40	740 mA	300 mA
	CPUST60/SR60	740 mA	300 mA
扩展模块	EM DR16	145mA	4mA/输入，11 mA/输出
	EM DT32	185mA	4mA/输入
	EM DR32	180mA	4mA/输入，11 mA/输出
	EM AO02	80mA	40mA（无负载）
	EM AI04	80 mA	50mA（无负载）
	EM AM06	80mA	60mA（无负载）
	EM AO02	80mA	40mA
信号板	SB 1AO	15mA	40mA（无负载）
	SB 2DI/DO	50 mA	4mA/输入
	SB RS-485/RS-232	50 mA	-----

　　下面举例说明电源的需求计算。

　　【例 2-4】　某系统由一台 CPUSR40 AC/DC/继电器、3 个 EM 8 点继电器型数字量输出（EM DR08）和 1 个 EM 8 点数字量输入（EM DE08），问电源是否足够？

　　【解】　首先查表 2-8 可知，计算如下见表 2-9。

表 2-9　电源需求计算

CPU 功率预算	DC 5V	DC 24V
CPUSR40 AC/DC/继电器	740mA	300 mA
减　去		
系统要求	DC 5V	DC 24V
CPUSR40，24 点输入		24×4 mA = 96 mA
插槽 0：EM DR08	120 mA	8×11 mA = 88 mA
插槽 1：EM DR08	120 mA	8×11 mA = 88 mA
插槽 2：EM DR08	120 mA	8×11 mA = 88 mA
插槽 3：EM DE08	105 mA	8×4 mA = 32 mA
总需求	465 mA	392mA
电流差额	275 mA	-92mA

从表 2-9 可以得出，+5V 是足够的，而+24V 不够，还缺 92mA，因此必须再外接一个大于 92mA 的电源给系统输入和输出供电。

【关键点】配置模块要进行电源需求计算，一台 CPU 所扩展的模块不能超过 4 个。

重点难点总结

1．S7-200 SMART 系列 PLC 的外部接线、扩展模块的接线，特别是数字量输入、输出模块和模拟量输入/输出模块的接线至关重要。

2．电源的需求计算既是重点，也是难点，特别要学会通过产品手册查询相关参数。

习题

1．举例说明常见的哪些设备可以作为 PLC 的输入设备和输出设备？

2．S7 系列的 PLC 有哪几类？

3．S7-200 SMART 系列 PLC 有什么特色？

4．S7-200 SMART 系列 CPU 有几种工作方式？下载文件时，能否使其置于"运行"状态？

5．使用模拟量输入模块时，要注意什么问题？

6．在例 2-2 中，如果不经过转换能否直接用晶体管输出 CPU 代替？应该如何转换？

7．如何进行 S7-200 SMART 的电源需求计算？

8．S7-200 SMART 系列 PLC 的输入和输出怎样接线？

9．西门子 PLC 有哪几个系列产品？其定位是什么？

10．PLC 自控系统中，温度控制可用什么扩展模块？（　　　）

    A．EM AO02　　　　　　　　B．EM AE04

    C．EM AM6　　　　　　　　 D．EM AR02

11．西门子 S7-200 SMART 系列 PLC 的基本指令运算时间是（　　　）。

    A．0.15μs　　　　B．10ms　　　　C．1.5 ms　　　　D．3μs

12．西门子 S7-200 SMART 系列 PLC 最多可以有（　　　）个点。（含扩展）

    A．168　　　　　B．128　　　　　C．256　　　　　D．188

13．以下哪个 PLC 不具备扩展能力？（　　　）

    A．CPU ST40　　　B．CPU SR40　　　C．CPU CR40　　　D．CPU SR60

第 3 章

S7-200 SMART PLC 编程软件
使用入门

本章主要介绍 STEP7-Micro/WIN SMART 软件的安装和使用方法，以及建立完整项目及仿真软件的使用。

3.1 STEP7-Micro/WIN SMART 编程软件的简介与安装步骤

3.1.1 STEP7-Micro/WIN SMART 编程软件简介

STEP7-Micro/WIN SMART 是一款功能强大的软件，此软件用于 S7-200 SMART 系列 PLC 编程软件，支持 3 种模式：LAD（梯形图）、FBD（功能块图）和 STL（语句表）。STEP7-Micro/WIN SMART 可提供程序的在线编辑、监控和调试。本书介绍的 STEP7-Micro/WIN SMART V1.0 版本，可以打开大部分 S7-200 的程序。

STEP7-Micro/WIN SMART 是免费软件，读者可在供货商处索要，或者在西门子（中国）自动化与驱动集团的网站（http://www.ad.siemens.com.cn/）上下载软件并安装使用。

安装此软件对计算机的要求有以下几方面。

1）Windows XP Professional SP3 操作系统，只支持 32 位，Windows 7 操作系统，支持 32 位和 64 位。

2）软件安装程序不足 80MB，但需要至少 350MB 硬盘空间。

有了 PLC 和配置必要软件的计算机，两者之间必须有一根程序下载电缆，由于 S7-200 SMART 系列 PLC 自带 PN 口，而计算机都配置了网卡，这样只需要一根普通的网线就可以把程序从计算机下载到 PLC 中去。个人计算机和 PLC 的连接如图 3-1 所示。

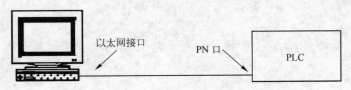

图 3-1　个人计算机与 PLC 的连线图

【关键点】 S7-200 SMART 系列 PLC 的 PN 有自动交叉线（Auto-crossing）功能，所以网线可以是正连接也可以反连接。

3.1.2　STEP7-Micro/WIN SMART 编程软件的安装步骤

STEP7-Micro/WIN SMART 编程软件的安装步骤如下。

1）打开 STEP7-Micro/WIN SMART 编程软件的安装包，双击可执行文件"SETUP.EXE"，软件安装开始，并弹出选择设置语言对话框，如图 3-2 所示，共有 2 种语言供选择，选择"中文（简体）"，单击"确定"按钮。此时弹出安装向导对话框如图 3-3 所示，单击"下一步"按钮即可。之后弹出安装许可协议界面如图 3-4 所示，选择"我接受许可协定和有关安全信息的所有条件"，单击"下一步"按钮，表示同意许可协议，否则安装不能继续进行。

图 3-2　选择设置语言

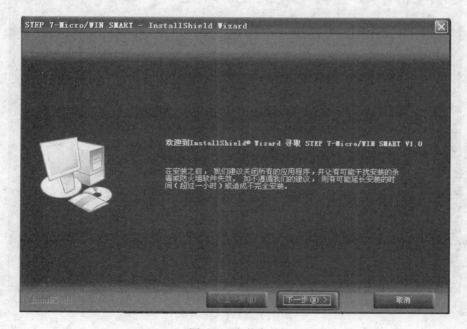

图 3-3　安装向导

2）选择安装目录。如果要改变安装目录则单击"浏览"，选定想要安装的目录即可，如果不想改变目录，则单击"下一步"按钮，如图 3-5 所示，程序开始安装，并显示安装进程如图 3-6 所示。

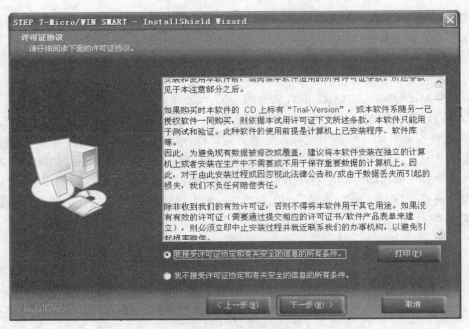

图 3-4　安装许可协议

图 3-5　选择安装目录

3）当软件安装结束时，弹出如图 3-7 所示的界面，单击"完成"按钮，所有安装完成。

【关键点】

① 安装 STEP7-Micro/WIN SMART 软件前，最好关闭杀毒和防火墙软件，此外存

放 STEP7-Micro/WIN SMART 软件的目录最好是英文。其他处于运行状态的程序最好也关闭。

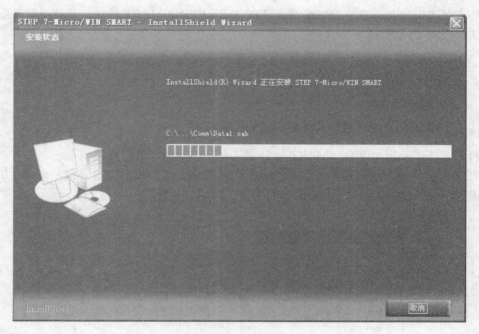

图 3-6　安装进程

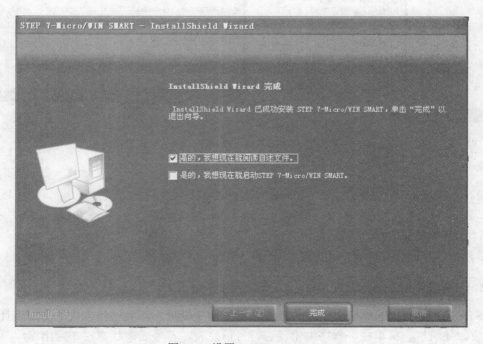

图 3-7　设置 PG/PC Interface

② 选用正版操作系统是明智的举措，如果选用盗版的操作系统，可能导致不能安装

此软件，或者软件安装完成后，丢失一些本应该有的功能，例如可能导致不能下载程序。

③ 有的文献中不建议使用 Windows 7 家庭版安装 STEP7-Micro/WIN SMART 软件，但是作者使用 Windows 7 家庭版安装 STEP7-Micro/WIN SMART 软件，从使用情况看，没有不正常情况出现。

3.2　STEP7-Micro/WIN SMART 的使用

3.2.1　STEP7-Micro/WIN SMART 软件的打开

打开 STEP7-Micro/WIN SMART 软件通常有三种方法，分别介绍如下。

1）单击"所有程序"→"Simatic"→"STEP7-Micro/WIN SMART V1.0"→"STEP7-Micro/WIN SMART"，如图 3-8 所示，即可打开软件。

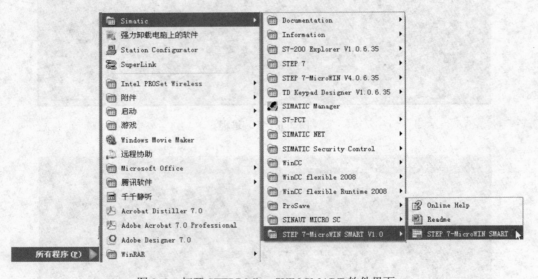

图 3-8　打开 STEP7-Micro/WIN SMART 软件界面

2）直接双击桌面上的 STEP7-Micro/WIN SMART 软件快捷方式 ，也可以打开软件，这是较快捷的打开方法。

3）在电脑的任意位置，双击以前保存的程序，即可打开软件。

3.2.2　STEP7-Micro/WIN SMART 软件的界面介绍

STEP7-Micro/WIN SMART 软件的主界面如图 3-9 所示。其中包含快速访问工具栏、项目树、导航栏、菜单栏、程序编辑器、符号信息表、符号表、状态栏、输出窗口、状态图、变量表、数据块、交叉引用。STEP7-Micro/WIN SMART 的界面颜色为彩色，视觉效果更好。以下按照顺序依次介绍。

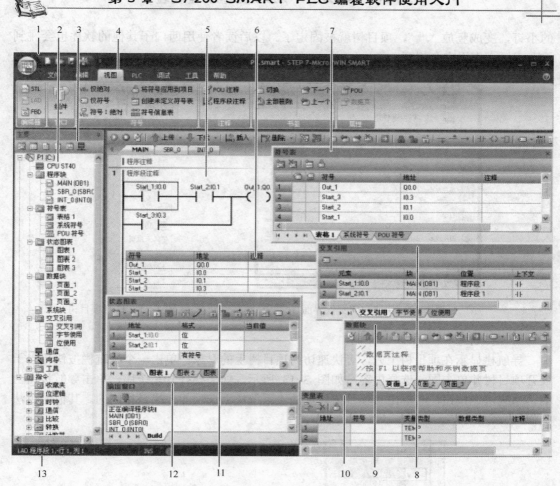

图 3-9　STEP7-Micro/WIN SMART 软件的主界面

1．快速访问工具栏

快速访问工具栏显示在菜单选项卡正上方。通过快速访问文件按钮，可简单快速地访问"文件"菜单的大部分功能以及最近文档。快速访问工具栏上的其他按钮对应于文件功能"新建"、"打开"、"保存"和"打印"。单击"快速访问文件"按钮，弹出如图 3-10 所示的界面。

2．项目树

编辑项目时，项目树非常必要。项目树可以显示也可以隐藏，如果项目树未显示，要查看项目树，可按以下步骤操作。

单击菜单栏上的"视图"→"组件"→"项目树"，如图 3-11 所示，即可打开项目树。展开后的项目树如图 3-12 所示，项目树中主要有两个项目，一是读者创建的项目（本例为：起停控制），二是指令，这些都是编辑程序最常用的。项目树中有"+"，其含义表明这个选项内包含有内容，可以展开。

在项目树的左上角有一个小钉" "，当这个小钉是横放时，项目树会自动隐藏，这样编辑区域会扩大。如果读者希望项目树一直显示，那么只要单击小钉，此时，这个横放的小钉，变成竖放""，项目树就被固定了。以后读者使用西门子其他的软件也会碰到这个小钉，作用完全相同。

图 3-10　快速访问文件界面

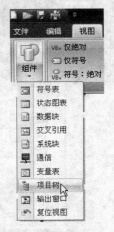

图 3-11　打开项目树

3．导航栏

导航栏显示在项目树上方，可快速访问项目树上的对象。单击一个导航栏按钮相当于展开项目树并单击同一选择内容。如图 3-13 所示，如果要打开系统块，单击导航按钮上的"系统块"按钮，与单击"项目树"上的"系统块"选项的效果是相同的。其他的用法类似。

图 3-12　项目树

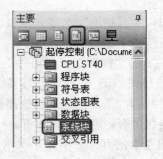

图 3-13　导航栏使用对比

4. 菜单栏

菜单栏包括文件、编辑、PLC、调试、工具、视图和帮助 7 个菜单项。用户可以定制"工具"菜单，在该菜单中增加自己的工具。

5. 程序编辑器

程序编辑器是编写和编辑程序的区域，打开程序编辑器有 2 种方法。

1）单击菜单栏中的"文件"→"新建"（或者"打开"或"导入"按钮）打开 STEP 7-Micro/WIN SMART 项目。

2）在项目树中打开"程序块"文件夹，方法是单击分支展开图标或双击"程序块"文件夹 ⊞ 📁 符号表 图标。然后双击主程序（OB1）、子例程或中断例程，以打开所需的 POU；也可以选择相应的 POU 并按〈Enter〉键。编辑器的图形界面如图 3-14 所示。

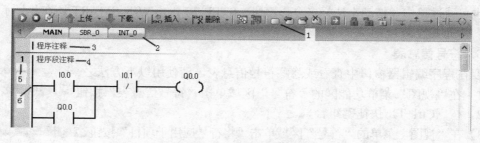

图 3-14　编辑器界面

程序编辑器窗口包括以下组件，下面分别进行说明。

1）工具栏：常用操作按钮，以及可放置到程序段中的通用程序元素，各个按钮的作用说明见表 3-1。

表 3-1　编辑器常用按钮的作用

序号	按 钮 图 形	含 义
1		将 CPU 工作模式更改为 RUN、STOP 或者编译程序模式
2		上传和下载传送
3		针对当前所选对象的插入和删除功能
4		调试操作以启动程序监视和暂停程序监视
5		书签和导航功能：放置书签、转到下一书签、转到上一书签、移除所有书签和转到特定程序段、行或线
6		强制功能：强制、取消强制和全部取消强制
7		可拖动到程序段的通用程序元素
8		地址和注释显示功能：显示符号、显示绝对地址、显示符号和绝对地址、切换符号信息表显示、显示 POU 注释以及显示程序段注释
9		设置 POU 保护和常规属性

2）POU 选择器：能够实现在主程序块、子例程或中断编程之间进行切换。例如只要

用鼠标单击 POU 选择器中"MAIN"，那么就切换到主程序块，单击 POU 选择器中"INT_0"，那么就切换到中断程序块。

3）POU 注释：显示在 POU 中第一个程序段上方，提供详细的多行 POU 注释功能。每条 POU 注释最多可以有 4096 个字符。这些字符可以英语或者汉语，主要对整个 POU 的功能等进行说明。

4）程序段注释：显示在程序段旁边，为每个程序段提供详细的多行注释附加功能。每条程序段注释最多可有 4096 个字符。这些字符可以英语或者汉语等。

5）程序段编号：每个程序段的数字标识符。编号会自动进行，取值范围为 1～65536。

6）装订线：位于程序编辑器窗口左侧的灰色区域，在该区域内单击可选择单个程序段，也可通过单击并拖动来选择多个程序段。STEP 7-Micro/WIN SMART 还在此显示各种符号，例如书签和 POU 密码保护锁。

6．符号信息表

要在程序编辑器窗口中查看或隐藏符号信息表，请使用以下方法之一。

1）在"视图"菜单功能区的"符号"区域单击"符号信息表"按钮 符号信息表 。

2）按〈Ctrl+T〉快捷键组合。

3）在"视图"菜单的"符号"区域单击"将符号应用于项目"按钮 将符号应用到项目 。

"应用所有符号"命令使用所有新、旧和修改的符号名更新项目。如果当前未显示"符号信息表"，单击此按钮便会显示。

7．符号表

符号是可为存储器地址或常量指定的符号名称。符号表是符号和地址对应关系的列表。打开符号表有三种方法，具体如下。

1）在导航栏上，单击"符号表"   按钮。

2）在菜单栏上，单击"视图"→"组件"→"符号表"。

3）在项目树中，打开"符号表"文件夹，选择一个表名称，然后按下〈Enter〉键或者双击表名称。

【例 3-1】 图 3-15 所示是一段简单的程序，要求显示其符号信息表和符号表，请写出操作过程。

【解】 首先，在项目树中展开"符号表"，双击"表格 1"弹出符号表，如图 3-16 所示，在符号表中，按照如图 3-17 填写。符号"START"实际就代表地址"I0.0"，符号"STOPPING"实际就代表地址"I0.1"，符号"MOTOR"实际就代表地址"Q0.0"。

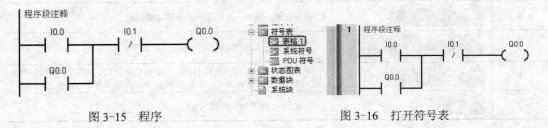

图 3-15 程序　　　　　　　　　　　　图 3-16 打开符号表

接着，在视图功能区，单击"视图"→"符号"→"符号信息表""将符号应用于项目"按钮 将符号应用到项目。此时，符号和地址的对应关系显示在梯形图中，如图 3-18 所示。

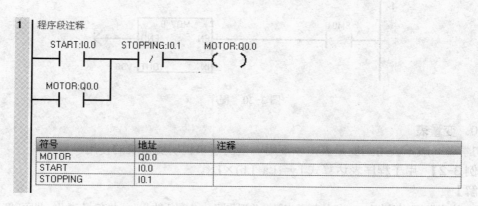

图 3-17　符号表

图 3-18　信息符号表

如果读者仅显示符号（如 START），那么只要单击"视图"→"符号"→"仅符号"即可。

如果读者仅显示绝对地址（如 I0.0），那么只要单击"视图"→"符号"→"仅绝对"即可。

如果读者要显示绝对地址和符号（如图 3-17 所示），那么只要单击"视图"→"符号"→"符号：绝对"即可。

8. 交叉引用

使用"交叉引用"窗口查看程序中参数当前的赋值情况。这可防止无意间重复赋值。可通过以下方法之一访问交叉引用表。

1）在项目树中打开"交叉引用"文件夹，然后双击"交叉引用"、"字节使用"或"位使用"。

2）单击导航栏中的"交叉引用" 图标。

3）在视图功能区，单击"视图"→"组件"→"交叉引用"，即可打开"交叉引用"。

9. 数据块

数据块包含可向 V 存储器地址分配数据值的数据页。如果读者使用指令向导等功能，系统会自动使用数据块。可以使用下列方法之一来访问数据块。

1）在导航栏上单击"数据块" 按钮。

2）在视图功能区，单击"视图"→"组件"→"数据块"，即可打开数据块。

如图 3-19 所示，将 10 赋值给 VB0，其作用相当于如图 3-20 所示的程序。

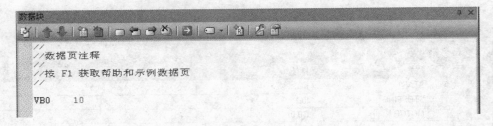

图 3-19　数据块

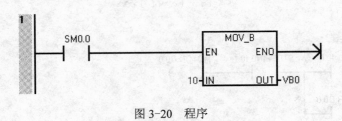

图 3-20　程序

10．变量表

初学者一般不会用到变量表，以下用一个例子来说明变量表的使用。

【例 3-2】　用子程序表达算式 Ly=(La−Lb)×Lx。

【解】

1）首先打开变量表，单击菜单栏的"视图"→"组件"→"变量表"，即可打开变量表。

2）在变量表中，输入如图 3-21 所示的参数。

	地址	符号	变量类型	数据类型	注释
2	LW0	La	IN	INT	
3	LW2	Lb	IN	INT	
4	LW4	Lx	IN	INT	
5			IN		
6			IN_OUT		
7	LD6	Ly	OUT	DINT	
8			OUT		
9			TEMP		

图 3-21　变量表

3）再在子程序中输入如图 3-22 所示的程序。

4）在主程序中调用子程序，并将运算结果存入 MD0 中，如图 3-23 所示。

11．状态图

"状态"这一术语是指显示程序在 PLC 中执行时的有关 PLC 数据的当前值和能流状态的信息。可使用状态图表和程序编辑器窗口读取、写入和强制 PLC 数据值。在控制程序的执行过程中，可用三种不同方式查看 PLC 数据的动态改变，即状态图表、趋势显示和程序状态。

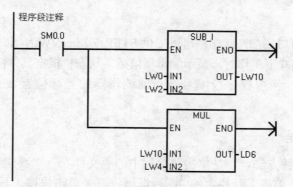

图 3-22　子程序

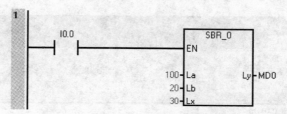

图 3-23　主程序

12. 输出窗口

"输出窗口"列出了最近编译的 POU 和在编译期间发生的所有错误。如果已打开"程序编辑器"窗口和"输出窗口",可在"输出窗口"中双击错误信息使程序自动滚动到错误所在的程序段。纠正程序后,重新编译程序以更新"输出窗口"和删除已纠正程序段的错误参考。

如图 3-24 所示,将地址"I0.0"错误写成"I0.o",编译后,在输出窗口显示了错误信息以及错误的发生位置。"输出窗口"对于程序调试是比较有用的。

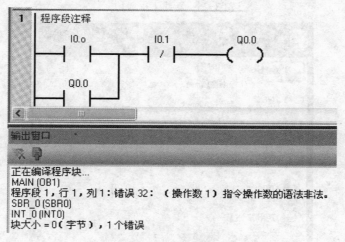

图 3-24　输出窗口

打开"输出窗口"的方法如下。

在视图功能区,单击"视图"→"组件"→"输出窗口"。

13. 状态栏

状态栏位于主窗口底部,状态栏可以提供 STEP 7-Micro/WIN SMART 中执行的操作的相关信息。在编辑模式下工作时,显示编辑器信息。状态栏根据具体情形显示下列信息。

简要状态说明、当前程序段编号、当前编辑器的光标位置、当前编辑模式和插入或覆盖。

3.2.3 创建新工程

新建工程有 3 种方法,一是单击菜单栏中的"文件"→"新建",即可新建工程,如图 3-25 所示;二是单击工具栏上的 图标即可;三是单击快捷工具栏,再单击"新建"选项,如图 3-26 所示。

图 3-25 新建工程(1)

图 3-26 新建工程(2)

3.2.4　保存工程

保存工程有 3 种方法：一是单击菜单栏中的"文件"→"保存"，即可保存工程，如图 3-27 所示；二是单击工具栏中的 图标即可；三是单击快捷工具栏，再单击"保存"选项，如图 3-28 所示。

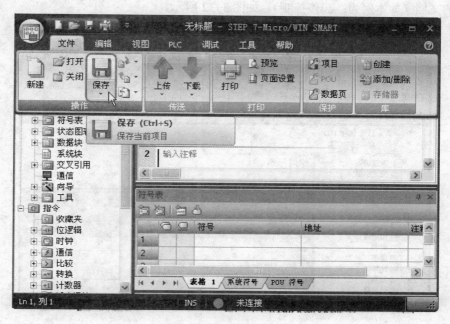

图 3-27　保存工程（1）

图 3-28　保存工程（2）

3.2.5　打开工程

打开工程的方法比较多，第一种方法是单击菜单栏中的"文件"→"打开"，如图 3-29

所示，找到要打开的文件的位置，选中要打开的文件，单击"打开"按钮即可打开工程，如图 3-30 所示；第二种方法是单击工具栏中的 图标即可打开工程；第三种方法是直接在工程的存放目录下双击该工程，也可以打开此工程；第四种方法是单击快捷工具栏，再单击"打开"选项，如图 3-31 所示；第五种方法是，单击快捷工具栏，再双击"最近文档"中的文档（如本例为：起停控制），如图 3-32 所示。

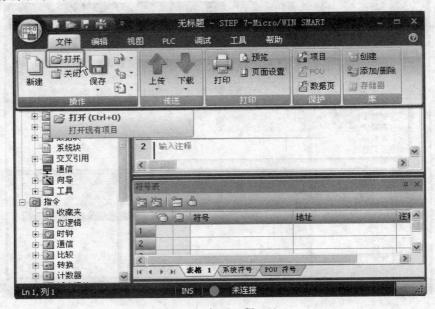

图 3-29　打开工程（1）

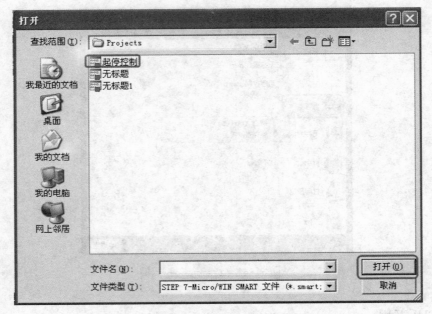

图 3-30　打开工程（2）

图 3-31 打开工程（2）

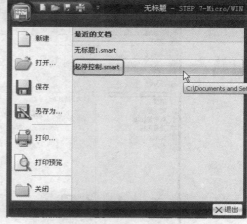

图 3-32 打开工程（2）

3.2.6 系统块

对于 S7-200 SMART CPU 而言，系统块的设置是必不可少的，类似于 S7-300/400 的硬件组态，因此，以下将详细介绍系统块。

S7-200 SMART CPU 提供了多种参数和选项设置以适应具体应用，这些参数和选项在"系统块"对话框内设置。系统块必须下载到 CPU 中才起作用。有的初学者修改程序后不会忘记重新下载程序，而在软件中更改参数后却忘记了重新下载，这样系统块则不起作用。

1. 打开系统块

打开系统块有三种方法，具体如下。

1）单击菜单栏中的"视图"→"组件"→"系统块"，打开"系统块"。

2）单击快速工具栏中的"系统块"按钮，打开"系统块"。

3）展开项目树，双击"系统块"，如图 3-33 所示，打开"系统块"，如图 3-34 所示。

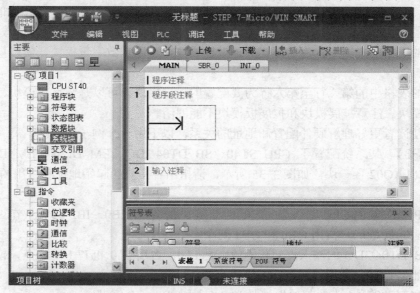

图 3-33 打开"系统块"

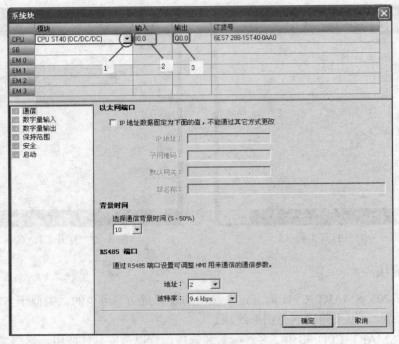

图 3-34 "系统块"对话框

2．硬件配置

"系统块"对话框的顶部显示已经组态的模块，并允许添加或删除模块。使用下拉列表更改、添加或删除 CPU 型号、信号板和扩展模块。添加模块时，输入列和输出列显示已分配的输入地址和输出地址。

如图 3-34 所示，顶部的表格中的第一行为要配置的 CPU 的具体型号，单击"1"处的"下三角"按钮，可以显示所有 CPU 的型号，读者选择适合的型号（本例为 CPUST40（DC/DC/DC）），"2"处为此 CPU 输入点的起始地址（I0.0），"3"处为此 CPU 输出点的起始地址（Q0.0），这些地址是软件系统自动生成，不能修改（S7-300/400 的地址是可以修改的）。

顶部的表格中的第二行为要配置的扩展板模块，可以是数字量模块、模拟量模块和通信模块。

顶部的表格中的第二行至第六行为要配置的扩展模块，可以是数字量模块、模拟量模块和通信模块。注意扩展模块和扩展板模块不能混淆。

为了使读者更好理解硬件配置和地址的关系，以下用一个例子说明。

【例 3-3】 某系统配置了 CPU ST40、SB DT04/2DQ、EM DE08、EM DR08、EM AE04 和 EM AQ02 各一块，如图 3-35 所示，请指出各模块的起始地址和占用的地址。

【解】

1）CPU ST40 的 CPU 输入点的起始地址是 I0.0，占用 IB0～IB2 三个字节，CPU 输出点的起始地址是 Q0.0，占用 QB0 和 QB1 两个字节。

2）SB DT04/2DQ 的输入点的起始地址是 I7.0，占用 I7.0 和 I7.1 两个点，模块输出点的起始地址是 Q7.0，占用 Q7.0 和 Q7.1 两个点。

3）EM DE08 输入点的起始地址是 I8.0，占用 IB8 一个字节。

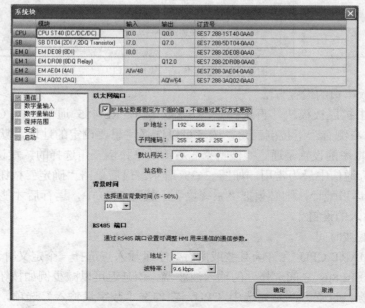

图 3-35　系统块配置实例

4）EM DR08 输出点的起始地址是 Q12.0，占用 QB12 一个字节。

5）EM AE04 为模拟量输入模块，起始地址为 AIW48，占用 AIW48～AIW52 四个字。

6）EM AQ02 为模拟量输出模块，起始地址为 AIQ64，占用 AIW64 和 AIW66 两个字。

【关键点】读者很容易发现，有很多地址是空缺的，如 IB3～IB6 就空缺不用。CPU 输入点使用的字节是 IB0～IB2，读者不可以想当然认为 SBDT04/2DQ 的起始地址从 I3.0 开始，一定要看系统块上自动生成的起始地址，这点至关重要。

3. 以太网通信端口的设置

以太网通信端口是 S7-200 SMART 的特色配置，这个端口既可以用于下载程序，也可以用于与 HMI 通信，以后也可能设计成与其他 PLC 进行以太网通信。以太网通信端口的设置如下。

首先，选中 CPU 模块，勾选"通信"选项，再勾选"IP 地址数据固定为下面的值，不能通过其他方式更改"选项，如图 3-36 所示。如果要下载程序，IP 地址应该就是 CPU 的 IP 地址，如果 STEP 7-Micro/win SMART 和 CPU 已经建立了通信，那么可以把读者想要设置的 IP 地址输入 IP 地址右侧的空白处。子网掩码一般设置为"255.255.255.0"，最后单击"确定"按钮即可。如果是要修改 CPU 的 IP 地址，则必须把"系统块"下载到 CPU 中，运行后才能生效。

图 3-36　通信设置（以太网 PN 口）

4．串行通信端口的设置

CPU 模块集成有 RS-485 通信端口，此外扩展板也可以扩展 RS-485 和 RS-232 模块（同一个模块，二者可选），首先讲解集成串口的设置方法。

（1）集成串口的设置方法

首先，选中 CPU 模块，再勾选"通信"选项，再设定 CPU 的地址，"地址"右侧有个下拉"倒三角"按钮，读者可以选择，想要设定的地址，默认为"2"（本例设为 3）。波特率的设置是通过"波特率"右侧的下拉"倒三角"按钮选择的，默认为 9.6kbit/s，这个数值在串行通信中最为常用，如图 3-37 所示。最后单击"确定"按钮即可。如果是要修改 CPU 的串口地址，则必须把"系统块"下载到 CPU 中，运行后才能生效。

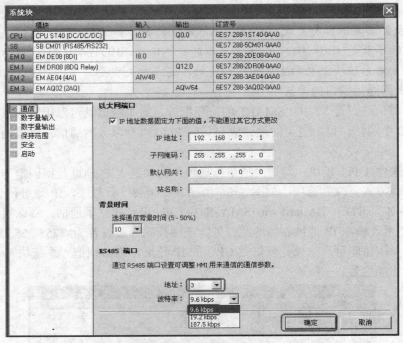

图 3-37　通信设置（集成串口）

（2）扩展板串口的设置方法

首先，选中扩展板模块，再选择是 RS-232 或者 RS-485 通信模式（本例选择 RS-232），"地址"右侧有个下拉倒三角，读者可以选择，想要设定的地址，默认为"2"（本例设为 3）。波特率的设置是通过"波特率"右侧的下拉倒三角选择的，默认为 9.6kbit/s，这个数值在串行通信中最为常用，如图 3-38 所示。最后单击"确定"按钮即可。如果是要修改 CPU 的串口地址，则必须把"系统块"下载到 CPU 中，运行后才能生效。

5．集成输入的设置

（1）修改滤波时间

S7-200 SMART CPU 允许为某些或所有数字量输入点选择一个定义时延（可在 0.2～12.8ms 和 0.2～12.8μs 之间选择）的输入滤波器。该延迟可以减少例如按钮闭合或者分开瞬间的噪音干扰。设置方法是先选中 CPU，在勾选"数字量输入"选项，再修改延时长短，最后单击"确定"按钮，如图 3-39 所示。

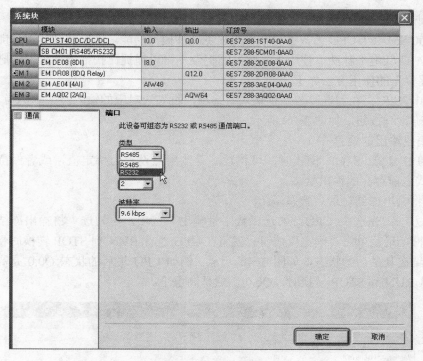

图 3-38　通信设置（扩展板串口）

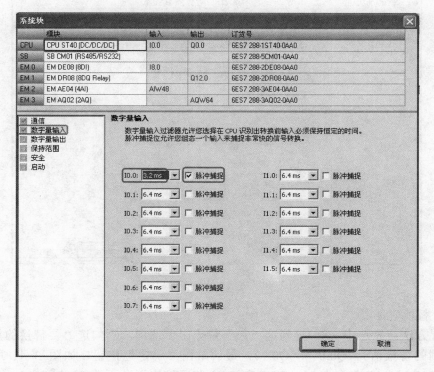

图 3-39　设置滤波时间

（2）脉冲捕捉位

S7-200 SMART CPU 为数字量输入点提供脉冲捕捉功能。通过脉冲捕捉功能可以捕捉高电平脉冲或低电平脉冲。使用了"脉冲捕捉位"可以捕捉比扫描周期还短的脉冲。设置"脉冲捕捉位"的使用方法如下。

先选中 CPU，在勾选"数字量输入"选项，再勾选对应的输入点（本例为 I0.0），最后单击"确定"按钮，如图 3-39 所示。

6. 集成输出的设置

当 CPU 处于 STOP 模式时，可将数字量输出点设置为特定值，或者保持在切换到 STOP 模式之前存在的输出状态。

（1）将输出冻结在最后状态

设置方法：先选中 CPU，勾选"数字量输出"选项，再勾选"将输出冻结在最后状态"复选框，最后单击"确定"按钮。就可在 CPU 进行 RUN 到 STOP 转换时将所有数字量输出冻结在其最后的状态，如图 3-40 所示。例如 CPU 最后的状态 Q0.0 是高电平，那么 CPU 从 RUN 到 STOP 转换时，Q0.0 仍然是高电平。

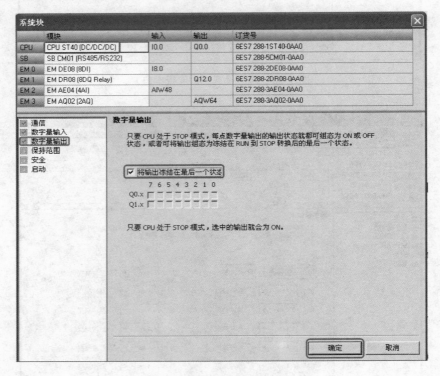

图 3-40　将输出冻结在最后状态

（2）替换值

设置方法：先选中 CPU，勾选"数字量输出"选项，再勾选"要替换的点"复选框（本例的替换值为 Q0.0 和 Q0.1），最后单击"确定"按钮，如图 3-41 所示，当 CPU 从 RUN 到 STOP 转换时，Q0.0 和 Q0.1 将是高电平，不管 Q0.0 和 Q0.1 之前是什么状态。

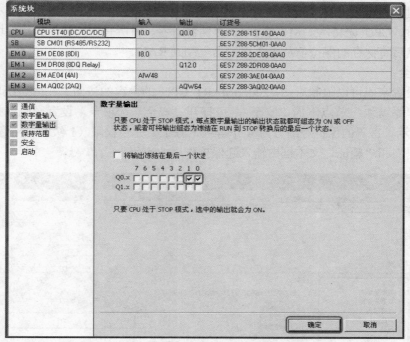

图 3-41 替换值

7. 设置断电数据保持

在"系统块"对话框中,单击"系统块"节点下的"保持范围",可打开"保持范围"对话框,如图 3-42 所示。

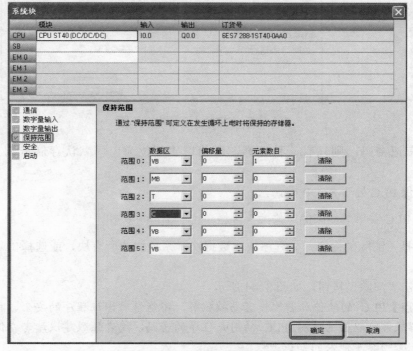

图 3-42 设置断电数据保持

断电时，CPU 将指定的保持性存储器范围保存到永久存储器。

上电时，CPU 先将 V、M、C 和 T 存储器清零，将所有初始值都从数据块复制到 V 存储器，然后将保存的保持值从永久存储器复制到 RAM。

8. 安全

通过设置密码可以限制对 S7-200 SMART CPU 的内容的访问。在"系统块"对话框中，单击"系统块"节点下的"安全"，可打开"安全"选项卡，设置密码保护功能，如图 3-43 所示。密码的保护等级分为 4 个等级，除了"完全权限（1 级）"外，其他的均需要在"密码"和"验证"文本框中输入起保护作用的密码。

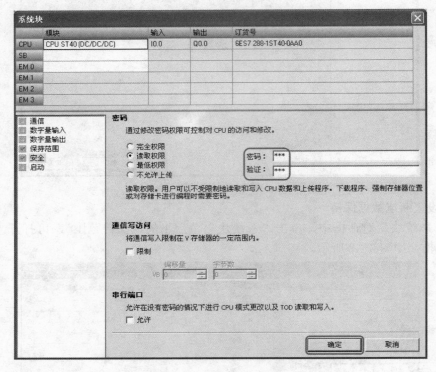

图 3-43　设置密码

如果忘记密码，则只有一种选择，即使用"复位为出厂默认存储卡"。具体操作步骤如下。

1）确保 PLC 处于 STOP 模式。

2）在 PLC 菜单功能区的"修改"区域单击"清除"按钮 。

3）选择要清除的内容，如程序块、数据块、系统块或所有块，或选择"复位为出厂默认设置"。

4）单击"清除"按钮，如图 3-44 所示。

【关键点】PLC 的软件加密比较容易被破解，不能绝对保证程序的安全，目前网络上有一些破解软件可以轻易破解 PLC 的用户程序的密码，编者强烈建议读者在保护自身权益的同时，必须尊重他人的知识产权。

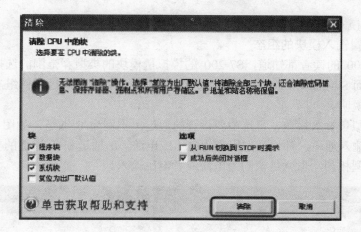

图 3-44 清除密码

9. 启动项的组态

在"系统块"对话框中，单击"系统块"节点下的"启动"，可打开"启动"选项卡，CPU 启动的模式有三种，即 STOP、RUN 和 LAST，如图 3-45 所示，可以根据需要选取。

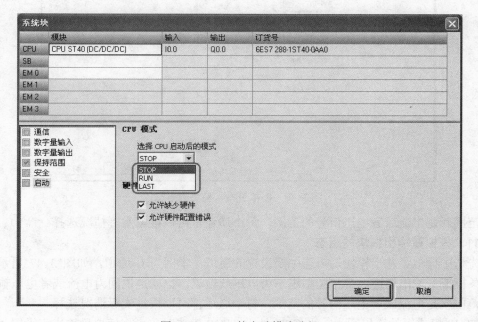

图 3-45 CPU 的启动模式选择

三种模式的含义如下。

1）STOP 模式。CPU 在上电或重启后始终应该进入 STOP 模式，这是默认选项。

2）RUN 模式。CPU 在上电或重启后始终应该进入 RUN 模式。对于多数应用，特别是对 CPU 独立运行而不连接 STEP 7-Micro/WIN SMART 的应用，RUN 启动模式选项是常用选择。

3）LAST 模式。CPU 应进入上一次上电或重启前存在的工作模式。

10．模拟量输入模块的组态

熟悉 S7-200 的读者都知道，S7-200 的模拟量模块的类型和范围的选择都是靠拨码开关来实现的。而 S7-200 SMART 的模拟量模块的类型和范围是通过硬件组态实现的，以下是硬件组态的说明。

先选中模拟量输入模块，再选中要设置的通道，本例为 0 通道，如图 3-46 所示。对于每条模拟量输入通道，都将类型组态为电压或电流。0 通道和 1 通道的类型相同，2 通道和 3 通道类型相同，也就是说同为电流或者电压输入。

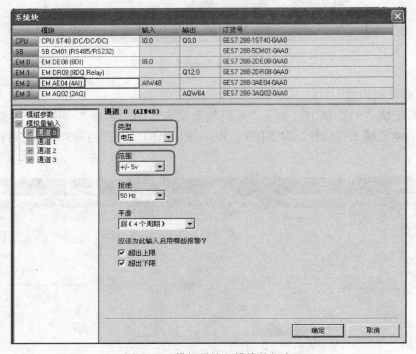

图 3-46　模拟量输入模块的组态

范围就是电流或者电压信号的范围，每个通道都可以根据实际情况选择。

11．模拟量输出模块的组态

先选中模拟量输出模块，再选中要设置的通道，本例为 0 通道，如图 3-47 所示。对于每条模拟量输出通道，都将类型组态为电压或电流。也就是说同为电流或者电压输出。

范围就是电流或者电压信号的范围，每个通道都可以根据实际情况选择。

STOP 模式下的输出行为，当 CPU 处于 STOP 模式时，可将模拟量输出点设置为特定值，或者保持在切换到 STOP 模式之前存在的输出状态。

3.2.7　程序调试

程序调试是工程中的一个重要步骤，因为初步编写完成的程序不一定正确，有时虽然逻辑正确，但需要修改参数，因此程序调试十分重要。STEP7-Micro/WIN SMART 提供了丰富的程序调试工具供用户使用，下面分别进行介绍。

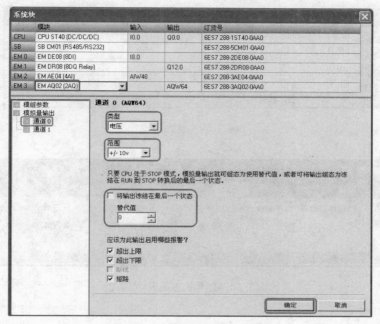

图 3-47 模拟量输出模块的组态

1. 状态图表

使用状态图表可以监控数据，各种参数（如 CPU 的 I/O 开关状态、模拟量的当前数值等）都在状态图表中显示。此外，配合"强制"功能还能将相关数据写入 CPU，改变参数的状态，如可以改变 I/O 开关状态。

打开状态图表有 2 种简单的方法：一种方法是先选中要调试的"项目"（本例项目名称为"调试用"），再双击"图表 1"，如图 3-48 所示，弹出状态图表，此时的状态图表是空的，并无变量，需要将要监控的变量手动输入，如图 3-49 所示；另一种方法是单击菜单栏中的"调试"→"状态图表"，如图 3-50 所示，即可打开状态图表。

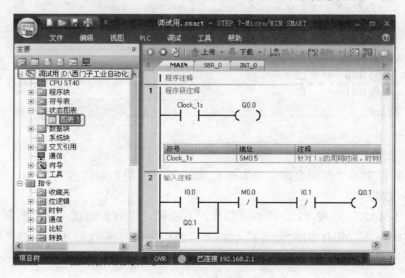

图 3-48 打开状态图表-方法 1

	地址 ▲	格式	当前值	新值
1	I0.0	位		
2	M0.0	位		
3	Q0.0	位		
4	Q0.1	位		
5		有符号		

图 3-49　状态图表

图 3-50　打开状态图表-方法 2

2. 强制

S7-200 SMART 系列 PLC 提供了强制功能，以方便调试工作。在现场不具备某些外部条件的情况下模拟工艺状态。用户可以对数字量（DI/DO）和模拟量（AI/AO）进行强制。强制时，运行状态指示灯变成黄色，取消强制后指示灯变成绿色。

如果在没有实际的 I/O 连线时，可以利用强制功能调试程序。先打开"状态图表"窗口并使其处于监控状态，在"新值"数值框中写入要强制的数据（本例输入 I0.0 的新值为"2#1"），然后单击工具栏中的"强制"按钮，此时，被强制的变量数值上有一个标志，如图 3-51 所示。

状态图表　⏷ ✕

	地址 ▲	格式	当前值	新值
1	I0.0	位	🔒 2#1	2#1
2	M0.0	位	2#0	
3	Q0.0	位	2#0	
4	Q0.1	位	2#1	
5		有符号		

图 3-51　使用强制功能

单击工具栏中的"取消全部强制"按钮，可以取消全部的强制。

3. 写入数据

S7-200 SMART 系列 PLC 提供了数据写入功能，以方便调试工作。例如，在"状态图表"窗口中输入 M0.0 的新值"1"，如图 3-52 所示，单击工具栏上的"写入"按钮，或者单击菜单栏中的"调试"→"写入"命令即可更新数据。

	地址 ▲	格式	当前值	新值
1	I0.0	位	2#0	
2	M0.0	位	2#1	2#1
3	Q0.0	位	2#0	
4	Q0.1	位	2#0	
5		有符号		

图 3-52　写入数据

【关键点】利用"写入"功能可以同时输入几个数据。"写入"的作用类似于"强制"的作用。但两者是有区别的：强制功能的优先级别要高于"写入"，"写入"的数据可能改变参数状态，但当与逻辑运算的结果抵触时，写入的数值也可能不起作用。例如 Q0.0 的逻辑运算结果是"0"，可以用强制使其数值为"1"，但"写入"就不可达到此目的。

此外，"强制"可以改变输入寄存器的数值，例如 I0.0，但"写入"就没有这个功能了。

4．趋势视图

前面提到的状态图表可以监控数据，趋势视图同样可以监控数据，只不过使用状态图表监控数据时的结果是以表格的形式表示的，而使用趋势视图时则以曲线的形式表达。利用后者能够更加直观地观察数字量信号变化的逻辑时序或者模拟量的变化趋势。

单击调试工具栏上的"切换图表和趋势视图"按钮，可以在状态图表和趋势视图形式之间切换，趋势视图如图 3-53 所示。

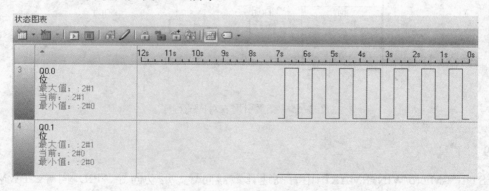

图 3-53　趋势视图

趋势视图对变量的反应速度取决于 STEP7-Micro/WIN SMART 与 CPU 通信的速度以及图中的时间基准。在趋势视图中单击，可以选择图形更新的速率。当停止监控时，可以冻结图形以便仔细分析。

3.2.8　交叉引用

交叉引用表能显示程序中元件使用的详细信息。交叉引用表对查找程序中数据地址十分有用。在项目树的"项目"视图下双击"交叉引用"图标，可弹出如图 3-54 所示的界面。当双击交叉引用表中某个元素时，界面立即切换到程序编辑器中显示交叉引用对应元件的程序段。例如，双击"交叉引用表"中第一行的"I0.0"，界面切换到程序编辑器中，而且光标（方框）停留在"I0.0"上，如图 3-55 所示。

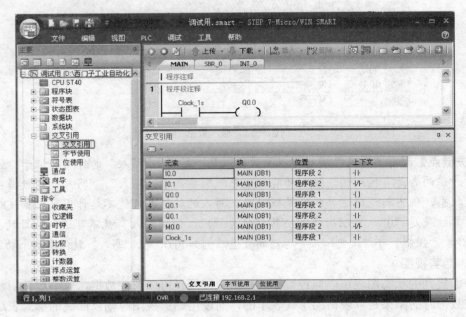

图 3-54　交叉引用表

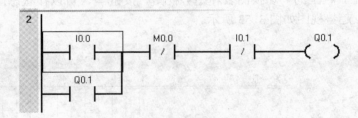

图 3-55　交叉引用表对应的程序

3.2.9　工具

STEP7-Micro/WIN SMART 中有高速计数器向导、运动向导、PID 向导、PWM 向导、文本显示、运动面板和 PID 控制面板等工具。这些工具很实用，能使比较复杂的编程变得简单，例如，使用"高速计数器向导"，就能将较复杂的高速计数器指令通过向导指引生成子程序。如图 3-56 所示。

图 3-56　工具

3.2.10　帮助菜单

STEP7-Micro/WIN SMART 软件虽然界面友好，易于使用，但在使用过程中遇到问题也是难免的。STEP7-Micro/WIN SMART 软件提供了详尽的帮助。选择菜单栏中的"帮助"→"帮助信息"命令，可以打开如图 3-57 所示的"帮助"对话框。其中有三个选项卡，分别是"目录"、"索引"和"搜索"。"目录"选项卡中显示的是 STEP7-Micro/WIN SMART 软件的帮助主题，单击帮助主题可以查看详细内容。而在"索引"选项卡中，可以根据关键字查询帮助主题。此外，单击计算机键盘上的〈F1〉功能键，也可以打开在线帮助。

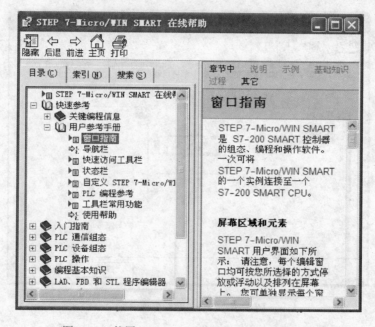

图 3-57　使用 STEP7-Micro/WIN SMART 的帮助

3.2.11　用户自定义指令库

读者可以使用西门子公司编写的库，典型的是 USS 指令库和 Modbus 指令库，也可以自己定义指令库。用户可以把自己编制的程序集成到编程软件 Micro/WIN 中。这样可以在编程时调用实现相同功能的库指令，而不必同时打开几个项目文件拷贝。指令库也可以方便地在多个编程计算机之间传递。

一个已存在的程序项目只有子程序、中断程序可以被创建为指令库。中断程序只能随定义它的主程序、子程序集成到库中。指令库的使用方法与子程序基本一致。

定义指令库和调用指令的具体方法如下。

1）创建库。在菜单栏中，单击"文件"→"创建"，如图 3-58 所示，打开"创建库"界面，如图 3-59 所示，在"组件"选项卡中，选择已经创建好的程序，本例为"求和"，单击"添加"按钮。选中"属性"选项卡，如图 3-60 所示，输入库名"求和"，单击"浏览"按钮，弹出如图 3-61 所示的界面，单击"保存"按钮，保存库文件。回到图 3-60 所示的界面，单击"确定"按钮，完成创建库。

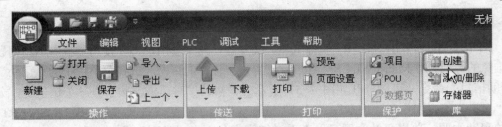

图 3-58 "创建库"界面（1）

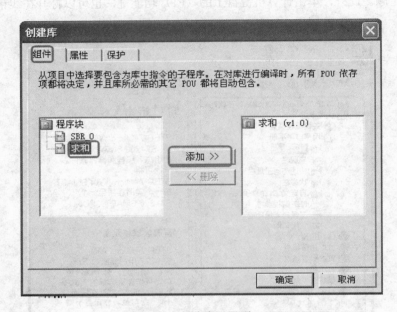

图 3-59 "创建库"界面（2）

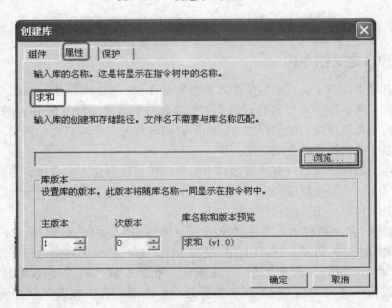

图 3-60 "创建库"界面（3）

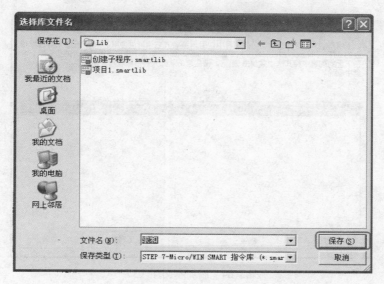

图 3-61 保存"库文件"

2）添加库文件。在菜单栏中，单击"文件"→"添加/删除"，如图 3-62 所示。如图 3-63 所示界面，单击"添加"按钮，弹出如图 3-64 所示的界面，选择"求和"文件，单击"确定"按钮，此时"求和"已经添加到"库"中。

图 3-62 添加库文件（1）

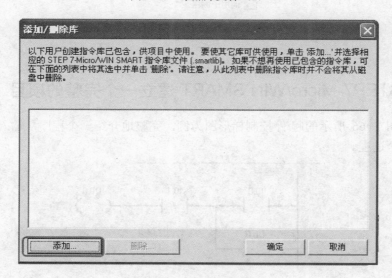

图 3-63 添加库文件（2）

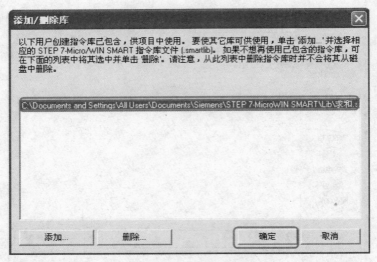

图 3-64　添加库文件（3）

3）查看"库文件"。在"项目树"中，展开"库"，可以看到"求和"已经添加到"库"中，如图 3-65 所示。

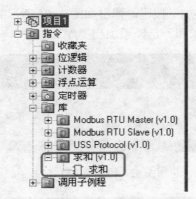

图 3-65　查看"库文件"

3.3　用 STEP7-Micro/WIN SMART 建立一个完整的项目

下面以图 3-66 所示的起/停控制梯形图为例，完整地介绍一个程序从输入到下载、运行和监控的全过程。

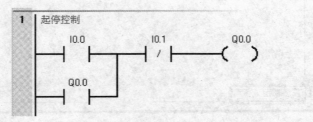

图 3-66　起/停控制梯形图

1. 启动 STEP7-Micro/WIN SMART 软件

启动 STEP7-Micro/WIN SMART 软件，弹出如图 3-67 所示的界面。

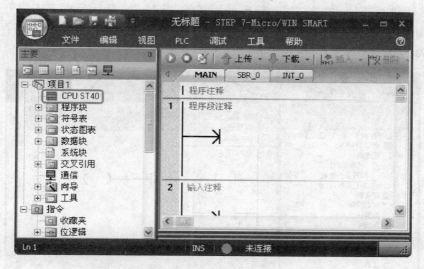

图 3-67　STEP7-Micro/WIN SMART 软件初始界面

2. 硬件配置

展开指令树中的"项目 1"节点，选中并双击"CPU ST40"（也可能是其他型号的 CPU），这时弹出"系统块"界面，单击"下三角"按钮，在下拉列表框中选定"CPU ST40(DC/DC/DC)"（这是本例的机型），然后单击"确认"按钮，如图 3-68 所示。

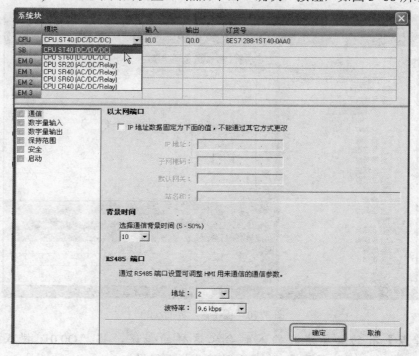

图 3-68　PLC 类型选择界面

3. 输入程序

展开指令树中的"指令"节点，依次双击常开触点按钮"—| |—"（或者拖入程序编辑窗口）、常闭触点按钮"—|/|—"、输出线圈按钮"（ ）"，换行后再双击常开触点按钮"—| |—"，出现程序输入界面，如图 3-69 所示。接着单击红色的问号，输入寄存器及其地址（本例为 I0.0、Q0.0 等），输入完毕后如图 3-70 所示。

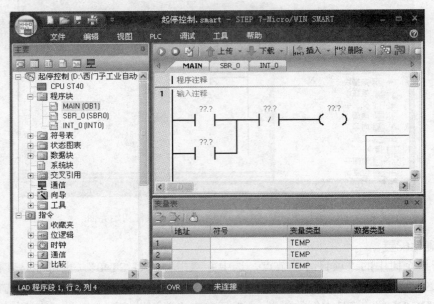

图 3-69 程序输入界面（1）

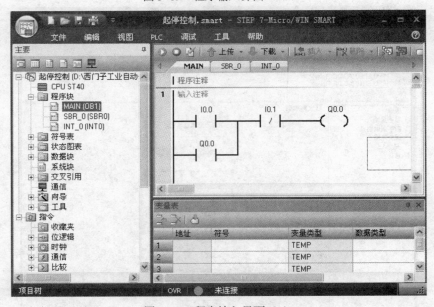

图 3-70 程序输入界面（2）

【关键点】有的初学者在输入时会犯这样的错误，将"Q0.0"错误地输入成"QO.0"，此时"QO.0"下面将有红色的波浪线提示错误。

4. 编译程序

单击标准工具栏的"编译"按钮 进行编译，若程序有错误，则输出窗口会显示错误信息。

编译后如果有错误，可在下方的输出窗口查看错误，双击该错误即跳转到程序中该错误的所在处，根据系统手册中的指令要求进行修改，如图 3-71 所示。

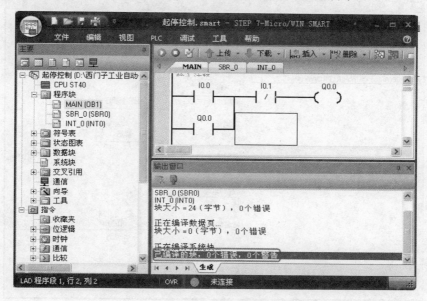

图 3-71　编译程序

5. 连机通信

选中项目树中的项目（本例为"起停控制"）下的"通信"，如图 3-72 所示，并双击

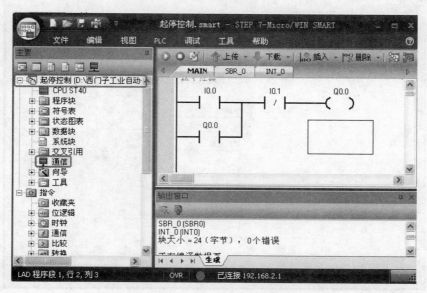

图 3-72　打开通信界面

该项目，弹出"通信"对话框。单击"下三角"按钮，选择个人计算机的网卡，这个网卡
与计算机的硬件有关（本例的网卡为"Broadcom Netlink(TM)"），如图 3-73 所示。再用鼠
标双击"更新可访问的设备"选项，如图 3-74 所示，弹出如图 3-75 所示的界面，表明
PLC 的地址是"192.168.2.1"。这个 IP 地址很重要，是设置个人计算机时，必须要参考的。

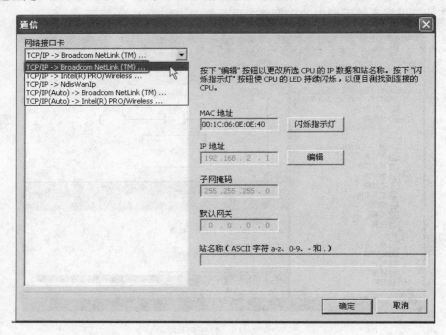

图 3-73　通信界面（1）

图 3-74　通信界面（2）

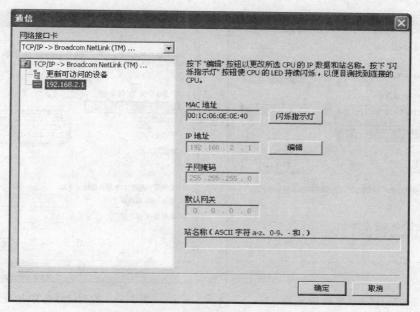

图 3-75　通信界面（3）

【关键点】不设置个人计算机，也可以搜索到"可访问的设备"，即 PLC，但如果个人计算机的 IP 地址设置不正确，就不能下载程序。

6. 设置计算机 IP 地址

目前向 S7-200 SMART 下载程序，只能使用 PLC 集成的 PN 口，因此首先要对计算机的 IP 地址进行设置，这是建立计算机与 PLC 通信首先要完成的步骤，具体如下。

首先打开个人计算机的"网络连接"（本例的操作系统为 Windows XP SP3，其他操作系统的步骤可能有所差别），如图 3-76 所示，选中"本地连接"，单击鼠标右键，弹出快捷菜单，单击"属性"选项，弹出如图 3-77 所示的界面，选中"Internet 协议（TCP/IP）"选项，单击"属性"按钮，弹出 3-78 所示的界面，选择"使用下面的 IP 地址"选项，按照如图 3-78 所示设置 IP 地址和子网掩码，单击"确定"按钮即可。

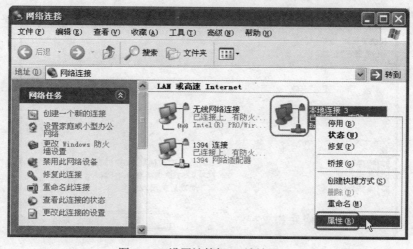

图 3-76　设置计算机 IP 地址（1）

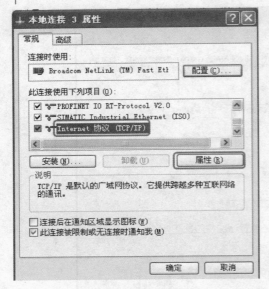
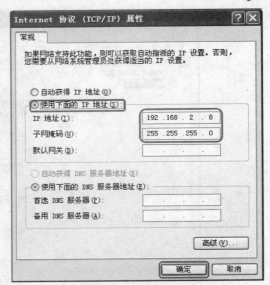

图 3-77　设置计算机 IP 地址（2）　　　　　图 3-78　设置计算机 IP 地址（3）

　　【关键点】以上的操作中，不能选择"自动获得 IP 地址"选项。

　　此外，要注意的是 S7-200 SMART 出厂时的 IP 地址是"192.168.2.1"，因此在没有修改的情况下下载程序，必须要将计算机的 IP 地址设置成与 PLC 在同一个网段。简单地说，就是计算的 IP 地址的最末一个数字要与 PLC 的 IP 地址的末尾数字不同，而其他的数字要相同，这是非常关键的，读者务必要牢记。

7. 下载程序

　　单击工具栏中的下载按钮 下载 ，弹出"下载"对话框，如图 3-79 所示，将"选项"栏中的"程序块"、"数据块"和"系统块"3 个选项全部勾选，若 PLC 此时处于"运行"模式，再将 PLC 设置成"停止"模式，如图 3-80 所示，然后单击"是"按钮，则程序自动下载到 PLC 中。下载成功后，输出窗口中有"下载已成功完成 1"字样的提示，如图 3-81 所示，最后单击"关闭"按钮。

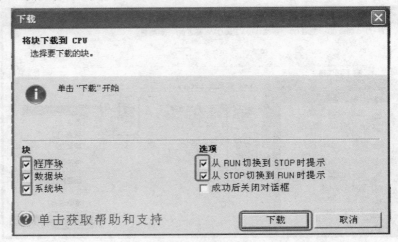

图 3-79　下载程序

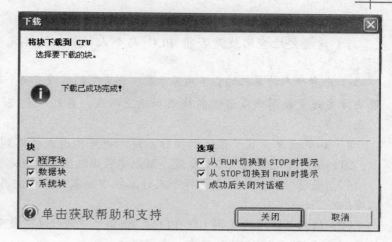

　　图 3-80　停止运行　　　　　　　　　　　图 3-81　下载成功完成界面

8. 运行和停止运行模式

　　要运行下载到 PLC 中的程序，只要单击工具栏中"运行"按钮 ⬤ 即可，同理要停止运行程序，只要单击工具栏中"停止"按钮 ⬤ 即可。

9. 程序状态监控

　　在调试程序时，"程序状态监控"功能非常有用，当开启此功能时，闭合的触点中有蓝色的矩形，而断开的触点中没有蓝色的矩形，如图 3-82 所示。要开启"程序状态监控"功能，只需要单击菜单栏上的"调试"→"程序状态"按钮 程序状态 即可。监控程序之前，程序应处于"运行"状态。

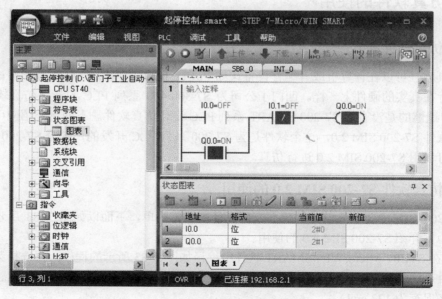

图 3-82　程序状态监控

　　【关键点】程序不能下载有以下几种情况。

　　（1）双击"更新可访问的设备"选项时，仍然找不到可访问的设备（即 PLC）。

读者可按以下几种方法进行检修。

1）读者要检查网线是否将 PLC 与个人计算机连接完好，如果网络连接中显示

，或者个人计算机的右下角显示 ，则表明网线没有将个人计算机与 PLC 连接上，解决方案是更换网线或者重新拔出和插上网线，直到以上 2 个图标上的红色叉号消失为止。

2）如果读者安装了盗版的操作系统，也可能造成找不到可访问的设备，对于初学者，遇到这种情况特别不容易发现，因此安装正版操作系统是必要的。

3）"通信"设置中，要选择个人计算机中安装的网卡的具体牌号，不能选择其他的选项。

（2）找到可访问的设备（即 PLC），但不能下载程序。最可能的原因是，个人计算机的 IP 地址和 PLC 的 IP 地址不在一个网段中。

程序不能下载操作过程中的几种误解。

1）将反连接网线换成正连接网线。尽管西门子公司建议 PLC 的以太网通信使用正线连接，但在 S7-200 SMART 的程序下载中，这个做法没有实际意义，因为 S7-200 SMART 的 PN 口有自动交叉线功能，网线的正连接和反连接都可以下载程序。

2）双击"更新可访问的设备"选项时，仍然找不到可访问的设备。这是因为个人计算机的网络设置不正确。其实，个人计算机的网络设置只会影响到程序的下载，并不影响 STEP7-Micro/WIN SMART 访问 PLC。

3.4 仿真软件的使用

3.4.1 仿真软件简介

仿真软件可以在计算机或者编程设备（如 Power PG）中模拟 PLC 运行和测试程序，就像运行在真实的硬件上一样。西门子公司为 S7-300/400 系列 PLC 设计了仿真软件 PLC SIM，但遗憾的是没有为 S7-200 SMART 系列 PLC 设计仿真软件。下面将介绍应用较广泛的仿真软件 S7-200 SIM 2.0，这个软件是为 S7-200 系列 PLC 开发的，部分 S7-200 SMART 程序也可以用 S7-200 SIM 2.0 进行仿真。

3.4.2 仿真软件 S7-200 SIM 2.0 的使用

S7-200 SIM 2.0 仿真软件的界面友好，使用非常简单，下面以如图 3-83 所示的程序的仿真为例介绍 S7-200 SIM 2.0 的使用。

1）在 STEP7-Micro/WIN SMART 软件中编译如图 3-83 所示的程序，再选择菜单栏中的"文件"→"导出"命令，并将导出的文件保存，文件的扩展名为默认的".awl"（文件的全名保存为 123.awl）。

2）打开 S7-200 SIM 2.0 软件，选择菜单栏中的"配置"→"CPU 型号"命令，弹出"CPU Type"（CPU 型号）对话框，选定所需的 CPU，如图 3-84 所示，再单击"Accept"（确定）按钮即可。

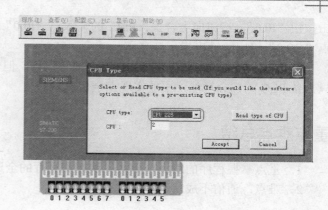

图 3-83 示例程序

图 3-84 CPU 型号设定

3）装载程序。单击菜单栏中的"程序"→"装载程序"命令，弹出"装载程序"对话框，设置如图 3-85 所示，再单击"确定"按钮，弹出"打开"对话框，如图 3-86 所示，选中要装载的程序"123.awl"，最后单击"打开"按钮即可。此时，程序已经装载完成。

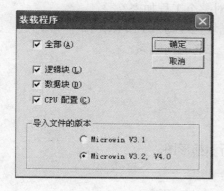

图 3-85 装载程序

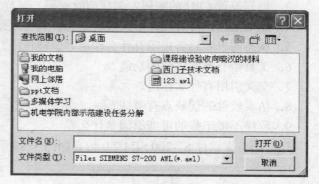

图 3-86 打开文件

4）开始仿真。单击工具栏上的"运行"按钮▶，运行指示灯亮，如图 3-87 所示，单

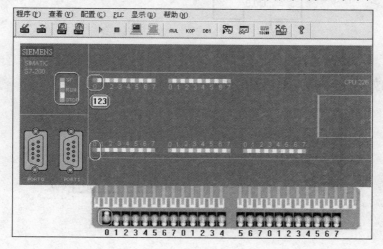

图 3-87 进行仿真

击按钮"I0.0"，按钮向上合上，PLC 的输入点"I0.0"有输入，输入指示灯亮，同时输出点"Q0.0"输出，输出指示灯亮。

与 PLC 相比，仿真软件有省钱、方便等优势，但仿真软件毕竟不是真正的 PLC，它只具备 PLC 的部分功能，不能实现完全仿真。

重点难点总结

1．重点掌握程序的编译、下载、调试和运行的全过程。
2．难点：通信不成功时解决方案的选择。

习题

1．计算机安装 STEP7-Micro/WIN SMART 软件需要哪些软、硬件条件？
2．当 S7-200 SMART PLC 处于监控状态时，能否用软件设置 PLC 为"停止"模式？
3．如何设置 CPU 的密码？怎样清除密码？怎样对整个工程加密？
4．断电数据保持有几种形式实现？怎样判断数据块已经写入 EEPROM？
5．状态图表和趋势视图有什么作用？怎样使用？二者有何联系？
6．工具中有哪些重要的功能？
7．交叉引用有什么作用？
8．仿真软件的优缺点有哪些？
9．程序不能下载的可能原因是什么？
10．用仿真软件 S7-200 SIM 2.0 仿真如图 3-88 所示梯形图。

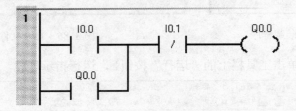

图 3-88　梯形图

11．指出如图 3-89 所示梯形图的错误。

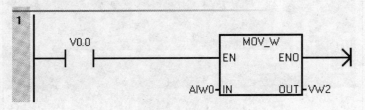

图 3-89　梯形图

第4章

PLC 的编程语言

本章主要介绍 S7-200 SMART 的编程基础知识、各种指令等；本章内容较多，但非常重要。学习完本章内容就能具备编写简单程序的能力。

4.1 S7-200 SMART PLC 的编程基础知识

4.1.1 数据的存储类型

1. 数制

（1）二进制

二进制数的 1 位（bit）只能取 0 和 1 两个不同的值，可以用来表示开关量的两种不同的状态，例如触点的断开和接通、线圈的通电和断电、灯的亮和灭等。在梯形图中，如果该位是 1 可以表示常开触点的闭合和线圈的得电，反之，该位是 0 则表示常开触点的断开和线圈的断电。二进制用 2#表示，例如 2#1001 1101 1001 1101 就是 16 位二进制常数。十进制的运算规则是逢 10 进 1，二进制的运算规则是逢 2 进 1。

（2）十六进制

十六进制的十六个数字是 0~9 和 A~F（对应于十进制中的 10~15），每个十六进制数字可用 4 位二进制表示，例如 16#A 用二进制表示为 2#1010。B#16#、W#16#、DW#16#分别表示十六进制的字节、字和双字。十六进制的运算规则是逢 16 进 1。学会二进制和十六进制之间的转化对于学习西门子 PLC 来说是十分重要的。

（3）BCD 码

BCD 码用 4 位二进制数（或者 1 位十六进制数）表示一位十进制数，例如一位十进制数 9 的 BCD 码是 1001。4 位二进制有 16 种组合，但 BCD 码只用到前十个，而后六个（1010~1111）没有在 BCD 码中使用。十进制的数字转换成 BCD 码是很容易的，例如十进制数 366 转换成十六进制 BCD 码则是 W#16#0366。

【关键点】十进制数 366 转换成十六进制数是 W#16#16E，这是要特别注意的。

BCD 码的最高 4 位二进制数用来表示符号，16 位 BCD 码字的范围是-999~+999。32 位 BCD 码双字的范围是-9999999~+9999999。不同数制的数的表示方法见表 4-1。

表 4-1　不同数制的数的表示方法

十进制	十六进制	二进制	BCD 码	十进制	十六进制	二进制	BCD 码
0	0	0000	00000000	8	8	1000	00001000
1	1	0001	00000001	9	9	1001	00001001
2	2	0010	00000010	10	A	1010	00010000
3	3	0011	00000011	11	B	1011	00010001
4	4	0100	00000100	12	C	1100	00010010
5	5	0101	00000101	13	D	1101	00010011
6	6	0110	00000110	14	E	1110	00010100
7	7	0111	00000111	15	F	1111	00010101

2．数据的长度和类型

S7-200 SMART 将信息存于不同的存储器单元，每个单元都有唯一的地址。该地址可以明确指出要存取的存储器位置。这就允许用户程序直接存取这个信息。表 4-2 列出了不同长度的数据所能表示的十进制数值范围。

表 4-2　不同长度的数据表示的十进制数值范围

数 据 类 型	数 据 长 度	取 值 范 围
字节（B）	8 位（1 字节）	0～255
字	16 位（2 字节）	0～65 535
位（bit）	1 位	0、1
整数（int）	16 位（2 字节）	0～65 535（无符号），−32 768～32 767（有符号）
双精度整数（dint）	32 位（4 字节）	0～4 294 967 295（无符号） −2 147 483 648～2 147 483 647（有符号）
双字（dword）	32 位（4 字节）	0～4 294 967 295
实数（real）	32 位（4 字节）	1.175 495E−38～3.402 823E+38（正数） −1.175 495E−38～−3.402 823E+38（负数）
字符串（string）	8 位（1 字节）	

3．常数

在 S7-200 SMART 的许多指令中都用到常数，常数有多种表示方法，如二进制、十进制和十六进制等。在表示二进制和十六进制时，要在数据前分别加"2#"或"16#"，格式如下。

二进制常数：2#1100，十六进制常数：16#234B1。其他的数据表示方法举例如下。

ASCII 码："HELLOW"，实数：−3.141 592 6，十进制数：234。

几种错误表示方法：八进制的"33"表示成"8#33"，十进制的"33"表示成"10#33"，"2"用二进制表示成"2#2"，读者要避免这些错误。

若要存取存储区的某一位，则必须指定地址，包括存储器标识符、字节地址和位号。图 4-1 是一个位寻址的例子。其中，存储器区、字节地址（I 代表输入，2 代表字节 2）和位地址之间用点号"."隔开。

【例 4-1】　如图 4-2 所示，如果 MD0= 16#1F，那么，MB0、MB1、MB2 和 MB3 的数值是多少？M0.0 和 M3.0 是多少？

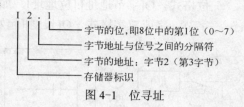

图 4-1　位寻址

【解】　因为一个双字包含 4 个字节，一个字节包含 2 个 16 进制位，所以 MD0= 16#1F = 16#0000001F，根据图 4-2 可知，MB0=0，MB1=0，MB2=0，MB3=16#1F。由于 MB0=0，所以 M0.0=0，由于 MB3= 16#1F = 2#00011111，所以 M3.0=1。这点不同于三菱 PLC，注意区分。

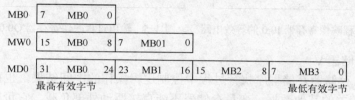

图 4-2　字节、字和双字的起始地址

【例 4-2】　如图 4-3 所示的梯形图，请查看有无错误？

【解】　这个程序从逻辑上看没有问题，但这个程序在实际运行时是有问题的。程序段 1 是起停控制，当 V0.0 常开触头闭合后开始采集数据，而且 A-D 转换的结果存放在 VW0 中，VW0 包含 2 个字节 VB0 和 VB1，而 VB0 包含 8 个位即 V0.0～V0.7。只要采集的数据经过 A-D 转换，使 V0.0 位为 0，则整个数据采集过程自动停止。初学者很容易犯类似的错误。读者可将 V0.0 改为 V2.0 即可，只要避开 VW0 中包含的 16 个位（V0.0～V0.7 和 V1.0～V1.7）即可。

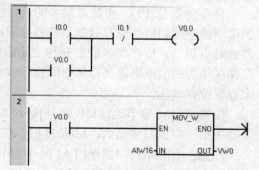

4.1.2　元件的功能与地址分配

1. 输入过程映像寄存器 I

图 4-3　梯形图

输入过程映像寄存器与输入端相连，它是专门用来接受 PLC 外部开关信号的元件。在每次扫描周期的开始，CPU 对物理输入点进行采样，并将采样值写入输入过程映像寄存器中。CPU 可以按位、字节、字或双字来存取输入过程映像寄存器中的数据，输入寄存器等效电路如图 4-4 所示。

位格式：I[字节地址].[位地址]，如 I0.0。

字节、字或双字格式：I[长度][起始字节地址]，如 IB0、IW0、ID0。

2. 输出过程映像寄存器 Q

输出过程映像寄存器是用来将 PLC 内部信号输出传送给外部负载（用户输出设备）。输出过程映像寄存器线圈是由 PLC 内部程序的指令驱动，其线圈状态传送给输出单元，再由输出单元对应的硬触点来驱动外部负载，输出寄存器等效电路如图 4-5 所示。在每次扫描周期的结尾，CPU 将输出过程映像寄存器中的数值复制到物理输出点上。可以按位、字节、字或双字来存取输出过程映像寄存器。

位格式，Q[字节地址].[位地址]，如 Q1.1。

字节、字或双字格式，Q[长度][起始字节地址]，如 QB5、QW5、QD5。

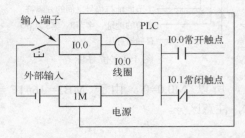
图 4-4　输入过程映像寄存器 I0.0 的等效电路

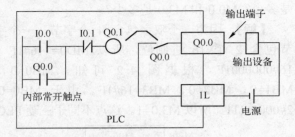
图 4-5　输出过程映像寄存器 Q0.0 的等效电路

3. 变量存储器 V

可以用 V 存储器存储程序执行过程中控制逻辑操作的中间结果，也可以用它来保存与工序或任务相关的其他数据，变量存储器不能直接驱动外部负载。它可以按位、字节、字或双字来存取 V 存储区中的数据。

位格式：V[字节地址].[位地址]，如 V10.2。

字节、字或双字格式：V[长度][起始字节地址]，如 VB100、VW100、VD100。

4. 位存储器 M

位存储器是 PLC 中数量最多的一种继电器，一般的辅助继电器与继电器控制系统中的中间继电器相似。位存储器不能直接驱动外部负载，负载只能由输出过程映像寄存器的外部触点驱动。位存储器的常开与常闭触点在 PLC 内部编程时可无限次使用。可以用位存储区作为控制继电器来存储中间操作状态和控制信息，并且可以按位、字节、字或双字来存取位存储区。

位格式：M[字节地址].[位地址]，如 M2.7。

字节、字或双字格式：M[长度][起始字节地址]，如 MB10、MW10、MD10。

注意：有的用户习惯使用 M 区作为中间地址，但 S7-200 SMART CPU 中 M 区地址空间很小，只有 32 个字节，往往不够用。而 S7-200 SMART CPU 中提供了大量的 V 区存储空间，即用户数据空间。V 存储区相对很大，其用法与 M 区相似，可以按位、字节、字或双字来存取 V 区数据，例如 V10.1、VB20、VW100、VD200 等。

【例 4-3】　图 4-6 所示的梯形图中，Q0.0 控制一盏灯，请分析当系统上电后接通 I0.0 和系统断电后又上电时灯的明暗情况。

【解】　当系统上电后接通 I0.0，Q0.0 线圈带电并自锁，灯亮；系统断电后又上电，Q0.0 线圈处于断电状态，灯不亮。

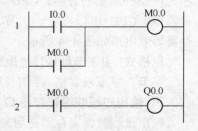
图 4-6　梯形图

5. 特殊存储器 SM

SM 位为 CPU 与用户程序之间传递信息提供了一种手段。可以用这些位选择和控制 S7-200 SMART CPU 的一些特殊功能。例如，首次扫描标志位（SM0.1）、按照固定频率开关的标志位或者显示数学运算或操作指令状态的标志位，并且可以按位、字节、字或双字来存取 SM 位。

　　位格式：SM[字节地址].[位地址]，如 SM0.1。

　　节、字或者双字格式：SM[长度][起始字节地址]，如 SMB86、SMW22、SMD42。

　　特殊寄存器的范围为 SMB0～SMB1549，其中 SMB0 至 SMB29 和 SMB1000 至 SMB1535 是只读存储器。具体如下：

　　只读特殊存储器如下：

　　SMB0：系统状态位

　　SMB1：指令执行状态位

　　SMB2：自由端口接收字符

　　SMB3：自由端口奇偶校验错误

　　SMB4：中断队列溢出、运行时程序错误、中断已启用、自由端口发送器空闲和强制值

　　SMB5：I/O 错误状态位

　　SMB6-SMB7：CPU ID、错误状态和数字量 I/O 点

　　SMB8-SMB21：I/O 模块 ID 和错误

　　SMW22-SMW26：扫描时间

　　SMB28-SMB29：信号板 ID 和错误

　　SMB1000-SMB1049：CPU 硬件/固件 ID

　　SMB1050-SMB1099 SB：信号板硬件/固件 ID

　　SMB1100-1299 EM：扩展模块硬件/固件 ID

　　读写特殊存储器如下：

　　SMB30（端口 0）和 SMB130（端口 1）：集成 RS485 端口（端口 0）和 CM01 信号板（SB）RS232/RS485 端口（端口 1）的端口组态

　　SMB34-SMB35：定时中断的时间间隔

　　SMB36-45 (HSC0)、SMB46-55 (HSC1)、SMB56-65 (HSC2)、SMB136-145 (HSC3)：高速计数器组态和操作

　　SMB66-SMB85：PWM0 和 PWM1 高速输出

　　SMB86-SMB94 和 SMB186-SMB194：接收消息控制

　　SMW98：I/O 扩展总线通信错误

　　SMW100-SMW110：系统报警

　　SMB136-SMB145：HSC3 高速计数器

　　SMB186-SMB194：接收消息控制（请参见 SMB86-SMB94）

　　SMB566-SMB575：PWM2 高速输出

　　SMB600-SMB649：轴 0 开环运动控制

　　SMB650-SMB699：轴 1 开环运动控制

　　SMB700-SMB749：轴 2 开环运动控制

　　全部掌握是比较困难的，具体使用特殊寄存器请参考系统手册，系统状态位是常用的特殊寄存器，见表 4-3。SM0.0、SM0.1、SM0.5 的波形图如图 4-7 所示。

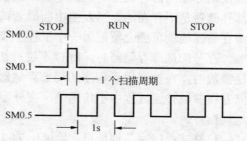

图 4-7　SM0.0、SM0.1、SM0.5 的波形图

表 4-3　　特殊存储器字节 SMB0（SM0.0～SM0.7）

SM 位	符 号 名	描　　述
SM0.0	Always_On	该位始终为 1
SM0.1	First_Scan_On	该位在首次扫描时为 1，用途之一是调用初始化子程序
SM0.2	Retentive_Lost	在以下操作后，该位会接通一个扫描周期： ● 重置为出厂通信命令 ● 重置为出厂存储卡评估 ● 评估程序传送卡（在此评估过程中，会从程序传送卡中加载新系统块）。 ● NAND 闪存上保留的记录出现问题 该位可用作错误存储器位或用作调用特殊启动顺序的机制。
SM0.3	RUN_Power_Up	从上电或暖启动条件进入 RUN 模式时，该位接通一个扫描周期。该位可用于在开始操作之前给机器提供预热时间。
SM0.4	Clock_60s	该位提供时钟脉冲，该脉冲的周期时间为 1 分钟，OFF（断开）30 秒，ON（接通）30 秒。该位可简单轻松地实现延时或 1 分钟时钟脉冲。
SM0.5	Clock_1s	该位提供时钟脉冲，该脉冲的周期时间为 1 秒，OFF（断开）0.5 秒，然后 ON（接通）0.5 秒。该位可简单轻松地实现延时或 1 秒钟时钟脉冲。
SM0.6	Clock_Scan	该位是扫描周期时钟，接通一个扫描周期，然后断开一个扫描周期，在后续扫描中交替接通和断开。该位可用作扫描计数器输入。
SM0.7	RTC_Lost	如果实时时钟设备的时间被重置或在上电时丢失（导致系统时间丢失），则该位将接通一个扫描周期。该位可用作错误存储器位或用来调用特殊启动顺序。

【**例 4-4**】　图 4-8 所示的梯形图中，Q0.0 控制一盏灯，请分析当系统上电后灯的明暗情况。

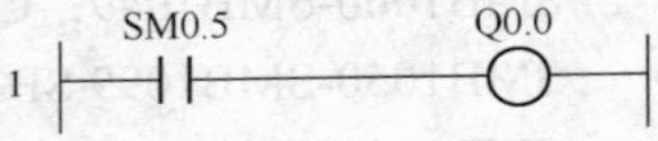

【**解**】　因为 SM0.5 是周期为 1s 的脉冲信号，所以灯亮 0.5s，然后暗 0.5s，以 1s 为周期闪烁。

SM0.5 常用于报警灯的闪烁。

图 4-8　例 4-4 的梯形图

6. 局部存储器 L

S7-200 SMART 有 64B 的局部存储器，其中 60B 可以用做临时存储器或者给子程序传递参数。如果用梯形图或功能块图编程，STEP7-Micro/WIN 保留这些局部存储器的最后 4B。局部存储器和变量存储器 V 很相似，但有一个区别：变量存储器是全局有效的，而局部存储器只在局部有效。全局是指同一个存储器可以被任何程序存取（包括主程序、子程序和中断服务程序），局部是指存储器区和特定的程序相关联。S7-200 SMART 给主程序分配 64B 的局部存储器，给每一级子程序嵌套分配 64B 的局部存储器，同样给中断服务程序分配 64B 的局部存储器。

子程序不能访问分配给主程序、中断服务程序或者其他子程序的局部存储器。同样，中断服务程序也不能访问分配给主程序或子程序的局部存储器。S7-200 SMART PLC 根据需要来分配局部存储器。也就是说，当主程序执行时，分配给子程序或中断服务程序的局部存储器是不存在的。当发生中断或者调用一个子程序时，需要分配局部存储器。新的局部存储器地址可能会覆盖另一个子程序或中断服务程序的局部存储器地址。

在分配局部存储器时，PLC 不进行初始化，初值可能是任意的。当在子程序调用中传递参数时，在被调用子程序的局部存储器中，由 CPU 替换其被传递的参数的值。局部存储器在参数传递过程中不传递值，在分配时不被初始化，可能包含任意数值。L 可以作为地址指针。

位格式：L[字节地址].[位地址]，如 L0.0。

字节、字或双字格式：L[长度] [起始字节地址]，如 LB33。下面的程序中，LD10 作为地址指针。

```
LD    SM0.0
MOVD &VB0, LD10        //将 V 区的起始地址装载到指针中
```

7. 模拟量输入映像寄存器 AI

S7-200 SMART 能将模拟量值（如温度或电压）转换成 1 个字长（16 位）的数字量。可以用区域标识符（AI）、数据长度（W）及字节的起始地址来存取这些值。因为模拟输入量为 1 个字长，并且从偶数位字节（如 0、2、4）开始，所以必须用偶数字节地址（如 AIW16、AIW18、AIW20）来存取这些值。如 AIW1 是错误的数据，则模拟量输入值为只读数据。

格式：AIW[起始字节地址]，如 AIW16。以下为模拟量输入的程序。

```
LD    SM0.0
MOVW  AIW16, MW10        //将模拟量输入量转换为数字量后存入 MW10 中
```

8. 模拟量输出映像寄存器 AQ

S7-200 SMART 能把 1 个字长的数字值按比例转换为电流或电压。可以用区域标识符（AQ）、数据长度（W）及字节的起始地址来改变这些值。因为模拟量为 1 个字长，且从偶数字节（如 0、2、4）开始，所以必须用偶数字节地址（如 AQW10、AQW12、AQW14）来改变这些值。模拟量输出值时只写数据。

格式：AQW[起始字节地址]，如 AQW20。以下为模拟量输出的程序。

```
LD    SM0.0
MOVW  1234, AQW20        //将数字量 1234 转换成模拟量（如电压）从通道 0 输出
```

9. 定时器 T

在 S7-200 SMART CPU 中，定时器可用于时间累计，其分辨率（时基增量）分为 1ms、10ms 和 100ms 三种。定时器有以下两个变量。

- 当前值：16 位有符号整数，存储定时器所累计的时间。
- 定时器位：按照当前值和预置值的比较结果置位或者复位（预置值是定时器指令的一部分）。

可以用定时器地址来存取这两种形式的定时器数据。究竟使用哪种形式取决于所使用的指令：如果使用位操作指令，则是存取定时器位；如果使用字操作指令，则是存取定时器当前值。存取格式为：T[定时器号]，如 T37。

S7-200 SMART 系列中定时器可分为接通延时定时器、有记忆的接通延时定时器和断开延时定时器三种。它们是通过对一定周期的时钟脉冲进行累计而实现定时功能的，时钟脉冲的周期（分辨率）有 1ms、10ms、100ms 三种，当计数达到设定值时触点动作。

10. 计数器存储区 C

在 S7-200 SMART CPU 中，计数器可以用于累计其输入端脉冲电平由低到高的次数。CPU 提供了三种类型的计数器，一种只能增加计数；一种只能减少计数；另外一种既可以增加计数，又可以减少计数。计数器有以下两种形式。

- 当前值：16 位有符号整数，存储累计值。
- 计数器位：按照当前值和预置值的比较结果置位或者复位（预置值是计数器指令

的一部分）。

可以用计数器地址来存取这两种形式的计数器数据。究竟使用哪种形式取决于所使用的指令：如果使用位操作指令，则是存取计数器位；如果使用字操作指令，则是存取计数器当前值。存取格式为：C[计数器号]，如 C24。

11. 高速计数器 HC

高速计数器用于对高速事件计数，它独立于 CPU 的扫描周期。高速计数器有一个 32 位的有符号整数计数值（或当前值）。若要存取高速计数器中的值，则应给出高速计数器的地址，即存储器类型（HC）加上计数器号（如 HC0）。高速计数器的当前值是只读数据，仅可以作为双字（32 位）来寻址。

格式：HC[高速计数器号]，如 HC1。

12. 累加器 AC

累加器是可以像存储器一样使用的读写设备。例如，可以用它来向子程序传递参数，也可以从子程序返回参数，以及用来存储计算的中间结果。S7-200 SMART 提供 4 个 32 位累加器（AC0、AC1、AC2 和 AC3），并且可以按字节、字或双字的形式来存取累加器中的数值。

被访问的数据长度取决于存取累加器时所使用的指令。当以字节或者字的形式存取累加器时，使用的是数值的低 8 位或低 16 位。当以双字的形式存取累加器时，使用全部 32 位。

格式：AC[累加器号]，如 AC0。以下为将常数 18 移入 AC0 中的程序。

```
LD    SM0.0
MOVB  18，AC0                      //将常数 18 移入 AC0
```

13. 顺控继电器存储 S

顺控继电器位（S）用于组织机器操作或者进入等效程序段的步骤。SCR 提供控制程序的逻辑分段。可以按位、字节、字或双字来存取 S 位。

位：S[字节地址].[位地址]，如 S3.1。

字节、字或者双字：S[长度][起始字节地址]。

4.1.3 STEP7 中的编程语言

STEP7 中有梯形图、语句表和功能块图 3 种基本编程语言，可以相互转换。以下通过安装软件包，还有其他的编程语言，加以简要介绍。

（1）顺序功能图（SFC）

STEP7 中为 S7-Graph，不是 STEP7 的标准配置，需要安装软件包，是针对顺序控制系统进行编程的图形编程语言，特别适合编写顺序控制程序。

（2）梯形图（LAD）

直观易懂，适合于数字量逻辑控制。"能流"（Power flow）与程序执行的方向一致。梯形图适合于熟悉继电器电路的人员使用，其应用最为广泛，设计复杂的触点电路时最好用梯形图。

（3）功能块图（FBD）

"LOGO！"系列微型 PLC 使用功能块图编程。功能块图适合于熟悉数字电路的人员使用。

（4）语句表（STL）

功能比梯形图或功能块图强。语句表可供喜欢用汇编语言编程的用户使用。语句表输入快，可以在每条语句后面加上注释。设计高级应用程序时建议使用语句表。S7-200 SMART 不支持此功能。

（5）S7-SCL 编程语言

STEP7 的 S7-SCL（结构化控制语言）符合 EN61131-3 标准。SCL 适合于复杂的公式计算、复杂的计算任务和最优化算法，或管理大量的数据等。S7-SCL 编程语言适合于熟悉高级编程语言（例如 PASCAL 或 C 语言）的人员使用。S7-200 SMART 不支持此功能。

（6）S7-HiGraph 编程语言

图形编程语言 S7-HiGraph 属于可选软件包，它用状态图（stategraphs）来描述异步、非顺序过程的编程语言。HiGraph 适合于异步非顺序过程的编程。S7-200 SMART 不支持此功能。

（7）S7 CFC 编程语言

可选软件包 CFC（Continuous Function Chart，连续功能图）用图形方式连接程序库中以块的形式提供的各种功能。CFC 适合于连续过程控制的编程。它不是 STEP7 的标准配置，需要安装软件包。S7-200 SMART 不支持此功能。

在 STEP7 编程软件中，如果程序块没有错误，并且被正确地划分为程序段，则可在梯形图、功能块图和语句表之间可以转换。如果部分程序段不能转换，则用语句表表示。

4.2　位逻辑指令

基本逻辑指令是指构成基本逻辑运算功能指令的集合，包括基本位操作、置位/复位、边沿触发、逻辑栈、定时、计数、比较等逻辑指令。S7-200 SMART 系列 PLC 共有 27 条逻辑指令，现按用途分类如下。

4.2.1　基本位操作指令

1. 装载及线圈输出指令

LD（Load）：常开触点逻辑运算开始。

LDN（Load Not）：常闭触点逻辑运算开始。

=（Out）：线圈输出。

图 4-9 所示梯形图及语句表表示上述三条指令的用法。

装载及线圈输出指令使用说明有以下几方面。

1）LD（Load）：装载指令，对应梯形图从左侧母线开始，连接常开触点。

2）LDN（Load Not）：装载指令，对应梯形图从左侧母线开始，连接常闭触点。

3）=（Out）：线圈输出指令，可用于输出过程映像寄存器、辅助继电器、定时器及计数器等，一般不用于输入过程映像寄存器。

4）LD、LDN 的操作数：I、Q、M、SM、T、C、S。=的操作数：Q、M、SM、T、C、S。

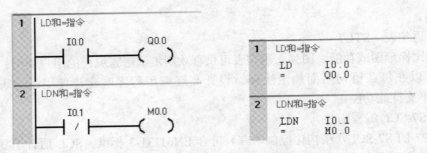

图 4-9　LD、LDN、= 指令应用举例

图 4-9 中梯形图的含义解释为：当程序段 1 中的常开触点 I0.0 接通，则线圈 Q0.0 得电，当程序段 2 中的常闭触点 I0.1 接通，则线圈 M0.0 得电。此梯形图的含义与之前的电气控制中的电气图类似。

2．与和与非指令

图 4-10 所示梯形图及指令表表示了上述两条指令的用法。

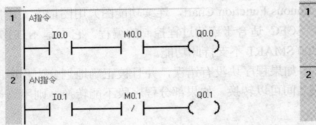

图 4-10　A 和 AN 指令应用举例

A（And）：与指令，即常开触点串联。

AN（And Not）：与非指令，即常闭触点串联。

触点串联指令使用说明有以下几方面。

1）A、AN：与操作指令，是单个触点串联指令，可连续使用。

2）A、AN 的操作数：I、Q、M、SM、T、C、S。

图 4-10 中梯形图的含义解释为：当程序段 1 中的常开触点 I0.0、M0.0 同时接通，则线圈 Q0.0 得电，常开触点 I0.0、M0.0 都不接通，或者只有一个接通，线圈 Q0.0 不得电，常开触点 I0.0、M0.0 是串联（与）关系。当程序段 2 中的常开触点 I0.1、常闭触点 M0.1 同时接通，则线圈 Q0.1 得电，常开触点 I0.1 和常闭触点 M0.1 是串联（与非）关系。

3．或和或非指令

O（Or）：或指令，即常开触点并联。

ON（Or Not）：或非指令，即常闭触点并联。

图 4-11 所示梯形图及指令表表示了上述两条指令的用法。

1）O、ON：或操作指令，是单个触点并联指令，可连续使用。

2）O、ON 的操作数：I、Q、M、SM、T、C、S。

图 4-1 中梯形图的含义解释为：当程序段 1 中的常开触点 I0.0、M0.0，常闭触点 M0.1 有一个或者多个接通，则线圈 Q0.0 得电，常开触点 I0.0、M0.0 和常闭触点 M0.1 是

并联（或、或非）关系。

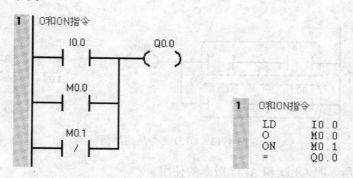

图 4-11　O 和 ON 指令应用举例

4．与装载和或装载指令

ALD（And Load）：与装载指令对堆栈第一层和第二层中的值进行逻辑与运算，结果装载到栈顶。

图 4-12 表示了 ALD 指令的用法。

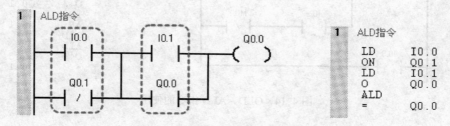

图 4-12　ALD 指令应用举例

与装载指令使用说明有以下几方面。

1）与装载指令与前面电路串联时，使用 ALD 指令。电路块的起点用 LD 或 LDN 指令，并联电路块结束后，使用 ALD 指令与前面电路块串联。

2）ALD 无操作数。

图 4-12 中梯形图的含义解释为：实际上就是把第一个虚线框中的触点 I0.0 和触点 Q0.1 并联，再将第二个虚线框中的触点 I0.1 和触点 Q0.0 并联，最后把两个虚线框中并联后的结果串联。

5．或装载指令

OLD（Or Load）：或装载指令对堆栈第一层和第二层中的值进行逻辑或运算，结果装载到栈顶。

图 4-13 表示了 OLD 指令的用法。

串联电路块的并联指令使用说明有以下几方面。

1）或装载并联连接时，其支路的起点均以 LD 或 LDN 开始，终点以 OLD 结束。

2）OLD 无操作数。

图 4-13 中梯形图的含义解释为：实际上就是把第一个虚线框中的触点 I0.0 和触点 I0.1 串联，再将第二个虚线框中的触点 Q0.1 和触点 Q0.0 串联，最后把两个虚线框中串联

后的结果并联。

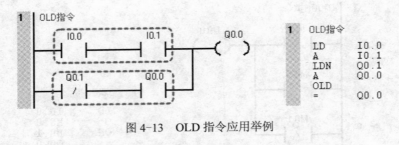

图 4-13　OLD 指令应用举例

如图 4-14 所示是 OLD 和 ALD 指令的使用。

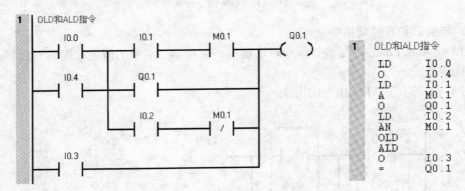

图 4-14　OLD、ALD 指令的使用

4.2.2　置位/复位指令

普通线圈获得能量流时，线圈通电（存储器位置 1），能量流不能到达时，线圈断电（存储器位置 0）。置位/复位指令将线圈设计成置位线圈和复位线圈两大部分。置位线圈受到脉冲前沿触发时，线圈通电锁存（存储器位置 1），复位线圈受到脉冲前沿触发时，线圈断电锁存（存储器位置 0），下次置位、复位操作信号到来前，线圈状态保持不变（自锁）。置位/复位指令格式见表 4-4。

表 4-4　置位/复位指令格式

LAD	STL	功　　能
S-BIT —(S) N	S　S-BIT，N	从起始位（S-BIT）开始的 N 个元件置 1 并保持
S-BIT —(R) N	R　S-BIT，N	从起始位（S-BIT）开始的 N 个元件清 0 并保持

R、S 指令的使用如图 4-15 所示，当 PLC 上电时，Q0.0 和 Q0.1 都通电，当 I0.1 接通时，Q0.0 和 Q0.1 都断电。

【关键点】置位、复位线圈之间间隔的程序段个数可以任意设置，置位、复位线圈通常成对使用，也可单独使用。

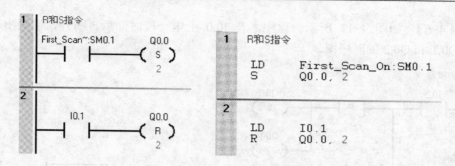

图 4-15　R、S 指令的使用

4.2.3　置位和复位优先双稳态触发器指令

RS 触发器具有置位与复位的双重功能，RS 触发器是复位优先时，当置位（S）和复位（R）同时为真时，输出为假。而 SR 触发器是置位优先触发器时，当置位（S）和复位（R）同时为真时，输出为真。RS 和 SR 触发指令应用如图 4-16 所示。

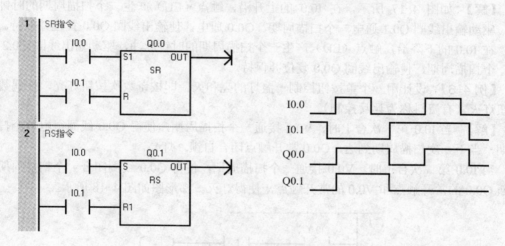

图 4-16　RS 和 SR 触发指令应用

4.2.4　边沿触发指令

边沿触发是指用边沿触发信号产生一个机器周期的扫描脉冲，通常用做脉冲整形。边沿触发指令分为上升沿（正跳变触发）和下降沿（负跳变触发）两大类。正跳变触发指输入脉冲的上升沿使触点闭合（ON）一个扫描周期。负跳变触发指输入脉冲的下降沿使触点闭合（ON）一个扫描周期。边沿触发指令格式见表 4-5。

表 4-5　边沿触发指令格式

LAD	STL	功　　能
—┤P├—	EU	正跳变，无操作元件
—┤N├—	ED	负跳变，无操作元件

【例 4-5】 如图 4-17 所示的程序，若 I0.0 上电一段时间后再断开，请画出 I0.0、Q0.0、Q0.1 和 Q0.2 的时序图。

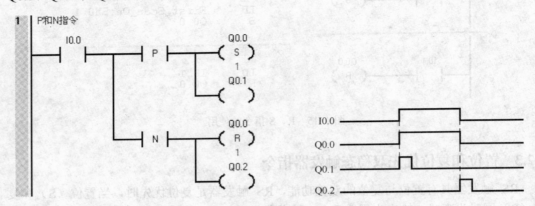

图 4-17 边沿触发指令应用示例

【解】 如图 4-17 所示，在 I0.0 的上升沿，触点（EU）产生一个扫描周期的时钟脉冲，驱动输出线圈 Q0.1 通电一个扫描周期，Q0.0 通电，使输出线圈 Q0.0 置位并保持。

在 I0.0 的下降沿，触点（ED）产生一个扫描周期的时钟脉冲，驱动输出线圈 Q0.2 通电一个扫描周期，使输出线圈 Q0.0 复位并保持。

【例 4-6】 设计用一个单按钮控制一盏灯的亮和灭，即按奇数次按钮灯亮，按偶数次按钮灯灭（有资料称为乒乓控制）。

【解】 当 I0.0 第一次合上时，V0.0 接通一个扫描周期，使得 Q0.0 线圈得电一个扫描周期，当下一次扫描周期到达，Q0.0 常开触点闭合自锁，灯亮。

当 I0.0 第二次合上时，V0.0 接通一个扫描周期，使得 Q0.0 线圈闭合一个扫描周期，切断 Q0.0 的常开触点和 V0.0 的常开触点，使得灯灭。梯形图如图 4-18 所示。

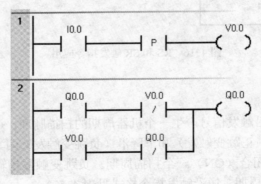

图 4-18 梯形图

4.2.5 逻辑栈操作指令

LD 装载指令是从梯形图最左侧的母线画起的，如果要生成一条分支的母线，则需要利用语句表的栈操作指令来描述。

栈操作语句表指令格式如下。

LPS：逻辑堆栈指令，即把栈顶值复制后压入堆栈，栈底值丢失。

LRD：逻辑读栈指令，即把逻辑堆栈第二级的值复制到栈顶，堆栈没有压入和弹出。

LPP：逻辑弹栈指令，即把堆栈弹出一级，原来第二级的值变为新的栈顶值。

图 4-19 所示为逻辑栈操作指令对栈区的影响，图中"ivx"表示存储在栈区某个程序断点的地址。

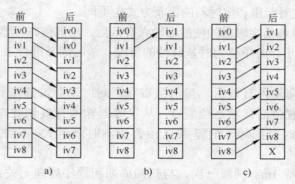

图 4-19　栈操作指令的操作过程
a) 逻辑堆栈 LPS　b) 逻辑读栈 LRD　c) 逻辑弹栈 LPP

图 4-20 所示的例子说明了这几条指令的作用。其中只用了 2 层栈，实际上逻辑堆栈有 9 层，故可以连续使用多次 LPS 指令。但要注意 LPS 和 LPP 必须配对使用。

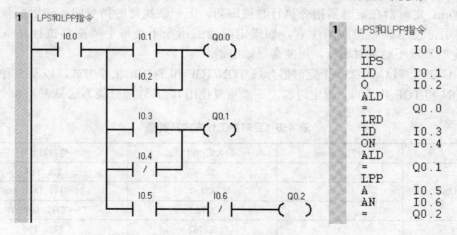

图 4-20　LPS、LRD、LPP 指令应用示例

4.3　定时器与计数器指令

4.3.1　定时器指令

S7-200 SMART PLC 的定时器为增量型定时器，用于实现时间控制，它可以按照工作方式和时间基准分类。

1. 工作方式

按照工作方式，定时器可分为通电延时型（TON）、有记忆的通电延时型或保持型（TONR）、断电延时型（TOF）三种类型。

2. 时间基准

按照时间基准（简称时基），定时器可分为 1ms、10ms、100ms 三种类型，时间基准不同，定时精度、定时范围和定时器的刷新方式也不同。

定时器的工作原理是定时器的使能端输入有效后，当前值寄存器对 PLC 内部的时基脉冲增 1 计数，最小计时单位为时基脉冲的宽度。故时间基准代表着定时器的定时精度（分辨率）。

定时器的使能端输入有效后，当前值寄存器对时基脉冲递增计数，当计数值大于或等于定时器的预置值后，状态位置 1。从定时器输入有效到状态位置 1 经过的时间称为定时时间。定时时间等于时基乘以预置值，时基越大，定时时间越长，但精度越差。

1ms 定时器每隔 1ms 刷新一次，与扫描周期和程序处理无关。因而当扫描周期较长时，定时器在一个周期内可能被多次刷新，其当前值在一个扫描周期内不一定保持一致。

10ms 定时器在每个扫描周期开始时自动刷新。由于每个扫描周期只刷新一次，故在每次程序处理期间，其当前值为常数。

100ms 定时器在定时器指令执行时被刷新，下一条执行的指令即可使用刷新后的结果，使用方便可靠。但应当注意，如果定时器的指令不是每个周期都执行（条件跳转时），定时器就不能及时刷新，可能会导致出错。

CPU 22X PLC 的 256 个定时器分属 TON/TOF 和 TONR 工作方式，以及 3 种时基标准（TON 和 TOF 共享同一组定时器，不能重复使用）。其详细分类方法见表 4-6。

表 4-6　定时器工作方式及类型

工 作 方 式	时间基准/ms	最大定时时间/s	定时器型号
TONR	1	32.767	T0，T64
	10	327.67	T1～T4，T65～T68
	100	3276.7	T5～T31，T69～T95
TON/TOF	1	32.767	T32，T96
	10	327.67	T33～T36，T97～T100
	100	3276.7	T37～T63，T101～T255

3. 工作原理分析

下面分别叙述 TON、TONR、TOF 共 3 种类型定时器的使用方法。这 3 类定时器均有使能输入端 IN 和预置值输入端 PT。PT 预置值的数据类型为 INT，最大预置值是32767。

（1）通电延时型定时器（TON）

使能端（IN）输入有效时，定时器开始计时，当前值从 0 开始递增，大于或等于预置值（PT）时，定时器输出状态位置 1。使能端输入无效（断开）时，定时器复位（当前值清 0，输出状态位置 0）。通电延时型定时器定时器指令和参数见表 4-7。

表 4-7　通电延时型定时器指令和参数

LAD	参　数	数据类型	说　明	存　储　区
Txxx IN　TON PT-PT　??? ms	T xxx	WORD	表示要启动的定时器号	T32、T96、T33～T36、T97～T100、T37～T63、T101～T255
	PT	INT	定时器时间值	I、Q、M、D、L、T、S、SM、AI、T、C、AC、常数、*VD、*LD、*AC
	IN	BOOL	使能	I、Q、M、SM、T、C、V、S、L

【例 4-7】 已知梯形图和 I0.1 时序如图 4-21 所示，请画出 Q0.0 的时序图。

【解】 当接通 I0.1，延时 3s 后，Q0.0 得电，如图 4-21b 所示。

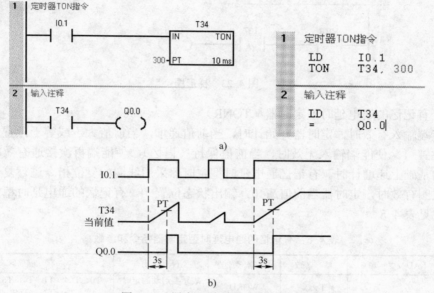

a)

b)

图 4-21　通电延时型定时器应用示例
a) 梯形图　b) 时序图

【例 4-8】 设计一段程序，实现一盏灯亮 3s，灭 3s，不断循环，且能实现起停控制。

【解】 当按下 SB1 按钮，灯 HL1 亮，T37 延时 3s 后，灯 HL1 灭，T38 延时 3s 后，切断 T37，灯 HL1 亮，如此循环。接线图如图 4-22 所示，梯形图如图 4-23 所示。

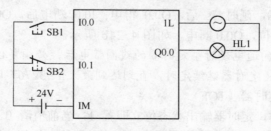

图 4-22　接线图

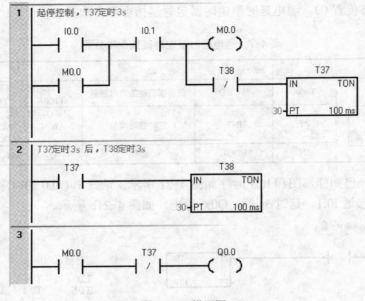

图4-23　梯形图

（2）有记忆的通电延时型定时器（TONR）

使能端输入有效时，定时器开始计时，当前值递增，当前值大于或等于预置值时，输出状态位置 1。使能端输入无效时，当前值保持（记忆），使能端再次接通有效时，在原记忆值的基础上递增计时。有记忆通电延时型定时器采用线圈的复位指令进行复位操作，当复位线圈有效时，定时器当前值清 0，输出状态位置 0。有记忆的通电延时型定时器指令和参数见表 4-8。

表4-8　有记忆的通电延时型定时器指令和参数

LAD	参　数	数据类型	说　明	存　储　区
Txxx IN　　TONR PT-PT　　??? ms	T xxx	WORD	表示要启动的定时器号	T0、T64、T1～T4、T65～T68、T5～T31、T69～T95
	PT	INT	定时器时间值	I、Q、M、D、L、T、S、SM、AI、T、C、AC、常数、*VD、*LD、*AC
	IN	BOOL	使能	I、Q、M、SM、T、C、V、S、L

【例4-9】　已知梯形图以及 I0.0 和 I0.1 的时序如图 4-24 所示，请画出 Q0.0 的时序图。

【解】　当接通 I0.0，延时 3s 后，Q0.0 得电；I0.0 断电后，Q0.0 仍然保持得电，当 I0.1 接通时，定时器复位，Q0.0 断电，如图 4-24b 所示。

【关键点】　有记忆的通电延时型定时器的线圈带电后，必须复位才能断电。达到预设时间后，TON 和 TONR 定时器继续定时，直到达到最大值 32767 时才停止定时。

（3）断电延时型定时器（TOF）

使能端输入有效时，定时器输出状态位立即置 1，当前值清 0。使能端断开时，开始计时，当前值从 0 递增，当前值达到预置值时，定时器状态位复位置 0，并停止计时，当前值保持。断电延时型定时器指令和参数见表 4-9。

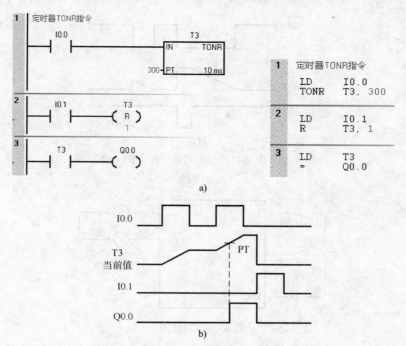

图 4-24　有记忆的通电型延时定时器应用示例

a)　梯形图　b)　时序图

表 4-9　断电延时型定时器指令和参数

LAD	参　数	数据类型	说　　明	存　储　区
Txxx –[IN　　TOF PT –[PT　　??? ms	T xxx	WORD	表示要启动的定时器号	T32、T96、T33～T36、T97～ T100、T37～T63、T101～T255
	PT	INT	定时器时间值	I、Q、M、D、L、T、S、SM、 AI、T、C、AC；常数、*VD、 *LD、*AC
	IN	BOOL	使能	I、Q、M、SM、T、C、V、S、L

【例 4-10】　已知梯形图以及 I0.0 的时序如图 4-25 所示，请画出 Q0.0 的时序图。

【解】　当接通 I0.0，Q0.0 得电；I0.0 断电 5s 后，Q0.0 也失电，如图 4-25b 所示。

【例 4-11】　某车库中有一盏灯，当人离开车库后，按下停止按钮，5s 后灯熄灭，请编写程序。

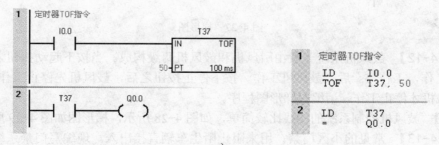

图 4-25　断电延时型定时器应用示例

a)　梯形图

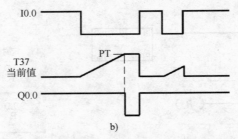

图 4-25　断电延时型定时器应用示例（续）

b) 时序图

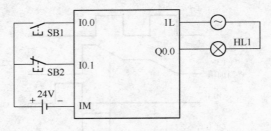

图 4-26　接线图

【解】　当按下 SB1 按钮，灯 HL1 亮；按下 SB2 按钮 5s 后，灯 HL1 灭。接线图如图 4-26 所示，梯形图如图 4-27 所示。

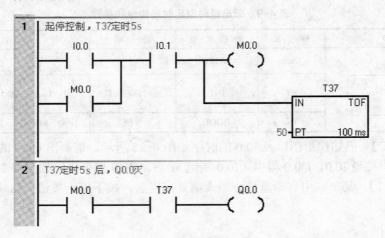

图 4-27　梯形图

【例 4-12】　鼓风机系统一般由引风机和鼓风机两级构成。当按下起动按钮之后，引风机先工作，工作 5s 后，鼓风机工作。按下停止按钮之后，鼓风机先停止工作，5s 之后，引风机才停止工作。请编写梯形图程序。

【解】　鼓风机控制系统的接线比较简单，如图 4-28 所示，梯形图如图 4-29 所示。

【例 4-13】　常见的小区门禁，用来阻止陌生车辆直接出入。现编写门禁系统控制程序。小区保安可以手动控制门开，到达门开限位开关时停止，20s 后自动关闭，在关闭过程中如果检测到有人通过（用一个按钮模拟），则停止 5s，然后继续关闭。到达门关限位时停止。需要带电动机运行。

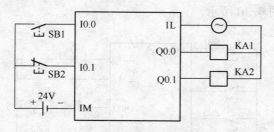

图 4-28　PLC 接线图

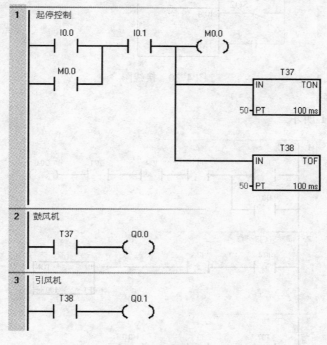

图 4-29　梯形图

【解】

（1）PLC 的 I/O 分配

PLC 的 I/O 分配见表 4-10。

表 4-10　PLC 的 I/O 分配表

输　入			输　出		
名　称	符　号	输　入　点	名　称	符　号	输　出　点
开始按钮	SB1	I0.0	开门	KA1	Q0.0
停止按钮	SB2	I0.1	关门	KA2	Q0.1
行人通过	SB3	I0.2			
开门限位开关	SQ1	I0.3			
关门限位开关	SQ2	I0.4			

（2）系统的接线图

系统的接线图如图 4-30 所示。

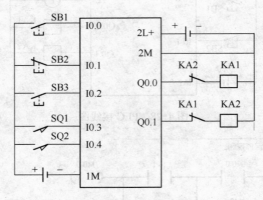

图 4-30　接线图

（3）编写程序

程序如图 4-31 所示。

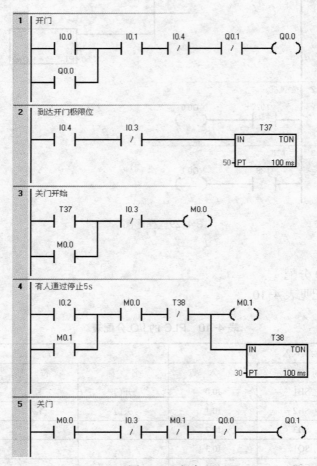

图 4-31　程序

4.3.2　计数器指令

计数器利用输入脉冲上升沿累计脉冲个数，S7-200 SMART PLC 有加计数（CTU）、加/减计数（CTUD）、减计数（CTD）共三类计数指令。有的资料上将"加计数器"称为"递加计数器"。计数器的使用方法和结构与定时器基本相同，主要由预置值寄存器、当前值寄存器和状态位等组成。

在梯形图指令符号中，CU 表示增 1 计数脉冲输入端，CD 表示减 1 计数脉冲输入端，R 表示复位脉冲输入端，LD 表示减计数器复位脉冲输入端，PV 表示预置值输入端，数据类型为 INT，预置值最大为 32767。计数器的范围为 C0~C255。

下面分别叙述 CTU、CTUD、CTD 三种类型计数器的使用方法。

1. 加计数器（CTU）

当 CU 端的输入上升沿脉冲时，计数器的当前值增 1，当前值保存在 Cxxx（如 C0）中。当前值大于或等于预置值（PV）时，计数器状态位置 1。复位输入（R）有效时，计数器状态位复位，当前计数器值清 0。当计数值达到最大（32767）时，计数器停止计数。加计数器指令和参数见表 4-11。

表 4-11　加计数器指令和参数

LAD	参　数	数 据 类 型	说　　明	存　储　区
Cxxx CU　CTU R PV-PV	C xxx	常数	要启动的计数器号	C0~C255
	CU	BOOL	加计数输入	I、Q、M、SM、T、C、V、S、L
	R	BOOL	复位	
	PV	INT	预置值	V、I、Q、M、SM、L、AI、AC、T、C、常数、*VD、*AC、*LD、S

【例 4-14】　已知梯形图如图 4-32 所示，I0.0 和 I0.1 的时序如图 4-33 所示，请画出 Q0.0 的时序图。

【解】　CTU 为加计数器，当 I0.0 闭合 2 次时，常开触点 C0 闭合，Q0.0 输出为高电平"1"。当 I0.1 闭合时，计数器 C0 复位，Q0.0 输出为低电平"0"。

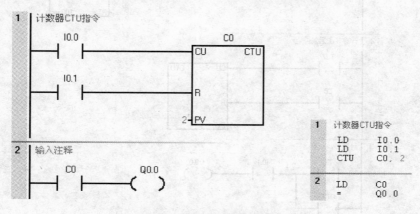

图 4-32　加计数器指令举例

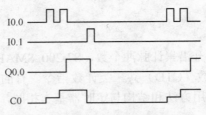

图 4-33　加计数器指令举例时序图

【例 4-15】　设计用一个单按钮控制一盏灯的亮和灭，即按奇数次按钮时，灯亮；按偶数次按钮时，灯灭。

【解】　当 I0.0 第一次合上时，V0.0 接通一个扫描周期，使得 Q0.0 线圈得电一个扫描周期，当下一次扫描周期到达，Q0.0 常开触点闭合自锁，灯亮。

当 I0.0 第二次合上时，V0.0 接通一个扫描周期，C0 计数为 2，Q0.0 线圈断电，使得灯灭，同时计数器复位。梯形图如图 4-34 所示。

【例 4-16】　请编写一段程序，实现延时 6h 后，点亮一盏灯，要求设计起停控制。

【解】　S7-200 SMART PLC 的定时器的最大定时时间是 3276.7s，还不到 1h，因此要延时 6h 需要特殊处理，具体方法是用一个定时器 T37 定时 30min，每次定时 30min，计数器计数增加 1，直到计数 12 次，定时时间就是 6h。梯形图如图 4-35 所示。本例的停止按钮接线时，应接常闭触点，这是一般规范。在后续章节，将不再重复说明。

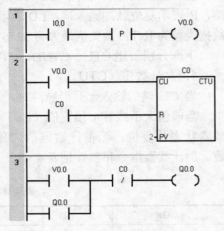

图 4-34　梯形图

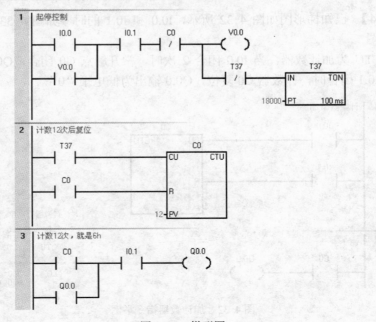

图 4-35　梯形图

2. 加/减计数器（CTUD）

加/减计数器有两个脉冲输入端，其中，CU 用于加计数，CD 用于递减计数，执行加/减计数指令时，CU/CD 端的计数脉冲上升沿进行增 1/减 1 计数。当前值大于或等于计数器的预置值时，计数器状态位置位。复位输入（R）有效时，计数器状态位复位，当前值清 0。有的资料称"加/减计数器"为"增/减计数器"。加/减计数器指令和参数见表 4-12。

表 4-12 加/减计数器指令和参数

LAD	参　数	数据类型	说　明	存　储　区
Cxxx	C xxx	常数	要启动的计数器号	C0～C255
CU　CTUD	CU	BOOL	加计数输入	I、Q、M、SM、T、C、V、S、L
CD	CD	BOOL	减计数输入	I、Q、M、SM、T、C、V、S、L
R	R	BOOL	复位	I、Q、M、SM、T、C、V、S、L
PV-PV	PV	INT	预置值	V、I、Q、M、SM、LW、AI、AC、T、C、常数、*VD、*AC、*LD、S

【例 4-17】 已知梯形图以及 I0.0、I0.1 和 I0.2 的时序如图 4-36 所示，请画出 Q0.0 的时序图。

【解】 利用加/减计数器输入端的通断情况分析 Q0.0 的状态。当 I0.0 接通 4 次时（4 个上升沿），C48 的常开触点闭合，Q0.0 上电；当 I0.0 接通 5 次时，C48 的计数为 5；接着当 I0.1 接通 2 次，此时 C48 的计数为 3，C48 的常开触点断开，Q0.0 断电；接着当 I0.0 接通 2 次，此时 C48 的计数为 5，C48 的计数大于或等于 4 时，C48 的常开触点闭合，Q0.0 上电；当 I0.2 接通时计数器复位，C48 的计数等于 0，C48 的常开触点断开，Q0.0 断电。Q0.0 的时序图如图 4-36b 所示。

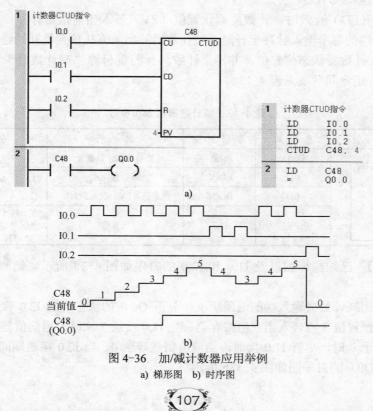

图 4-36 加/减计数器应用举例
a) 梯形图 b) 时序图

【例4-18】 对某一端子上输入的信号进行计数，当计数达到某个变量存储器的设定值 10 时，PLC 控制灯泡发光，同时对该端子的信号进行减计数，当计数值小于另外一个变量存储器的设定值 5 时，PLC 控制灯泡熄灭，同时计数值清零。请编写以上程序。

【解】 梯形图如图 4-37 所示。

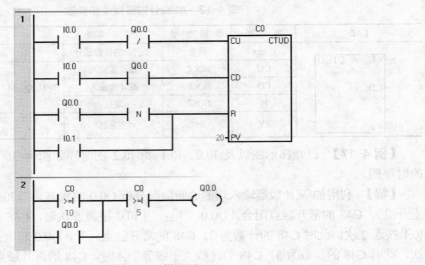

图 4-37　梯形图

3. 减计数器（CTD）

复位输入（LD）有效时，计数器把预置值（PV）装入当前值寄存器，计数器状态位复位。在 CD 端的每个输入脉冲上升沿，减计数器的当前值从预置值开始递减计数，当前值等于 0 时，计数器状态位置位，并停止计数。有的资料称"减计数器"为"递减计数器"。减计数器指令和参数见表 4-13。

表 4-13　减计数器指令和参数

LAD	参　数	数据类型	说　　明	存　储　区
Cxxx CD CTD LD PV-PV	C xxx	常数	要启动的计数器号	C0～C255
	CD	BOOL	减计数输入	I、Q、M、SM、T、C、 V、S、L
	LD	BOOL	预置值（PV）载入当前值	
	PV	INT	预置值	V、I、Q、M、SM、L、 AI、AC、T、C、常数、 *VD、*AC、*LD、S

【例4-19】 已知梯形图以及 I1.0 和 I2.0 的时序如图 4-38 所示，请画出 Q0.0 的时序图。

【解】 利用减计数器输入端的通断情况，分析 Q0.0 的状态。当 I2.0 接通时，计数器状态位复位，预置值 3 被装入当前值寄存器；当 I1.0 接通 3 次时，当前值等于 0，Q0.0 上电；当前值等于 0 时，尽管 I1.0 接通，当前值仍然等于 0。I2.0 接通期间，I1.0 接通，当前值不变。Q0.0 的时序图如图 4-38b 所示。

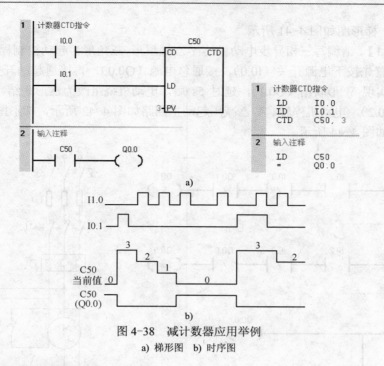

图 4-38　减计数器应用举例

a) 梯形图　b) 时序图

4.3.3　基本指令的应用实例

在编写 PLC 程序时，基本逻辑指令是最为常用的，下面用几个例子说明用基本指令编写程序的方法。

【例 4-20】　电动机的正反转控制，I0.0 与电动机正转起动按钮连接，I0.1 与电动机反转起动按钮连接，I0.2 与电动机停止按钮（常闭）连接，I0.3 与电动机热继电器（常开）连接，Q0.0 接通电动机正转，Q0.1 接通电动机反转，请画出接线图并编写梯形图程序。

【解】　方法 1：电动机正/反转接线图如图 4-39 所示，梯形图如图 4-40 所示。梯形图中虽然有 Q0.0 和 Q0.1 的常闭触点互锁，但由于 PLC 的扫描速度极快，Q0.0 的断开和 Q0.1 的接通几乎是同时发生的，若 PLC 的外围电路无互锁触点，就会使正转接触器断开，其触点间的电弧未灭时，反转接触器已经接通，可能导致电源瞬时短路。为了避免这种情况的发生，外部电路需要互锁，图 4-39 用 KM1 和 KM2 实现了这一功能。正/反转切换时，最好能延时一段时间。读者可以想一想，若停止按钮与常开触点相连，则梯形图应该作何变化？

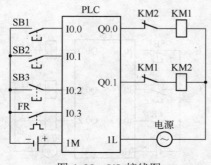

图 4-39　I/O 接线图

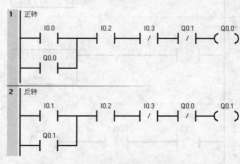

图 4-40　电动机正/反转梯形图（方法 1）

方法 2：梯形图如图 4-41 所示。

【例 4-21】 请编写三相异步电动机的 Y-△（星形-三角形）起动控制程序。

【解】 首先按下电源开关（I0.0），接通总电源（Q0.0），再接通起动开关（I0.1），使电动机绕组实现 Y 形联结（Q0.1），延时 5s 后，电动机绕组改为△形联结（Q0.2）。按下停止按钮（I0.2），电动机停转。Y-△减压起动主回路如图 4-42 所示，梯形图如图 4-43 所示，接线图如图 4-44 所示。

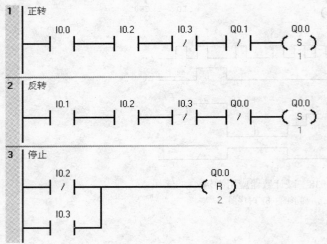

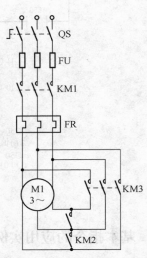

图 4-41 电动机正反转梯形图（方法 2）　　图 4-42 电动机 Y-△减压起动主回路图

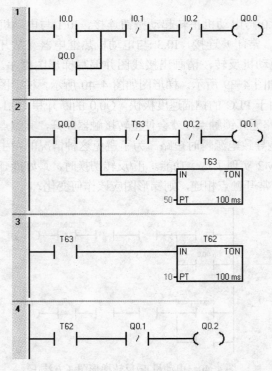

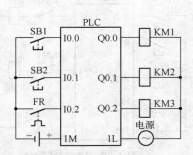

图 4-43 Y-△起动控制梯形图　　　　　　图 4-44 Y-△起动控制接线图

【例 4-22】　十字路口的交通灯控制，当合上启动按钮时，东西方向亮 4s，闪烁 2s 后灭；黄灯亮 2s 后灭；红灯亮 8s 后灭；绿灯亮 4s，如此循环，而对应东西方向绿灯、红灯、黄灯亮时，南北方向红灯亮 8s 后灭；接着绿灯亮 4s，闪烁 2s 后灭；红灯又亮，如此循环。请画出接线图，并编写 PLC 控制程序。

【解】　首先根据题意画出东西和南北方向 3 种颜色灯亮灭的时序图，再进行 I/O 分配。

输入：启动-I0.0；停止-I0.1。

输出（东西方向）：红灯-Q1.0，黄灯-Q1.1，绿灯-Q1.2。

输出（南北方向）：红灯-Q0.0，黄灯-Q0.1，绿灯-Q0.2。

东西和南北方向各有 3 盏，从时序图容易看出，共有 6 个连续的时间段，因此要用到 6 个定时器，这是解题的关键，用这 6 个定时器控制两个方向 6 盏灯的亮或灭，不难设计出梯形图。交通灯时序图、I/O 接线图和交通灯梯形图分别如图 4-45～图 4-47 所示。

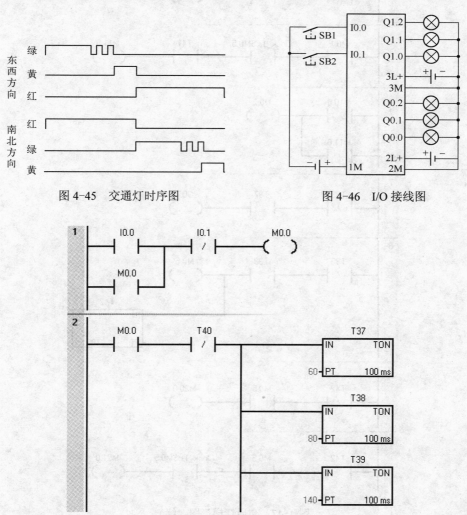

图 4-45　交通灯时序图　　　　　　　图 4-46　I/O 接线图

图 4-47　交通灯梯形图

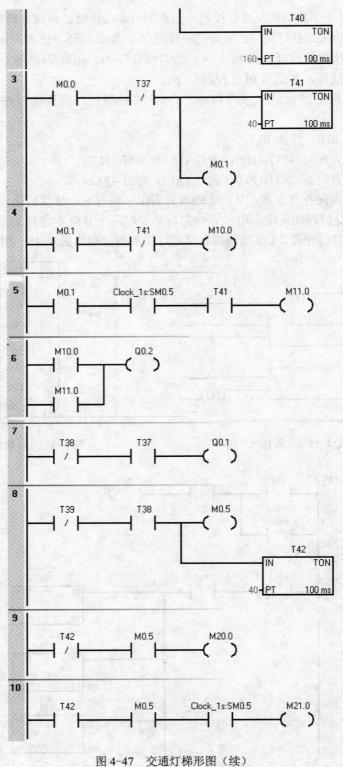

图 4-47　交通灯梯形图（续）

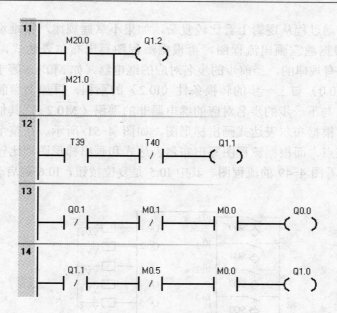

图 4-47　交通灯梯形图（续）

【例 4-23】　如图 4-48 所示的气动机械手由 3 个汽缸组成，即汽缸 A、B、C。其接线图如图 4-49 所示。其工作过程是：当接近开关 SQ0 检测到有物体时，系统开始工作，汽缸 A 向左运行；到极限位置 SQ2 后，汽缸 B 向下运行，直到极限位置 SQ4 为止；接着手指汽缸 C 抓住物体，延时 1s；然后汽缸 B 向上运行；到极限位置 SQ3 后，汽缸 A 向右运行；到极限位置 SQ1，此时手指汽缸 C 释放物体，并延时 1s，完成搬运工作。电磁阀 YV1 上电汽缸 A 向左运行，电磁阀 YV2 上电汽缸 A 向右运行，电磁阀 YV3 上电，汽缸 B 向下运行，电磁阀 YV4 上电，汽缸 B 向上运行，电磁阀 YV5 上电，汽缸 C 夹紧，电磁阀 YV5 断电，汽缸 C 松开。请画出接线图、流程图和梯形图。

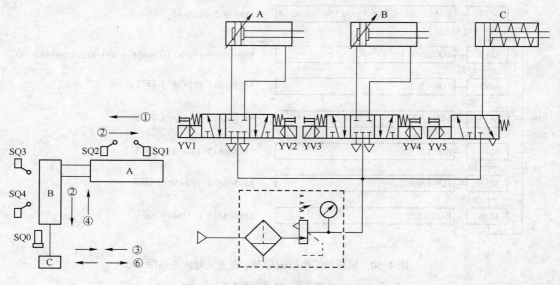

图 4-48　机械手示意图及气动原理图

【解】 这个运动过程从逻辑上看比较复杂，如果不掌握规律，很难设计出正确的梯形图。一般可先根据题意画出流程图，再根据流程图写出布尔表达式，如图 4-50 所示。布尔表达式是有规律的，当前步的步名对应的继电器（如 M0.1）等于上一步的步名对应的继电器（M0.0）与上一步的转换条件（I0.2）的乘积，再加上当前步的步名对应的继电器（M0.1）与下一步的步名对应的继电器非的乘积（ $\overline{M0.2}$ ），其他的布尔表达式的写法类似，最后根据布尔表达式画出梯形图，如图 4-51 所示。在整个过程中，流程图是关键，也是难点，而根据流程图写出布尔表达式和画出梯形图则比较简单。读者可在学完 5.1 节后再看图 4-49 的流程图。其中 I0.5 是复位按钮，I0.6 是启动按钮，I0.7 是急停按钮。

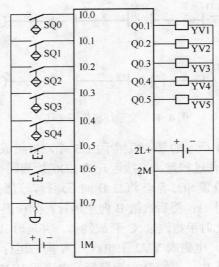

图 4-49　机械手接线图

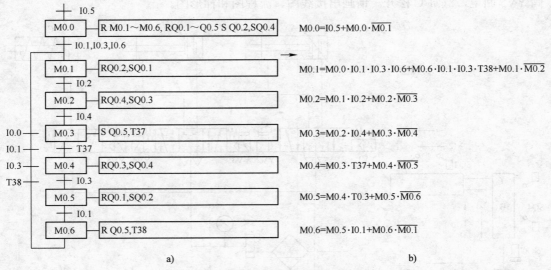

$M0.0 = I0.5 + M0.0 \cdot \overline{M0.1}$

$M0.1 = M0.0 \cdot I0.1 \cdot I0.3 \cdot I0.6 + M0.6 \cdot I0.1 \cdot I0.3 \cdot T38 + M0.1 \cdot \overline{M0.2}$

$M0.2 = M0.1 \cdot I0.2 + M0.2 \cdot \overline{M0.3}$

$M0.3 = M0.2 \cdot I0.4 + M0.3 \cdot \overline{M0.4}$

$M0.4 = M0.3 \cdot T37 + M0.4 \cdot \overline{M0.5}$

$M0.5 = M0.4 \cdot T0.3 + M0.5 \cdot \overline{M0.6}$

$M0.6 = M0.5 \cdot I0.1 + M0.6 \cdot \overline{M0.1}$

a)　　　　　　　　　　　　　　　　　　b)

图 4-50　机械手的流程图和布尔表达式对应关系图

a) 流程图　b) 布尔表达式

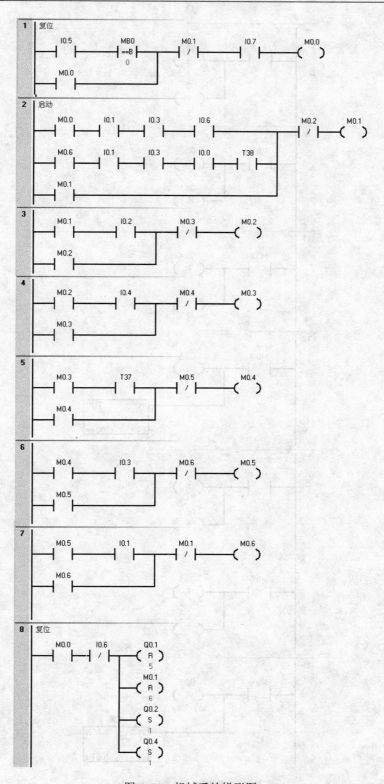

图 4-51　机械手的梯形图

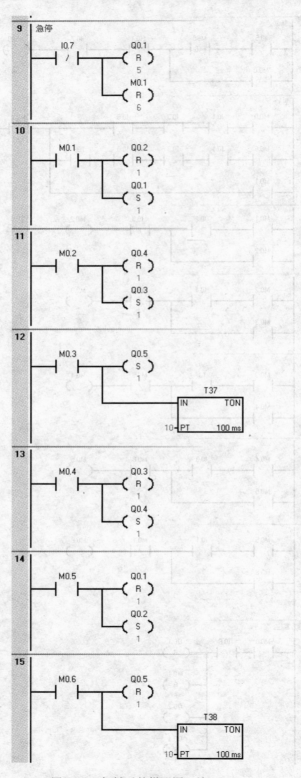

图 4-51 机械手的梯形图（续）

【关键点】复位和急停的结果是不同的。当按下复位按钮时，气缸回到初始位置，这点很重要；但按下急停按钮后，气缸 A 和 B 停止在当前位置，只有气缸 C 松开，因为气缸 C 是单作用气缸，才自动复位。

4.4　功能指令

为了满足用户的一些特殊要求，20 世纪 80 年代开始，众多 PLC 制造商就在小型机上加入了功能指令（或称应用指令）。这些功能指令的出现，大大拓宽了 PLC 的应用范围。S7-200 SMART PLC 的功能指令极其丰富，主要包括算术运算、数据处理、逻辑运算、高速处理、PID、中断、实时时钟和通信指令。PLC 在处理模拟量时，一般要进行数据处理。

4.4.1　比较指令

STEP7 提供了丰富的比较指令，可以满足用户的多种需要。STEP7 中的比较指令可以对下列数据类型的数值进行比较。

1）两个字节的比较（每个字节为 8 位）。

2）两个字符串的比较（每个字符串为 8 位）。

3）两个整数的比较（每个整数为 16 位）。

4）两个双精度整数的比较（每个双精度整数为 32 位）。

5）两个实数的比较（每个实数为 32 位）。

【关键点】一个整数和一个双精度整数是不能直接进行比较的，因为它们之间的数据类型不同。一般先将整数转换成双精度整数，再对两个双精度整数进行比较。

比较指令有等于（EQ）、不等于（NQ）、大于（GT）、小于（LQ）、大于或等于（GE）和小于或等于（LE）。比较指令对输入 IN1 和 IN2 进行比较。

比较指令是将两个操作数按指定的条件作比较，比较条件满足时，触点闭合，否则断开。比较指令为上、下限控制等提供了极大的方便。在梯形图中，比较指令可以装入，也可以串、并联。

1.　等于比较指令

等于比较指令有等于字节比较指令、等于整数比较指令、等于双精度整数比较指令、等于符号比较指令和等于实数比较指令五种。等于整数比较指令和参数见表 4-14。

表 4-14　等于整数比较指令和参数

LAD	参　数	数 据 类 型	说　明	存　储　区
IN1 ─┤=├─ IN2	IN1	INT	比较的第一个数值	I、Q、M、S、SM、T、C、V、L、AI、AC、常数、*VD、*LD、*AC
	IN2	INT	比较的第二个数值	

用一个例子来说明等于整数比较指令，梯形图和指令表如图 4-52 所示。当 I0.0 闭合时，激活比较指令，MW0 中的整数和 MW2 中的整数比较，若两者相等，则 Q0.0 输出为"1"，若两者不相等，则 Q0.0 输出为"0"。在 I0.0 不闭合时，Q0.0 的输出为"0"。IN1 和 IN2 可以为常数。

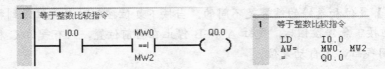

图 4-52   等于整数比较指令举例

图 4-52 中，若无常开触点 I0.0，则每次扫描时都要进行整数比较运算。

等于双精度整数比较指令和等于实数比较指令的使用方法与等于整数比较指令类似，只不过 IN1 和 IN2 的参数类型分别为双精度整数和实数。

2．不等于比较指令

不等于比较指令有字节不等于比较指令、不等于整数比较指令、不等于双精度整数比较指令、不等于符号比较指令和不等于实数比较指令五种。不等于整数比较指令和参数见表 4-15。

表 4-15   不等于整数比较指令和参数

LAD	参　数	数据类型	说　明	存　储　区
IN1 —|<>|— IN2	IN1	INT	比较的第一个数值	I、Q、M、S、SM、T、C、V、L、AI、AC、常数、*VD、*LD、*AC
	IN2	INT	比较的第二个数值	

用一个例子来说明不等于整数比较指令，梯形图和指令表如图 4-53 所示。当 I0.0 闭合时，激活比较指令，MW0 中的整数和 MW2 中的整数比较，若两者不相等，则 Q0.0 输出为 "1"，若两者相等，则 Q0.0 输出为 "0"。在 I0.0 不闭合时，Q0.0 的输出为 "0"。IN1 和 IN2 可以为常数。

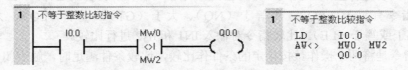

图 4-53   不等于整数比较指令举例

不等于双精度整数比较指令和不等于实数比较指令的使用方法与不等于整数比较指令类似，只不过 IN1 和 IN2 的参数类型分别为双精度整数和实数。使用比较指令的前提是数据类型必须相同。

3．小于比较指令

小于比较指令有小于字节比较指令、小于整数比较指令、小于双精度整数比较指令和小于实数比较指令四种。小于双精度整数比较指令和参数见表 4-16。

表 4-16   小于双精度整数比较指令和参数

LAD	参　数	数据类型	说　明	存　储　区
IN1 —|<D|— IN2	IN1	DINT	比较的第一个数值	I、Q、M、S、SM、V、L、HC、AC、常数、*VD、*LD、*AC
	IN2	DINT	比较的第二个数值	

用一个例子来说明小于双精度整数比较指令，梯形图和指令表如图 4-54 所示。当

I0.0 闭合时，激活小于双精度整数比较指令，MD0 中的双精度整数和 MD4 中的双精度整数比较，若前者小于后者，则 Q0.0 输出为 "1"，否则，则 Q0.0 输出为 "0"。在 I0.0 不闭合时，Q0.0 的输出为 "0"。IN1 和 IN2 可以为常数。

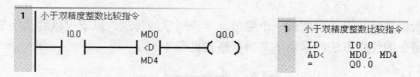

图 4-54　小于双精度整数比较指令举例

小于整数比较指令和小于实数比较指令的使用方法与小于双精度整数比较指令类似，只不过 IN1 和 IN2 的参数类型分别为整数和实数。使用比较指令的前提是数据类型必须相同。

4. 大于或等于比较指令

大于或等于比较指令有字节大于或等于比较指令、大于或等于整数比较指令、大于或等于双精度整数比较指令和大于或等于实数比较指令四种。大于或等于实数比较指令和参数见表 4-17。

表 4-17　大于或等于实数比较指令和参数

LAD	参　数	数据类型	说　明	存　储　区
IN1 —┤>=R├— IN2	IN1	REAL	比较的第一个数值	I、Q、M、S、SM、V、L、AC、常数、*VD、*LD、*AC
	IN2	REAL	比较的第二个数值	

用一个例子来说明大于或等于实数比较指令，梯形图和指令表如图 4-55 所示。当 I0.0 闭合时，激活比较指令，MD0 中的实数和 MD4 中的实数比较，若前者大于或者等于后者，则 Q0.0 输出为 "1"，否则，Q0.0 输出为 "0"。在 I0.0 不闭合时，Q0.0 的输出为 "0"。IN1 和 IN2 可以为常数。

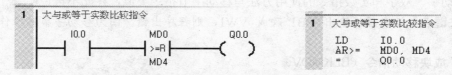

图 4-55　大于或等于实数比较指令举例

大于或等于整数比较指令和大于或等于双精度整数比较指令的使用方法与大于或等于实数比较指令类似，只不过 IN1 和 IN2 的参数类型分别为整数和双精度整数。使用比较指令的前提是数据类型必须相同。

小于或等于比较指令和小于比较指令类似，大于比较指令和大于或等于比较指令类似，在此不再赘述。

4.4.2　数据处理指令

数据处理指令包括数据移动指令、交换/填充存储器指令及移位指令等。数据移动指令非常有用，特别在数据初始化、数据运算和通信时经常用到。

1. 数据移动指令

数据移动指令也称传送指令。数据移动指令有字节、字、双字和实数的单个数据移动指令，还有以字节、字、双字为单位的数据块移动指令，用以实现各存储器单元之间的数据移动和复制。

单个数据移动指令一次完成一个字节、字或双字的传送。以下仅以移动字节指令为例说明移动指令的使用方法，移动字节指令格式见表4-18。

表4-18　移动字节指令格式

LAD	参　数	数据类型	说　明	存　储　区
MOV_B EN　ENO IN　OUT	EN	BOOL	允许输入	V、I、Q、M、S、SM、L
	ENO	BOOL	允许输出	
	OUT	BYTE	目的地地址	V、I、Q、M、S、SM、L、AC、*VD、*LD、*AC、常数（OUT中无常数）
	IN	BYTE	源数据	

当使能端输入 EN 有效时，将输入端 IN 中的字节移动至 OUT 指定的存储器单元输出。输出端 ENO 的状态和使能端 EN 的状态相同。

【例4-24】 VB0 中的数据为 20，程序如图4-56所示，试分析运行结果。

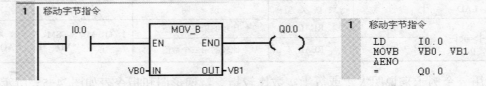

图4-56　移动字节指令应用举例

【解】 当 I0.0 闭合时，执行移动字节指令，VB0 和 VB1 中的数据都为 20，同时 Q0.0 输出高电平；当 I0.0 闭合后断开，VB0 和 VB1 中的数据都仍为 20，但 Q0.0 输出低电平。

移动字、双字和实数指令的使用方法与移动字节指令类似，在此不再说明。

【关键点】读者若将输出 VB1 改成 VW1，则程序出错。因为移动字节的操作数不能为字。

2. 成块移动指令（BLKMOV）

成块移动指令即一次完成 N 个数据的成块移动，成块移动指令是一个效率很高的指令，应用很方便，有时使用一条成块移动指令可以取代多条移动指令，其指令格式见表4-19。

表4-19　成块移动指令格式

LAD	参　数	数据类型	说　明	存　储　区
BLKMOV_B EN　ENO IN　OUT N	EN	BOOL	允许输入	V、I、Q、M、S、SM、L
	ENO	BOOL	允许输出	
	N	BYTE	要移动的字节数	V、I、Q、M、S、SM、L、AC、常数、*VD、*AC、*LD
	OUT	BYTE	目的地首地址	V、I、Q、M、S、SM、L、AC、*VD、*LD、*AC、常数（OUT中无常数）
	IN	BYTE	源数据首地址	

【例 4-25】 编写一段程序，将 VB0 开始的 4 个字节的内容移动至 VB10 开始的 4 个字节存储单元中，VB0～VB3 的数据分别为 5、6、7、8。

【解】 程序运行结果如图 4-57 所示。

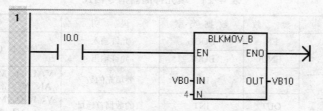

图 4-57 成块移动字节程序示例

数组 1 的数据：5   6   7   8

数据地址：   VB0   VB1   VB2   VB3

数组 2 的数据：5   6   7   8

数据地址：   VB10   VB11   VB12   VB3

成块移动指令还有成块移动字和成块移动双字，其使用方法和成块移动字节类似，只不过其数据类型不同而已。

3. 字节交换指令（SWAP）

字节交换指令用来实现字中高、低字节内容的交换。当使能端（EN）输入有效时，将输入字 IN 中的高、低字节内容交换，结果仍放回字 IN 中。其指令格式见表 4-20。

表 4-20 字节交换指令格式

LAD	参 数	数据类型	说 明	存 储 区
SWAP EN ENO IN	EN	BOOL	允许输入	V、I、Q、M、S、SM、L
	ENO	BOOL	允许输出	
	IN	WORD	源数据	V、I、Q、M、S、SM、T、C、L、AC、*VD、*AC、*LD

【例 4-26】 如图 4-58 所示的程序，若 QB0=FF，QB1=0，在接通 I0.0 的前后，PLC 的输出端的指示灯有何变化？

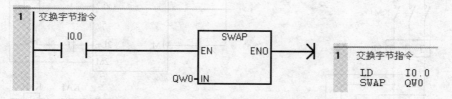

图 4-58 交换字节指令程序示例

【解】 执行程序后，QB1=FF，QB0=0，因此运行程序前 PLC 的输出端的 QB0.0～QB0.7 指示灯亮，执行程序后 QB0.0～QB0.7 指示灯灭，而 QB1.0～QB1.7 指示灯亮。

4. 填充存储器指令（FILL）

填充存储器指令用来实现存储器区域内容的填充。当使能端输入有效时，将输入字 IN 填充至从 OUT 指定单元开始的 N 个字存储单元。

121

填充存储器指令可归类为表格处理指令，用于数据表的初始化，特别适合于连续字节的清零，填充存储器指令格式见表 4-21。

表 4-21　填充存储器指令格式

LAD	参　数	数据类型	说　明	存　储　区
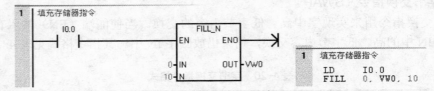	EN	BOOL	允许输入	V、I、Q、M、S、SM、L
	ENO	BOOL	允许输出	
	IN	INT	要填充的数	V、I、Q、M、S、SM、L、T、C、AI、AC、常数、*VD、*LD、*AC
	OUT	INT	目的数据首地址	V、I、Q、M、S、SM、L、T、C、AQ、*VD、*LD、*AC
	N	BYTE	填充的个数	V、I、Q、M、S、SM、L、AC、常数、*VD、*LD、*AC

【例 4-27】　编写一段程序，将从 VW0 开始的 10 个字存储单元清零。

【解】　程序如图 4-59 所示。FILL 是表指令，使用比较方便，特别是在程序的初始化时，常使用 FILL 指令，将要用到的数据存储区清零。在编写通信程序时，通常在程序的初始化时，将数据发送缓冲区和数据接受缓冲区的数据清零，就要用到 FILL 指令。此外，表指令中还有 FIFO、LIFO 等指令，请读者参考相关手册。

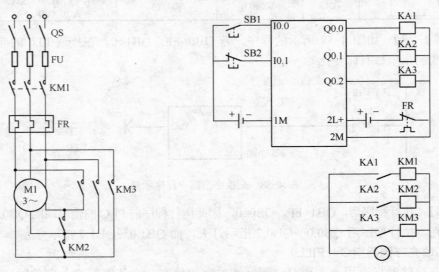

图 4-59　填充存储器指令程序示例

当然也可以使用 BLKMOV 指令完成以上功能。

【例 4-28】　如图 4-60 所示为电动机 Y-△ 起动的电气原理图，请编写程序。

图 4-60　电气原理图

【解】 前 10s，Q0.0 和 Q0.1 线圈得电，星形起动，从第 10～11s 只有 Q0.0 得电，从 11s 开始，Q0.0 和 Q0.2 线圈得电，电动机为三角形运行。梯形图如图 4-61 所示。

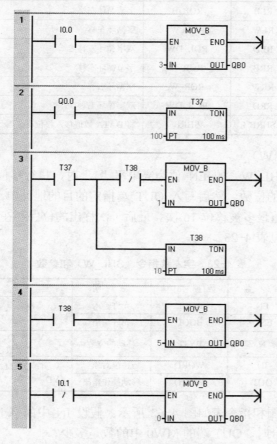

图 4-61　电动机 Y-△起动梯形图

4.4.3　移位与循环指令

STEP7-Micro/WIN 提供的移位指令能将存储器的内容逐位向左或者向右移动。移动的位数由 N 决定。向左移 N 位相当于累加器的内容乘以 2^N，向右移相当于累加器的内容除以 2^N。移位指令在逻辑控制中使用也很方便。移位与循环指令见表 4-22。

表 4-22　移位与循环指令汇总

名　称	语句表	梯形图	描　述
字节左移	SLB	SHL_B	字节逐位左移，空出的位添 0
字左移	SLW	SHL_W	字逐位左移，空出的位添 0
双字左移	SLD	SHL_DW	双字逐位左移，空出的位添 0
字节右移	SRB	SHR_B	字节逐位右移，空出的位添 0
字右移	SRW	SHR_W	字逐位右移，空出的位添 0
双字右移	SRD	SHR_DW	双字逐位右移，空出的位添 0

（续）

名　　称	语 句 表	梯 形 图	描　　述
字节循环左移	RLB	ROL_B	字节循环左移
字循环左移	RLW	ROL_W	字循环左移
双字循环左移	RLD	ROL_DW	双字循环左移
字节循环右移	RRB	ROR_B	字节循环右移
字循环右移	RRW	ROR_W	字循环右移
双字循环右移	RRD	ROR_DW	双字循环右移
移位寄存器	SHRB	SHRB	将 DATA 数值移入移位寄存器

1. 字左移（SHL_W）

当字左移指令（SHL_W）的 EN 位为高电平"1"时，执行移位指令，将 IN 端指定的内容左移 N 端指定的位数，然后写入 OUT 端指定的目的地址中。如果移位数目（N）大于或等于 16，则数值最多被移位 16 次。最后一次移出的位保存在 SM1.1 中。字左移指令（SHL_W）和参数见表 4-23。

表 4-23　字左移指令（SHL_W）和参数

LAD	参　数	数 据 类 型	说　明	存　储　区
	EN	BOOL	允许输入	I、Q、M、D、L
SHL_W EN ENO IN OUT N	ENO	BOOL	允许输出	
	N	BYTE	移动的位数	V、I、Q、M、S、SM、L、AC、常数、*VD、*LD、*AC
	IN	WORD	移位对象	V、I、Q、M、S、SM、L、T、C、AC、*VD、*LD、*AC 、AI 和常数（OUT无）
	OUT	WORD	移动操作结果	

【例 4-29】　梯形图和指令表如图 4-62 所示。假设 IN 中的字 MW0 为 2#1001 1101 1111 1011，当 I0.0 闭合时，OUT 端的 MW0 中的数是多少？

【解】　当 I0.0 闭合时，激活左移指令，IN 中的字存储在 MW0 中的数为 2#1001 1101 1111 1011，向左移 4 位后，OUT 端的 MW0 中的数是 2#1101 1111 1011 0000，字左移指令示意图如图 4-63 所示。

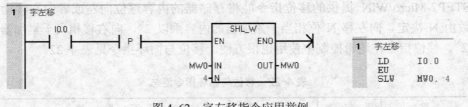

图 4-62　字左移指令应用举例

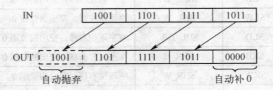

图 4-63　字左移指令示意图

【关键点】 图 4-48 中的梯形图有一个上升沿，这样 I0.0 每闭合一次，左移 4 位，若没有上升沿，那么闭合一次，则可能左移很多次。这点读者要特别注意。

2．字右移（SHR_W）

当字右移指令（SHR_W）的 EN 位为高电平"1"时，将执行移位指令，将 IN 端指定的内容右移 N 端指定的位数，然后写入 OUT 端指定的目的地址中。如果移位数目（N）大于或等于 16，则数值最多被移位 16 次。最后一次移出的位保存在 SM1.1 中。字右移指令（SHR_W）和参数见表 4-24。

表 4-24　字右移指令（SHR_W）和参数

LAD	参　　数	数 据 类 型	说　　明	存　储　区
SHR_W EN ENO IN OUT N	EN	BOOL	允许输入	I、Q、M、S、L、V
	ENO	BOOL	允许输出	
	N	BYTE	移动的位数	V、I、Q、M、S、SM、L、AC、常数、*VD、*LD、*AC
	IN	WORD	移位对象	V、I、Q、M、S、SM、L、T、C、AC、*VD、*LD、*AC、AI 和常数（OUT 无）
	OUT	WORD	移动操作结果	

【例 4-30】 梯形图和指令表如图 4-64 所示。假设 IN 中的字 MW0 为 2#1001 1101 1111 1011，当 I0.0 闭合时，OUT 端的 MW0 中的数是多少？

【解】 当 I0.0 闭合时，激活右移指令，IN 中的字存储在 MW0 中，假设这个数为 2#1001 1101 1111 1011，向右移 4 位后，OUT 端的 MW0 中的数是 2#0000 1001 1101 1111，字右移指令示意图如图 4-65 所示。

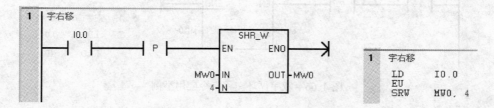

图 4-64　字右移指令应用举例

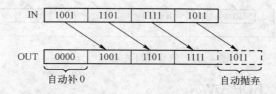

图 4-65　字右移指令示意图

字节的左移位、字节的右移位、双字的左移位、双字的右移位和字的移位指令类似，在此不再赘述。

3．双字循环左移（ROL_DW）

当双字循环左移（ROL_DW）的 EN 位为高电平"1"时，将执行双字循环左移指令，将 IN 端指令的内容循环左移 N 端指定的位数，然后写入 OUT 端指令的目的地址中。如果移位数目（N）大于或等于 32，执行旋转之前在移动位数（N）上执行模数 32 操作。从而使位数在 0～31 之间，例如当 N=34 时，通过模运算，实际移位为 2。双字循环左移（ROL_DW）和参数见表 4-25。

表 4-25 双字循环左移（ROL_DW）指令和参数

LAD	参　数	数据类型	说　明	存　储　区
ROL_DW EN ENO IN OUT N	EN	BOOL	允许输入	I、Q、M、S、L、V
	ENO	BOOL	允许输出	
	N	BYTE	移动的位数	V、I、Q、M、S、SM、L、AC、常数、*VD、*LD、*AC
	IN	DWORD	移位对象	V、I、Q、M、S、SM、L、AC、*VD、*LD、*AC、HC 和常数（OUT 无）
	OUT	DWORD	移动操作结果	

【例 4-31】 梯形图和指令表如图 4-66 所示。假设，IN 中的字 MD0 为 2#1001 1101 1111 1011 1001 1101 1111 1011，当 I0.0 闭合时，OUT 端的 MD0 中的数是多少？

【解】 当 I0.0 闭合时，激活双字循环左移指令，IN 中的双字存储在 MD0 中，除最高 4 位外，其余各位向左移 4 位后，双字的最高 4 位，循环到双字的最低 4 位，结果是 OUT 端的 MD0 中的数是 2#1101 1111 1011 1001 1101 1111 1011 1001，其示意图如图 4-67 所示。

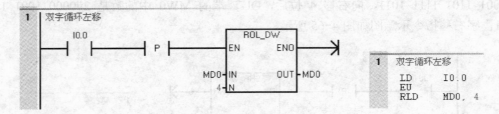

图 4-66 双字循环左移指令应用举例

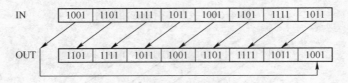

图 4-67 双字循环左移指令示意图

4. 双字循环右移（ROR_DW）

当双字循环右移（ROR_DW）的 EN 位为高电平"1"时，将执行双字循环右移指令，将 IN 端指令的内容向右循环移动 N 端指定的位数，然后写入 OUT 端指令的目的地址中。如果移位数目（N）大于或等于 32，执行旋转之前在移动位数（N）上执行模数 32 操作。从而使位数在 0～31 之间，例如当 N=34 时，通过模运算，实际移位为 2。双字循环右移（ROR_DW）和参数见表 4-26。

表 4-26　双字循环右移（ROR_DW）指令和参数

LAD	参　数	数据类型	说　明	存　储　区
	EN	BOOL	允许输入	I、Q、M、S、L、V
ROR_DW EN　ENO IN　OUT N	ENO	BOOL	允许输出	
	N	BYTE	移动的位数	V、I、Q、M、S、SM、L、AC、 常数、*VD、*LD、*AC
	IN	DWORD	移位对象	V、I、Q、M、S、SM、L、AC、*VD、
	OUT	DWORD	移动操作结果	*LD、*AC、HC 和常数（OUT 无）

【例 4-32】　梯形图和指令表如图 4-68 所示。假设 IN 中的字 MD0 为 2#1001 1101 1111 1011 1001 1101 1111 1011，当 I0.0 闭合时，OUT 端的 MD0 中的数是多少？

【解】　当 I0.0 闭合时，激活双字循环右移指令，IN 中的双字存储在 MD0 中，这个数为 2#1001 1101 1111 1011 1001 1101 1111 1011，除最低 4 位外，其余各位向右移 4 位后，双字的最低 4 位，循环到双字的最高 4 位，结果是 OUT 端的 MD0 中的数是 2#1011 1001 1101 1111 1011 1001 1101 1111，其示意图如图 4-69 所示。

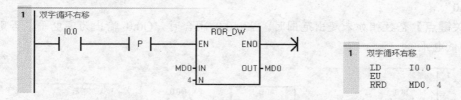

图 4-68　双字循环右移指令应用举例

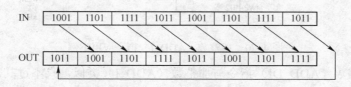

图 4-69　双字循环右移指令示意图

字节的左循环、字节的右循环、字的左循环、字的右循环和双字的循环指令类似，在此不再赘述。

4.4.4　算术运算指令

1. 整数算术运算指令

S7-200 SMART 的整数算术运算分为加法运算、减法运算、乘法运算和除法运算，其中每种运算方式又有整数型和双精度整数型两种。

（1）加整数（ADD_I）

当允许输入端 EN 为高电平时，输入端 IN1 和 IN2 中的整数相加，结果送入 OUT 中。IN1 和 IN2 中的数可以是常数。加整数的表达式是：IN1＋IN2＝OUT。加整数（ADD_I）指令和参数见表 4-27。

表 4-27　加整数（ADD_I）指令和参数

LAD	参　数	数据类型	说　明	存　储　区
ADD_1 —EN ENO— —IN1 —IN2 OUT—	EN	BOOL	允许输入	V、I、Q、M、S、SM、L
	ENO	BOOL	允许输出	
	IN1	INT	相加的第 1 个值	V、I、Q、M、S、SM、T、C、AC、L、 AI、常数、*VD、*LD、*AC
	IN2	INT	相加的第 2 个值	
	OUT	INT	和	V、I、Q、M、S、SM、T、C、 AC、L、*VD、*LD、*AC

【例 4-33】 梯形图和指令表如图 4-70 所示。MW0 中的整数为 11，MW2 中的整数为 21，则当 I0.0 闭合时，整数相加，结果 MW4 中的数是多少？

【解】 当 I0.0 闭合时，激活加整数指令，IN1 中的整数存储在 MW0 中，这个数为 11，IN2 中的整数存储在 MW2 中，这个数为 21，整数相加的结果存储在 OUT 端的 MW4 中的数是 32。由于没有超出计算范围，所以 Q0.0 输出为 "1"。假设 IN1 中的整数为 9999，IN2 中的整数为 30000，则超过整数相加的范围。由于超出计算范围，所以 Q0.0 输出为 "0"。

【关键点】整数相加未超出范围时，当 I0.0 闭合时，Q0.0 输出为高电平，否则 Q0.0 输出为低电平。

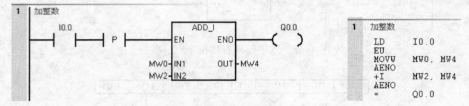

图 4-70　加整数（ADD_I）指令应用举例

加双精度整数（ADD_DI）指令与加整数（ADD_I）类似，只不过其数据类型为双精度整数，在此不再赘述。

（2）减双精度整数（SUB_DI）

当允许输入端 EN 为高电平时，输入端 IN1 和 IN2 中的双精度整数相减，结果送入 OUT 中。IN1 和 IN2 中的数可以是常数。减双精度整数的表达式是：IN1－IN2＝OUT。

减双精度整数（SUB_DI）指令和参数见表 4-28。

表 4-28　减双精度整数（SUB_DI）指令和参数

LAD	参　数	数据类型	说　明	存　储　区
SUB_DI —EN ENO— —IN1 —IN2 OUT—	EN	BOOL	允许输入	V、I、Q、M、S、SM、L
	ENO	BOOL	允许输出	
	IN1	DINT	被减数	V、I、Q、M、SM、S、L、AC、HC、 常数、*VD、*LD、*AC
	IN2	DINT	减数	
	OUT	DINT	差	V、I、Q、M、SM、S、L、AC、*VD、*LD、*AC

【例 4-34】 梯形图和指令表如图 4-71 所示，IN1 中的双精度整数存储在 MD0 中，

数值为 22，IN2 中的双精度整数存储在 MD4 中，数值为 11，当 I0.0 闭合时，双精度整数相减的结果存储在 OUT 端的 MD4 中，其结果是多少？

【解】　当 I0.0 闭合时，激活减双精度整数指令，IN1 中的双精度整数存储在 MD0 中，假设这个数为 22，IN2 中的双精度整数存储在 MD4 中，假设这个数为 11，双精度整数相减的结果存储在 OUT 端的 MD4 中的数是 11。由于没有超出计算范围，所以 Q0.0 输出为"1"。

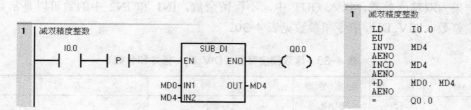

图 4-71　减双精度整数（SUB_DI）指令应用举例

减整数（SUB_I）指令与减双精度整数（SUB_DI）类似，只不过其数据类型为整数，在此不再赘述。

（3）乘整数（MUL_I）

当允许输入端 EN 为高电平时，输入端 IN1 和 IN2 中的整数相乘，结果送入 OUT 中。IN1 和 IN2 中的数可以是常数。乘整数的表达式是：IN1×IN2＝OUT。乘整数（MUL_I）指令和参数见表 4-29。

表 4-29　乘整数（MUL_I）指令和参数

LAD	参　数	数据类型	说　明	存　储　区
MUL_I EN　ENO IN1 IN2　OUT	EN	BOOL	允许输入	V、I、Q、M、S、SM、L
	ENO	BOOL	允许输出	
	IN1	INT	相乘的第 1 个值	V、I、Q、M、S、SM、T、C、L、AC、AI、常数、*VD、*LD、*AC
	IN2	INT	相乘的第 2 个值	
	OUT	INT	相乘的结果（积）	V、I、Q、M、S、SM、L、T、C、AC、*VD、*LD、*AC

【例 4-35】　梯形图和指令表如图 4-72 所示。IN1 中的整数存储在 MW0 中，数值为 11，IN2 中的整数存储在 MW2 中，数值为 11，当 I0.0 闭合时，整数相乘的结果存储在 OUT 端的 MW4 中，其结果是多少？

【解】　当 I0.0 闭合时，激活乘整数指令，OUT ＝IN1×IN2，整数相乘的结果存储在 OUT 端的 MW4 中，结果是 121。由于没有超出计算范围，所以 Q0.0 输出为"1"。

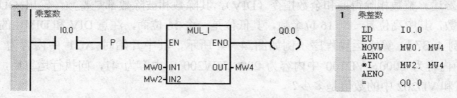

图 4-72　乘整数（MUL_I）指令应用举例

两个整数相乘得双精度整数的乘积指令（MUL），其两个乘数都是整数，乘积为双精度整数，注意 MUL 和 MUL_I 的区别。

双精度乘整数（MUL_DI）指令与乘整数（MUL_I）类似，只不过双精度乘整数数据类型为双精度整数，在此不再赘述。

（4）除双精度整数（DIV_DI）

当允许输入端 EN 为高电平时，输入端 IN1 中的除双精度整数以 IN2 中的双精度整数，结果为双精度整数，送入 OUT 中，不保留余数。IN1 和 IN2 中的数可以是常数。除双精度整数（DIV_DI）指令和参数见表 4-30。

表 4-30　除双精度整数（DIV_DI）指令和参数

LAD	参　数	数据类型	说　明	存　储　区
DIV_DI EN ENO IN1 IN2 OUT	EN	BOOL	允许输入	V、I、Q、M、S、SM、L
	ENO	BOOL	允许输出	
	IN1	DINT	被除数	V、I、Q、M、SM、S、L、HC、AC、常数、*VD、*LD、*AC
	IN2	DINT	除数	
	OUT	DINT	除法的双精度整数结果（商）	V、I、Q、M、SM、S、L、AC、*VD、*LD、*AC

【例 4-36】　梯形图和指令表如图 4-73 所示。IN1 中的双精度整数存储在 MD0 中，数值为 11，IN2 中的双精度整数存储在 MD4 中，数值为 2，当 I0.0 闭合时，双精度整数相除的结果存储在 OUT 端的 MD8 中，其结果是多少？

【解】　当 I0.0 闭合时，激活除双精度整数指令，IN1 中的双精度整数存储在 MD0 中，数值为 11，IN2 中的双精度整数存储在 MD4 中，数值为 2，双精度整数相除的结果存储在 OUT 端的 MD8 中的数是 5，不产生余数。由于没有超出计算范围，所以 Q0.0 输出为"1"。

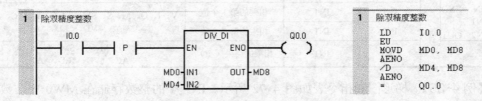

图 4-73　除双精度整数（DIV_DI）指令应用举例

【关键点】除双精度整数法不产生余数。

整数除（DIV_I）指令与除双精度整数（DIV_DI）类似，只不过其数据类型为整数，在此不再赘述。整数相除得商和余数指令（DIV），其除数和被除数都是整数，输出 OUT 为双精度整数，其中高位是一个 16 位余数，其低位是一个 16 位商，注意 DIV 和 DIV_I 的区别。

【例 4-37】　算术运算程序示例如图 4-74 所示，其中开始时 AC1 中内容为 4000，AC0 中内容为 6000，VD100 中内容为 200，VW200 中内容为 41，问执行运算后，AC0、VD100 和 VD202 中的数值是多少？

【解】　程序运行结果图如图 4-75 所示，累加器 AC0 和 AC1 中可以装入字节、字、双字和实数等数据类型的数据，可见其使用比较灵活。DIV 指令的除数和被除数都是整数，而结果为双精度整数，对于本例被除数为 4000，除数为 41，双精度整数结果存储在 VD202 中，其中余数 23 存储在高位 VW202 中，商 97 存储在低位 VW204 中。

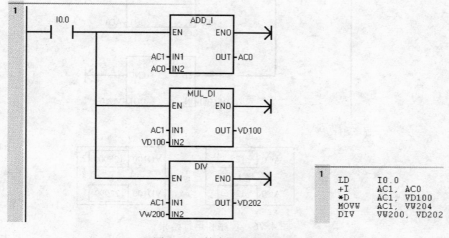

```
1   LD    I0.0
    +I    AC1, AC0
    *D    AC1, VD100
    MOVW  AC1, VW204
    DIV   VW200, VD202
```

图 4-74　算术运算程序示例

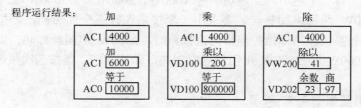

图 4-75　程序运行结果

（5）递增/递减运算指令

递增/递减运算指令，在输入端（IN）上加 1 或减 1，并将结果置入 OUT。递增/递减指令的操作数类型为字节、字和双字。递增字的指令格式见表 4-31。

表 4-31　递增字运算指令格式

LAD	参　数	数 据 类 型	说　　明	存　储　区
INC_W —EN　ENO— —IN　OUT—	EN	BOOL	允许输入	V、I、Q、M、S、SM、L
	ENO	BOOL	允许输出	
	IN1	INT	将要递增 1 的数	V、I、Q、M、S、SM、AC、AI、L、T、C、常数、*VD、*LD、*AC
	OUT	INT	递增 1 后的结果	V、I、Q、M、S、SM、L、AC、T、C、*VD、*LD、*AC

1）递增字节/递减字节运算（INC_B/DEC_B）。使能端输入有效时，将一个字节的无符号数 IN 增 1/减 1，并将结果送至 OUT 指定的存储器单元输出。

2）双递增字/双字递减运算（INC_DW/DEC_DW）。使能端输入有效时，将双字长的符号数 IN 增 1/减 1，并将结果送至 OUT 指定的存储器单元输出。

【例 4-38】 递增/递减运算程序如图 4-76 所示。初始时 AC0 中的内容为 125，VD100 中的内容为 128000，试分析运算结果。

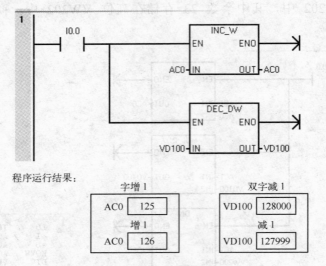

图 4-76　程序和运行结果

【例 4-39】 有一个电炉，加热功率有 1000W、2000W 和 3000W 三个档次，电炉有 1000W 和 2000W 两种电加热丝。要求用一个按钮选择三个加热档，当按一次按钮时，1000W 电阻丝加热，即第一档；当按两次按钮时，2000W 电阻丝加热，即第二档；当按三次按钮时，1000W 和 2000W 电阻丝同时加热，即第三档；当按四次按钮时停止加热，请编写程序。

【解】 梯形图如图 4-77 所示。

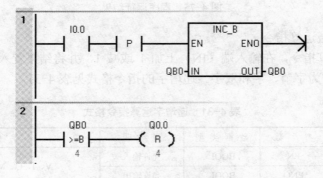

图 4-77　梯形图

2. 浮点数运算函数指令

浮点数函数有浮点算术运算函数、三角函数函数、对数函数、幂运函数和 PID 等。浮点算术函数又分为加法运算、减法运算、乘法运算和除法运算函数。浮点数运算函数见表 4-32。

加实数（ADD_R）。当允许输入端 EN 为高电平时，输入端 IN1 和 IN2 中的实数相加，结果送入 OUT 中。IN1 和 IN2 中的数可以是常数。加实数的表达式是：IN1＋IN2＝

OUT。加实数（ADD_R）指令和参数见表 4-33。

表 4-32　浮点数运算函数

语　句　表	梯　形　图	描　　述
+R	ADD_R	将两个 32 位实数相加，并产生一个 32 位实数结果（OUT）
−R	SUB_R	将两个 32 位实数相减，并产生一个 32 位实数结果（OUT）
*R	MUL_R	将两个 32 位实数相乘，并产生一个 32 位实数结果（OUT）
/R	DIV_R	将两个 32 位实数相除，并产生一个 32 位实数商
SQRT	SQRT	求浮点数的平方根
EXP	EXP	求浮点数的自然指数
LN	LN	求浮点数的自然对数
SIN	SIN	求浮点数的正弦函数
COS	COS	求浮点数的余弦函数
TAN	TAN	求浮点数的正切函数
PID	PID	PID 运算

表 4-33　加实数（ADD_R）指令和参数

LAD	参　数	数据类型	说　明	存　储　区
ADD_R EN ENO IN1 IN2 OUT	EN	BOOL	允许输入	V、I、Q、M、S、SM、L
	ENO	BOOL	允许输出	
	IN1	REAL	相加的第 1 个值	V、I、Q、M、S、SM、L、AC、常数、*VD、*LD、*AC
	IN2	REAL	相加的第 2 个值	
	OUT	REAL	相加的结果（和）	V、I、Q、M、S、SM、L、AC、*VD、*LD、*AC

　　用一个例子来说明加实数（ADD_R）指令，梯形图和指令表如图 4-78 所示。当 I0.0 闭合时，激活加实数指令，IN1 中的实数存储在 MD0 中，假设这个数为 10.1，IN2 中的实数存储在 MD4 中，假设这个数为 21.1，实数相加的结果存储在 OUT 端的 MD8 中的数是 31.2。

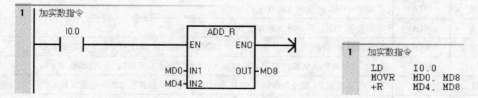

图 4-78　加实数（ADD_R）指令应用举例

　　减实数（SUB_R）、乘实数（MUL_R）和除实数（DIV_R）指令的使用方法与前面的指令用法类似，在此不再赘述。

　　MUL_DI/DIV_DI 和 MUL_R/DIV_R 的输入都是 32 位，输出的结果也是 32 位，但前者的输入和输出是双精度整数，属于双精度整数运算，而后者输入和输出的是实数，属于浮点运算，简单地说，后者的输入和输入数据中有小数点，而前者没有，后者的运算速度要慢得多。

值得注意的是，乘/除运算对特殊标志位 SM1.0（零标志位）、SM1.1（溢出标志位）、SM1.2（负数标志位）、SM1.3（被 0 除标志位）会产生影响。若 SM1.1 在乘法运算中被置 1，表明结果溢出，则其他标志位状态均置 0，无输出。若 SM1.3 在除法运算中被置 1，说明除数为 0，则其他标志位状态保持不变，原操作数也不变。

【关键点】浮点数的算术指令的输入端可以是常数，必须是带有小数点的常数，如 5.0，不能为 5，否则会出错。

3. 转换指令

转换指令是将一种数据格式转换成另外一种格式进行存储。例如，要让一个整型数据和双整型数据进行算术运算，一般要将整型数据转换成双整型数据。STEP7-Micro/Win 的转换指令见表 4-34。

表 4-34　转换指令

STL	LAD	说　明
BTI	B_I	将字节数值（IN）转换成整数值，并将结果置入 OUT 指定的变量中
ITB	I_B	将整数（IN）转换成字节值，并将结果置入 OUT 指定的变量中
ITD	I_DI	将整数值（IN）转换成双精度整数值，并将结果置入 OUT 指定的变量中
ITS	I_S	将整数字 IN 转换为长度为 8 个字符的 ASCII 字符串
DTI	DI_I	双精度整数值（IN）转换成整数值，并将结果置入 OUT 指定的变量中
DTR	DI_R	将 32 位带符号整数 IN 转换成 32 位实数，并将结果置入 OUT 指定的变量中
DTS	DI_S	将双精度整数 IN 转换为长度为 12 个字符的 ASCII 字符串
BTI	BCD_I	将二进制编码的十进制值 IN 转换成整数值，并将结果置入 OUT 指定的变量中
ITB	I_BCD	将输入整数值 IN 转换成二进制编码的十进制数，并将结果置入 OUT 指定的变量中
RND	ROUND	将实值（IN）转换成双精度整数值，并将结果置入 OUT 指定的变量中
TRUNC	TRUNC	将 32 位实数（IN）转换成 32 位双精度整数，并将结果的整数部分置入 OUT 指定的变量中
RTS	R_S	将实数值 IN 转换为 ASCII 字符串
ITA	ITA	将整数字（IN）转换成 ASCII 字符数组
DTA	DTA	将双字（IN）转换成 ASCII 字符数组
RTA	RTA	将实数值（IN）转换成 ASCII 字符
ATH	ATH	指令将从 IN 开始的 ASCII 字符号码（LEN）转换成从 OUT 开始的十六进制数字
HTA	HTA	将从 IN 开始的 ASCII 字符号码（LEN）转换成从 OUT 开始的十六进制数字
STI	S_I	将字符串值 IN 转换为存储在 OUT 中的整数值，从偏移量 INDX 位置开始
STD	S_DI	将字符串值 IN 转换为存储在 OUT 中的双精度整数值，从偏移量 INDX 位置开始
STR	S_R	将字符串值 IN 转换为存储在 OUT 中的实数值，从偏移量 INDX 位置开始
DECO	DECO	设置输出字（OUT）中与用输入字节（IN）最低"半字节"（4 位）表示的位数相对应的位
ENCO	ENCO	将输入字（IN）最低位的位数写入输出字节（OUT）的最低"半字节"（4 个位）中
SEG	SEG	生成照明七段显示段的位格式

（1）整数转换成双精度整数（ITD）

整数转换成双精度整数指令是将 IN 端指定的内容以整数的格式读入，然后将其转换为双精度整数码格式输出到 OUT 端。整数转换成 BCD 指令和参数见表 4-35。

表 4-35　整数转换成双精度整数指令和参数

LAD	参数	数据类型	说明	存　储　区
	EN	BOOL	使能（允许输入）	V、I、Q、M、S、SM、L
I_DI EN ENO IN OUT	ENO	BOOL	允许输出	
	IN	INT	输入的整数	V、I、Q、M、S、SM、L、T、C、AI、AC、常数、*VD、*LD、*AC
	OUT	DINT	整数转化成的 BCD 数	V、I、Q、M、S、SM、L、AC、*VD、*LD、*AC

【例 4-40】　梯形图和指令表如图 4-79 所示。IN 中的整数存储在 MW0 中（用十六进制表示为 16#0016），当 I0.0 闭合时，转换完成后 OUT 端的 MD2 中的双精度整数是多少？

【解】　当 I0.0 闭合时，激活整数转换成双精度整数指令，IN 中的整数存储在 MW0 中（用十六进制表示为 16#0016），转换完成后 OUT 端的 MD2 中的双精度整数是 16#0000 0016。但要注意，MW2=16#0000，而 MW4=16#0016。

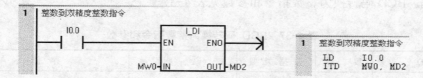

图 4-79　整数转换成双精度整数指令应用举例

（2）双精度整数转换成实数（DTR）

双精度整数转换成实数指令是将 IN 端指定的内容以双精度整数的格式读入，然后将其转换为实数码格式输出到 OUT 端。实数格式在后续算术计算中是很常用的，如 3.14 就是实数形式。双精度整数转换成实数指令和参数见表 4-36。

表 4-36　双精度整数转换成实数指令和参数

LAD	参　数	数据类型	说　明	存　储　区
	EN	BOOL	使能（允许输入）	V、I、Q、M、S、SM、L
DI_R EN ENO IN OUT	ENO	BOOL	允许输出	
	IN	DINT	输入的双精度整数	V、I、Q、M、S、SM、L、HC、AC、常数、*VD、*AC、*LD
	OUT	REAL	双精度整数转化成的实数	V、I、Q、M、S、SM、L、AC、*VD、*LD、*AC

【例 4-41】　梯形图和指令表如图 4-80 所示。IN 中的双精度整数存储在 MD0 中，（用十进制表示为 16），转换完成后 OUT 端的 MD4 中的实数是多少？

【解】　当 I0.0 闭合时，激活双精度整数转换成实数指令，IN 中的双精度整数存储在 MD0 中（用十进制表示为 16），转换完成后 OUT 端的 MD4 中的实数是 16.0。一个实数要用 4 个字节存储。

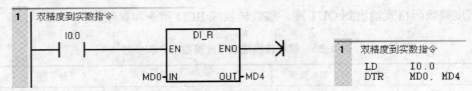

图 4-80　双精度整数转换成实数指令应用举例

【关键点】应用 I_DI 转换指令后，数值的大小并未改变，但转换是必需的，因为只有相同的数据类型，才可以进行数学运算，例如要将一个整数和双精度整数相加，则比较保险的做法是先将整数转化成双精度整数，再做双精度加整数法。

DI_I 是双精度整数转换成整数的指令，并将结果存入 OUT 指定的变量中。若双精度整数太大，则会溢出。

DI_R 是双精度整数转换成实数的指令，并将结果存入 OUT 指定的变量中。

（3）BCD 码转换为整数（BCD_I）

BCD_I 指令是将二进制编码的十进制 WORD 数据类型值从"IN"地址输入，转换为整数 WORD 数据类型值，并将结果载入分配给"OUT"的地址处。IN 的有效范围为 0～9999的 BCD 码。BCD 码转换为整数指令和参数见表 4-37。

表 4-37　BCD 码转换为整数指令和参数

LAD	参　数	数据类型	说　明	存　储　区
BCD_I EN ENO IN OUT	EN	BOOL	允许输入	V、I、Q、M、S、SM、L
	ENO	BOOL	允许输出	
	IN	WORD	输入的 BCD 码	V、I、Q、M、S、SM、L、AC、常数、*VD、*LD、*AC
	OUT	WORD	输出结果为整数	V、I、Q、M、S、SM、L、AC、*VD、*LD、*AC

（4）取整指令（ROUND）

ROUND 指令是将实数进行四舍五入取整后转换成双精度整数的格式。实数四舍五入为双精度整数指令和参数见表 4-38。

表 4-38　实数四舍五入为双精度整数指令和参数

LAD	参　数	数据类型	说　明	存　储　区
ROUND EN ENO IN OUT	EN	BOOL	允许输入	V、I、Q、M、S、SM、L
	ENO	BOOL	允许输出	
	IN	REAL	实数（浮点型）	V、I、Q、M、S、SM、L、AC、常数、*VD、*LD、*AC
	OUT	DINT	四舍五入后为双精度整数	V、I、Q、M、S、SM、L、AC、*VD、*LD、*AC

【例 4-42】　梯形图和指令表如图 4-81 所示。IN 中的实数存储在 MD0 中，假设这个实数为 3.14，进行四舍五入运算后 OUT 端的 MD4 中的双精度整数是多少？假设这个实数为 3.88，进行四舍五入运算后 OUT 端的 MD4 中的双精度整数是多少？

【解】 当 I0.0 闭合时，激活实数四舍五入指令，IN 中的实数存储在 MD0 中，假设这个实数为 3.14，进行四舍五入运算后 OUT 端的 MD4 中的双精度整数是 3，假设这个实数为 3.88，进行四舍五入运算后 OUT 端的 MD4 中的双精度整数是 4。

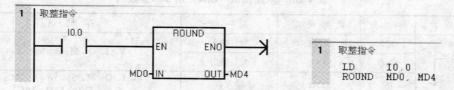

图 4-81　取整指令应用举例

【关键点】 ROUND 是取整（四舍五入）指令，而 TRUNC 是截取指令，将输入的 32 位实数转换成整数，只有整数部分保留，舍去小数部分，结果为双精度整数，并将结果存入 OUT 指定的变量中。例如输入是 32.2，执行 ROUND 或者 TRUNC 指令，结果转换成 32。而输入是 32.5，执行 TRUNC 指令，结果转换成 32；执行 ROUND 指令，结果转换成 33。请注意区分。

【例 4-43】 将英寸转换成厘米，已知单位为英寸的长度保存在 VW0 中，数据类型为整数，英寸和厘米的转换单位为 2.54，保存在 VD12 中，数据类型为实数，要将最终单位厘米的结果保存在 VD20 中，且结果为整数。编写程序实现这一功能。

【解】 要将单位为英寸的长度转化成单位为厘米的长度，必须要用到实数乘法，因此乘数必须为实数，而已知的英寸长度是整数，所以先要将整数转换成双精度整数，再将双精度整数转换成实数，最后将乘积取整就得到结果。梯形图和指令表如图 4-82 所示。

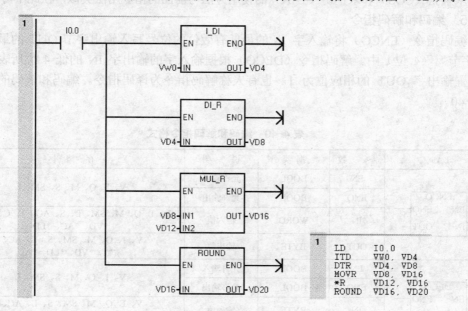

图 4-82　梯形图和指令表

4. 数学功能指令

数学功能指令包含正弦（SIN）、余弦（COS）、正切（TAN）、自然对数（LN）、自然指数（EXP）和平方根（SQRT）等。这些指令的使用比较简单，仅以正弦（SIN）和自然对数（LN）为例说明数学功能指令的使用，见表4-39。

表4-39　求正弦值（SIN）指令和参数

LAD	参　数	数据类型	说　明	存　储　区
SIN —EN ENO— —IN OUT—	EN	BOOL	允许输入	V、I、Q、M、S、SM、L
	ENO	BOOL	允许输出	
	IN	REAL	输入值	V、I、Q、M、SM、S、L、AC、 常数、*VD、*LD、*AC
	OUT	REAL	输出值（正弦值）	V、I、Q、M、SM、S、L、AC、 *VD、*LD、*AC

　　用一个例子来说明求正弦值（SIN）指令，梯形图和指令表如图 4-83 所示。当 I0.0 闭合时，激活求正弦值指令，IN 中的实数存储在 VD0 中，假设这个数为 0.5，实数求正弦的结果存储在 OUT 端的 VD8 中的数是 0.479。

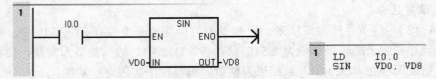

图4-83　正弦运算指令应用举例

　　【关键点】　三角函数的输入值是弧度，而不是角度。

　　求余弦（COS）和求正切（TAN）的使用方法与前面的指令用法类似，在此不再赘述。

　　5．编码和解码指令

　　编码指令（ENCO）将输入字 IN 的最低有效位的位号写入输出字节 OUT 的最低有效"半字节"（4 位）中。解码指令（DECO）根据输入字的输出字 IN 的低 4 位所表示的位号，置输出字 OUT 的相应位为 1。也有人称解码指令为译码指令。编码和解码的格式见表 4-40。

表4-40　编码和解码指令格式

LAD	参　数	数据类型	说　明	存　储　区
ENCO —EN ENO— —IN OUT—	EN	BOOL	允许输入	V、I、Q、M、S、SM、L
	ENO	BOOL	允许输出	
	IN	WORD	输入值	V、I、Q、M、SM、L、S、AQ、T、C、AC、 *VD、*AC、*LD
	OUT	BYTE	输出值	V、I、Q、M、SM、S、L、AC、 常数、*VD、*LD、*AC
DECO —EN ENO— —IN OUT—	EN	BOOL	允许输入	V、I、Q、M、S、SM、L
	ENO	BOOL	允许输出	
	IN	BYTE	输入值	V、I、Q、M、SM、S、L、AC、 常数、*VD、*LD、*AC
	OUT	WORD	输出值	V、I、Q、M、SM、L、S、AQ、 T、C、AC、*VD、*AC、*LD

　　用一个例子说明以上指令的应用，如图4-84所示是编码和解码指令程序示例。

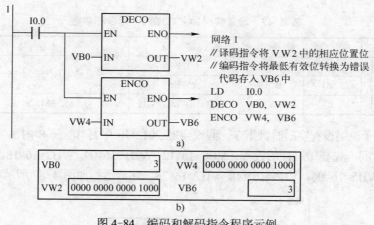

图 4-84 编码和解码指令程序示例

a) 程序 b) 运行结果

6. 时钟指令

（1）读取实时时钟指令

读取实时时钟指令（TODR）从硬件时钟中读当前时间和日期，并把它装载到一个 8 字节，起始地址为 T 的时间缓冲区中。设置实时时钟指令（TODW）将当前时间和日期写入硬件时钟，当前时钟存储在以地址 T 开始的 8 字节时间缓冲区中。必须按照 BCD 码的格式编码所有的日期和时间值（例如：用 16#97 表示 1997 年）。梯形图如图 4-85 所示。如果 PLC 系统的时间是 2009 年 4 月 8 日 8 时 6 分 5 秒，星期六，则运行的结果如图 4-86 所示。年份存入 VB0 存储单元，月份存入 VB1 单元，日存入 VB2 单元，小时存入 VB3 单元，分钟存入 VB4 单元，秒钟存入 VB5 单元，VB6 单元为 0，星期存入 VB7 单元，可见共占用 8 个存储单元。读实时钟（TODR）指令和参数见表 4-41。

表 4-41 读实时钟（TODR）指令和参数

LAD	参 数	数据类型	说 明	存 储 区
READ_RTC EN ENO T	EN	BOOL	允许输入	V、I、Q、M、S、SM、L
	ENO	BOOL	允许输出	
	T	BYTE	存储日期的起始地址	V、I、Q、M、SM、S、L、*VD、*AC、*LD

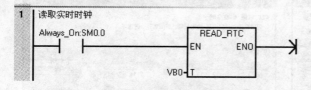

		VB0	VB1	VB2	VB3	VB4	VB5	VB6	VB7
		09	04	08	08	06	05	00	07

图 4-85 读取实时时钟指令应用举例   图 4-86 读取实时时钟指令的结果（BCD 码）

【关键点】读实时钟（TODR）指令读取出来的日期是用 BCD 码表示的，这点要特别注意。

（2）设置实时时钟指令

设置实时时钟（TODW）指令将当前时间和日期写入用 T 指定的在 8 个字节的时间缓冲区开始的硬件时钟。设置实时时钟的参数见表 4-42。

表4-42 设置实时钟（TODW）指令和参数

LAD	参 数	数据类型	说 明	存 储 区
SET_RTC ─EN ENO─ ─T	EN	BOOL	允许输入	V、I、Q、M、S、SM、L
	ENO	BOOL	允许输出	
	T	BYTE	存储日期的起始地址	V、I、Q、M、SM、S、L、*VD、*AC、*LD

用一个例子说明设置实时时钟指令，假设要把2012年9月18日8时6分28秒设置成PLC的当前时间，先要做这样的设置：VB0=16#12，VB1=16#09，VB2=16#18，VB3=16#18，VB4=16#08，VB5=16#06，VB6=16#00，VB7=16#28，然后运行如图4-87所示的程序。

网络1

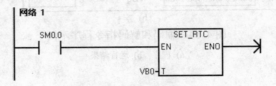

图4-87 设置实时时钟指令实例

还有一个简单的方法设置时钟，不需要编写程序。只要进行简单设置即可，设置方法如下：

单击菜单栏中的"PLC"→ "设置时钟"，如图4-88所示，弹出"时钟操作"界面，如图4-89所示，单击"读取PC"按钮，读取计算机的当前时间。

图4-88 打开"时钟操作"界面

如图4-90所示，单击"设置"按钮可以将当前计算机的时间设置到PLC中，当然读者也可以设置其他时间。

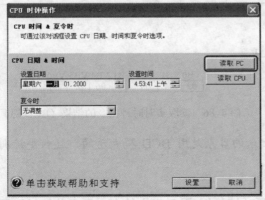

图4-89 时钟操作界面　　　　　　　　　图4-90 设置实时时钟

【例 4-44】 记录一台设备损坏时的时间，请用 PLC 实现此功能。

【解】 梯形图如图 4-91 所示。

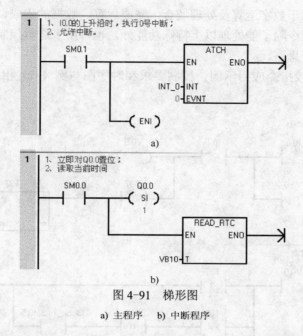

图 4-91　梯形图

a) 主程序　　b) 中断程序

【例 4-45】 某实验室的一个房间，要求每天 16:30～18:00 开启一个加热器，请用 PLC 实现此功能。

【解】 先用 PLC 读取实时时间，因为读取的时间是 BCD 码格式，所以之后要将 BCD 码转化成整数，如果实时时间在 16:30~18:00，那么则开启加热器，梯形图如图 4-92 所示。

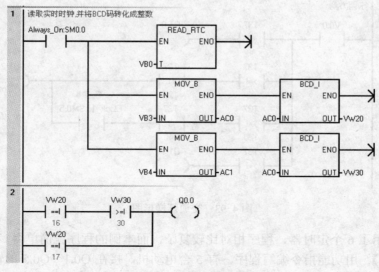

图 4-92　梯形图

4.4.5　功能指令的应用

功能指令主要用于数字运算及处理场合，完成运算、数据的生成、存储以及某些规律的实现任务。功能指令除了能处理以上特殊功能外，也可用于逻辑控制程序中，这为逻辑控制类编程提供了新思路。

【例 4-46】　比较指令应用示例，控制要求和时序图与例 4-22 相同，程序如图 4-93 所示。

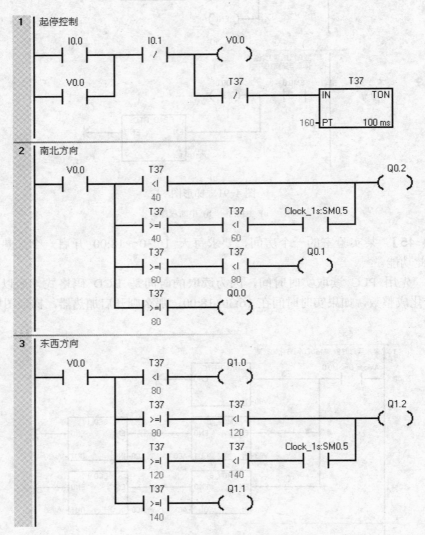

图 4-93　交通灯梯形图

例 4-21 用了 6 个定时器，程序相对比较复杂，而本例的程序就简单得多。

【例 4-47】　用功能指令编写程序，有 5 台电动机，接在 Q0.1～Q0.5 的输出接线端子上，使用单按钮控制起/停。按钮接在 I0.0 上，具体的控制方法是，按下按钮的次数对应起动电动机的号码，最后按下按钮持续 3s，电动机停止。

【解】 梯形图如图 4-94 所示。

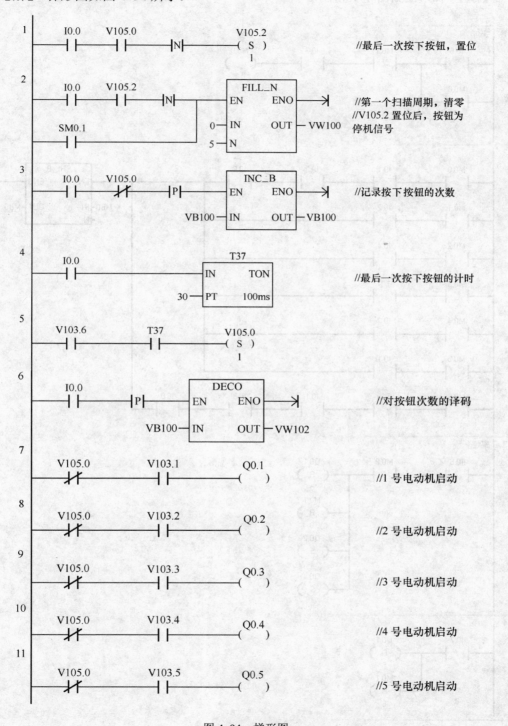

图 4-94 梯形图

【例 4-48】 用功能指令编写程序，控制要求与例 4-22 相同。

【解】 梯形图如图 4-95 所示。

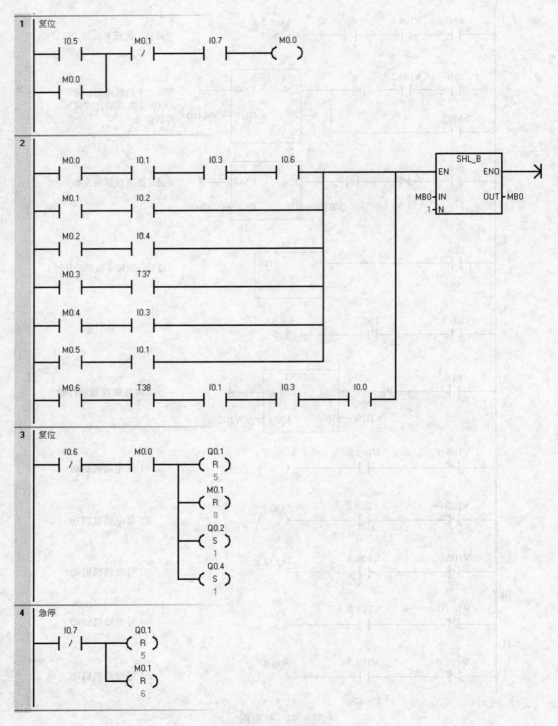

图 4-95 机械手程序

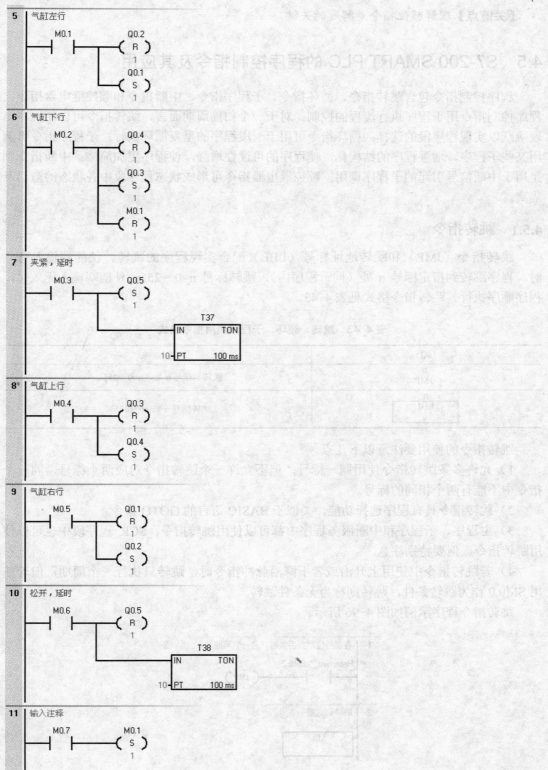

图 4-95　机械手程序（续）

【关键点】理解移位指令是解题的关键。

4.5　S7-200 SMART PLC 的程序控制指令及其应用

　　程序控制指令包含跳转指令、循环指令、子程序指令、中断指令和顺控继电器指令。程序控制指令用于程序执行流程的控制。对于一个扫描周期而言，跳转指令可以使程序出现跳跃以实现程序段的选择；循环指令可用于一段程序的重复循环执行；子程序指令可调用某些子程序，增强程序的结构化，使程序的可读性增强，使程序更加简洁；中断指令则是用于中断信号引起的子程序调用；顺控继电器指令可形成状态程序段中各状态的激活及隔离。

4.5.1　跳转指令

　　跳转指令（JMP）和跳转地址标号（LBL）配合实现程序的跳转。使能端输入有效时，程序跳转到指定标号 n 处（同一程序内），跳转标号 n=0～255；使能端输入无效时，程序顺序执行。跳转指令格式见表 4-43。

表 4-43　跳转、循环、子程序调用指令格式

LAD	功　能
n ─(JMP)	跳转到标号 n 处（n=0～255）
n LBL	跳转标号 n（n=0～255）

　　跳转指令的使用要注意以下几点。

　　1）允许多条跳转指令使用同一标号，但不允许一个跳转指令对应两个标号，同一个指令中不能有两个相同的标号。

　　2）跳转指令具有程序选择功能，类似于 BASIC 语言的 GOTO 指令。

　　3）主程序、子程序和中断服务程序中都可以使用跳转指令，SCR 程序段中也可以使用跳转指令，但要特别注意。

　　4）若跳转指令中使用上升沿或者下降沿脉冲指令时，跳转只执行一个周期，但若使用 SM0.0 作为跳转条件，跳转则称为无条件跳转。

　　跳转指令程序示例如图 4-96 所示。

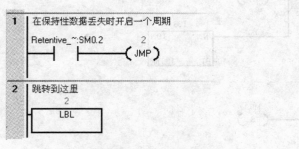

图 4-96　跳转指令程序示例

4.5.2　指针

间接寻址是指用指针来访问存储区数据。指针以双字的形式存储其他存储区的地址。只能用 V 存储器、L 存储器或者累加器寄存器（AC1、AC2、AC3）作为指针。要建立一个指针，必须以双字的形式，将需要间接寻址的存储器地址移动到指针中。指针也可以为子程序传递参数。

S7-200 允许指针访问以下存储区：I、Q、V、M、S、AI、AQ、SM、T（仅限于当前值）和 C（仅限于当前值）。无法用间接寻址的方式访问位地址，也不能访问 HC 或者 L 存储区。

要使用间接寻址，应该用 "&" 符号加上要访问的存储区地址来建立一个指针。指令的输入操作数应该以 "&" 符号开头来表明是存储区的地址，而不是其内容将移动到指令的输出操作数（指针）中。

当指令中的操作数是指针时，应该在操作数前面加上 "*" 号。如图 4-97 所示，输入 *AC1 指定 AC1 是一个指针，MOVW 指令决定了指针指向的是一个字长的数据。在本例中，存储在 VB200 和 VB201 中。

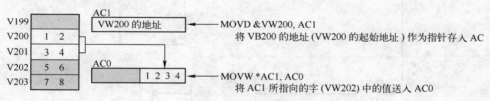

图 4-97　指针的使用

例如：MOVD &VB200, AC1。其含义是将 VB200 的地址（VB200 的起始地址）作为指针存入 AC1 中。MOVW *AC1, AC0。其含义是将 AC1 指向的字送到 AC0 中去。

4.5.3　循环指令

1. 指令格式

循环指令包括 FOR 和 NEXT，用于程序执行顺序的控制，其指令格式见表 4-44。

表 4-44　循环指令格式

LAD	参　数	数据类型	说　明	存　储　区
	EN	BOOL	允许输入	V、I、Q、M、S、SM、L
FOR EN ENO INDX INIT FINAL	ENO	BOOL	允许输出	
	INDX	INT	索引值或当前循环计数	VW、IW、QW、MW、SW、SMW、LW、T、C、AC、*VD、*LD、*AC
	INIT	INT	起始值	VW、IW、QW、MW、SW、SMW、T、C、AC、LW、AIW、常数、*VD、*LD、*AC
	FINAL	INT	结束值	VW、IW、QW、MW、SW、SMW、LW、T、C、AC、AIW、常数、*VD、*LD、*AC
—(NEXT)	无		循环返回	无

2. 循环控制指令（FOR）

循环控制指令用于一段程序的重复循环执行，由 FOR 指令和 NEXT 指令构成程序的循环体，FOR 标记循环的开始，NEXT 为循环体的结束指令。FOR 指令的主要参数有使能输入 EN，当前值计数器 INDX，循环次数初始值 INIT，循环计数终值 FINAL。

当使能输入 EN 有效时，循环体开始执行，执行到 NEXT 指令时返回。每执行一次循环体，当前计数器 INDX 增 1，达到终值 FINAL 时，循环结束。FINAL 为 10，使能有效时，执行循环体，同时 INDX 从 1 开始计数，每执行一次循环体，INDX 当前值加 1，执行到 10 次时，当前值也计到 11，循环结束。

使能输入无效时，循环体程序不执行。FOR 指令和 NEXT 指令必须成对使用，循环可以嵌套，最多为 8 层。循环指令应用程序。

【例 4-49】 程序如图 4-98 所示，单击 2 次按钮 I0.0 后，VW0 和 VB10 中的数值是多少？

【解】 单击 2 次按钮，执行 2 次循环程序，VB10 执行 20 次加 1 运算，所以 VB10 结果为 20。执行 1 次或者 2 次循环程序，VW0 中的值都为 11。

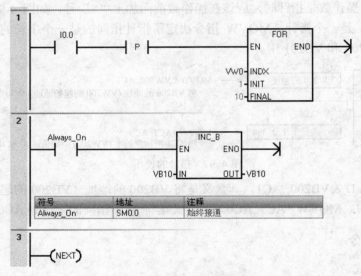

图 4-98　循环指令应用举例

【关键点】I0.0 后面要有一个上升沿 "P"（或者 "N"），否则按下一次按钮，运行 INC 指令的次数是不确定数，一般远多于程序中的 10 次。

4.5.4　子程序调用指令

子程序有子程序调用和子程序返回两大类指令，子程序返回又分为条件返回和无条件返回。子程序调用指令（SBR）用在主程序或其他调用子程序的程序中，子程序的无条件返回指令在子程序的最后程序段。子程序结束时，程序执行应返回原调用指令（CALL）的下一条指令处。

建立子程序的方法是：在编程软件的程序窗口的上方有主程序（MAIN）、子程序（SBR_0）、中断服务程序（INT_0）的标签，单击子程序标签即可进入 SBR_0 子程序显示区。添加一个子程序时，可以选择菜单栏中的"编辑"→"对象"→"子程序"命令增加一个子程序，子程序编号 n 从 0 开始自动向上生成。建立子程序最简单的方法是在程序编辑器中的空白处单击鼠标右键，再选择"插入"→"子程序"命令即可，如图 4-99 所示。

通常将具有特定功能并且将能多次使用的程序段作为子程序。子程序可以多次被调用，也可以嵌套（最多 8 层）。子程序的调用和返回指令的格式见表 4-45。调用和返回指令示例如图 4-100 所示，当首次扫描时，调用子程序，若条件满足（M0.0=1）则返回，否则执行 FILL 指令。

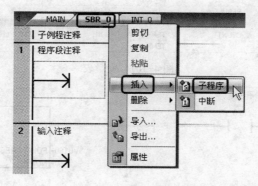

图 4-99　插入"子程序"命令

表 4-45　跳转、循环、子程序调用指令格式

LAD	STL	功　能
SBR_0 — EN	CALL　　SBR0	子程序调用
——（ RET ）	CRET	子程序条件返回

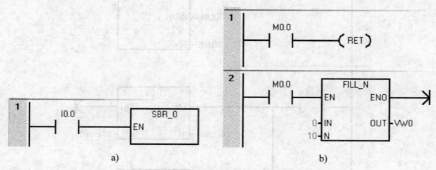

图 4-100　子程序的调用和返回指令程序示例

a) 主程序　b) 子程序

　　【例 4-50】　设计 V 存储区连续的若干个字的累加和的子程序，在 OB1 中调用它，在 I0.0 的上升沿，求 VW100 开始的 10 个数据字的和，并将运算结果存放在 VD0。

　　【解】　变量表如图 4-100 所示，主程序如图 4-102 所示，子程序如图 4-103 所示。当 I0.0 的上升沿时，计算 VW100～VW118 中 10 个字的和。调用指定的 POINT 的值 "&VB100"是源地址指针的初始值，即数据从 VW100 开始存放，数据字个数 NUM 为常数 10，求和的结果存放在 VD0 中。

	地址	符号	变量类型	数据类型	注释
1		EN	IN	BOOL	
2	LD0	POINT	IN	DWORD	地址指针初值
3	LW4	NUMB	IN	WORD	要求和字数
4			IN_OUT		
5	LD6	RESULT	OUT	DINT	求和结果
6	LD10	TEMP1	TEMP	DINT	存储待累加的数
7	LW14	COUNT	TEMP	INT	循环次数计数器
8			TEMP		

图 4-101 变量表

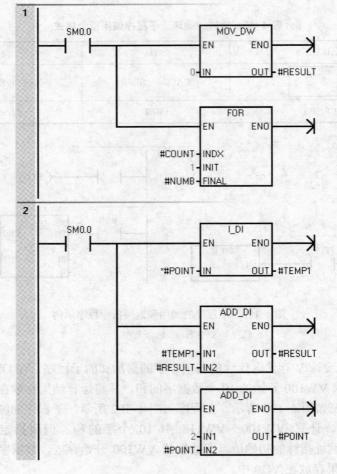

图 4-102 主程序

图 4-103 子程序

4.5.5　中断指令

中断是计算机特有的工作方式,即在主程序的执行过程中中断主程序,执行子程序的过程中中断子程序。中断子程序是为某些特定的控制功能而设定的。与子程序不同,中断是为随机发生的且必须立即响应的时间安排,其响应时间应小于机器周期。引发中断的信号称为中断源,S7-200 SMART 有 34 个中断源,见表 4-46。

表 4-46　S7-200 SMART 的 34 种中断源

序号	中 断 描 述	CR40	SR20/SR40/ST40SR60/ST60	序号	中 断 描 述	CR40	SR20/SR40/ST40SR60/ST60
0	上升沿 I0.0	Y	Y	18	HSC2 外部复位	Y	Y
1	下降沿 I0.0	Y	Y	19-20	保留	N	N
2	上升沿 I0.1	Y	Y	21	定时器 T32 CT=PT(当前时间=预设时间)	Y	Y
3	下降沿 I0.1	Y	Y	22	定时器 T96 CT=PT(当前时间=预设时间)	Y	Y
4	上升沿 I0.2	Y	Y	23	端口 0 接收消息完成	Y	Y
5	下降沿 I0.2	Y	Y	24	端口 1 接收消息完成	N	Y
6	上升沿 I0.3	Y	Y	25	端口 1 接收字符	N	Y
7	下降沿 I0.3	Y	Y	26	端口 1 发送完成	N	Y
8	端口 0 接收字符	Y	Y	27	HSC0 方向改变	Y	Y
9	端口 0 发送完成	Y	Y	28	HSC0 外部复位	Y	Y
10	定时中断 0(SMB34 控制时间间隔)	Y	Y	29-31	保留	N	N
11	定时中断 1(SMB35 控制时间间隔)	Y	Y	32	HSC3 CV=PV(当前值=预设值)	Y	Y
12	HSC0 CV=PV(当前值=预设值)	Y	Y	33-34	保留	N	N
13	HSC1 CV=PV(当前值=预设值)	Y	Y	35	上升沿,信号板输入 0	N	Y
14-15	保留	N	N	36	下降沿,信号板输入 0	N	Y
16	HSC2 CV=PV(当前值=预设值)	Y	Y	37	上升沿,信号板输入 1	N	Y
17	HSC2 方向改变	Y	Y	38	下降沿,信号板输入 1	N	Y

注:"Y"表明对应的 CPU 有相应的中断功能,"N"表明对应的 CPU 没有相应的中断功能。

1. 中断的分类

S7-200 SMART 的 34 种中断事件可分为三大类,即 I/O 口中断、通信口中断和时基中断。

(1)I/O 口中断

I/O 口中断包括上升沿和下降沿中断、高速计数器中断和脉冲串输出中断。S7-200 SMART 可以利用 I0.0~I0.3 都有上升沿和下降沿这一特性产生中断事件。

【例 4-51】　在 I0.0 的上升沿,通过中断使 Q0.0 立即置位,在 I0.1 的下降沿,通过中断使 Q0.0 立即复位。

【解】　图 4-104 所示为梯形图。

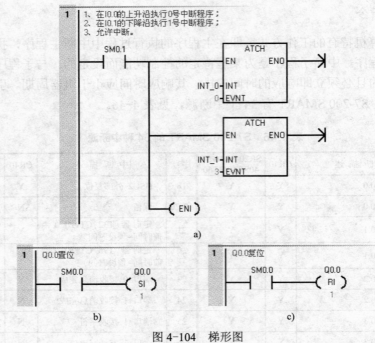

图 4-104　梯形图

a) 主程序　b) 中断程序 INT_0　c) 中断程序 INT_1

（2）通信口中断

通信口中断包括端口 0（Port0）和端口 1（Port1）接收和发送中断。PLC 的串行通信口可由程序控制，这种模式称为自由口通信模式，在这种模式下通信，接收和发送中断可以简化程序。

（3）时基中断

时基中断包括定时中断及定时器 T32/96 中断。定时中断可以反复执行，定时中断是非常有用的。

2.　中断指令

中断指令共有 6 条，包括中断连接、中断分离、清除中断事件、中断禁止、中断允许和中断条件返回，见表 4-47。

表 4-47　中断指令

LAD	STL	功　能
ATCH —EN　ENO— —INT —EVNT	ATCH, INT, EVNT	中断连接
DTCH —EN　ENO— —EVNT	DTCH, EVNT	中断分离

（续）

LAD	STL	功　能
CLR_EVNT EN　ENO EVNT	CENT, EVNT	清除中断事件
——(DISI)	DISI	中断禁止
——(ENI)	ENI	中断允许
——(RETI)	CRETI	中断条件返回

3．使用中断注意事项

1）一个事件只能连接一个中断程序，而多个中断事件可以调用同一个中断程序，但一个中断事件不可能在同一时间建立多个中断程序。

2）在中断子程序中不能使用 DISI、ENI、HDFE、FOR-NEXT 和 END 等指令。

3）程序中有多个中断子程序时，要分别编号。在建立中断程序时，系统会自动编号，也可以更改编号。

【例 4-52】　设计一段程序，VD0 中的数值每隔 100ms 增加 1。

【解】　图 4-105 所示为梯形图。

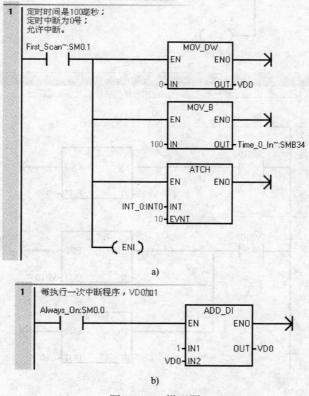

图 4-105　梯形图

a) 主程序　b) 中断程序

【例4-53】 用定时中断0，设计一段程序，实现周期为2s的精确定时。

【解】 SMB34 是存放定时中断 0 的定时长短的特殊寄存器，其最大定时时间是255ms，2秒钟就是8次250ms的延时。图4-106所示为梯形图。

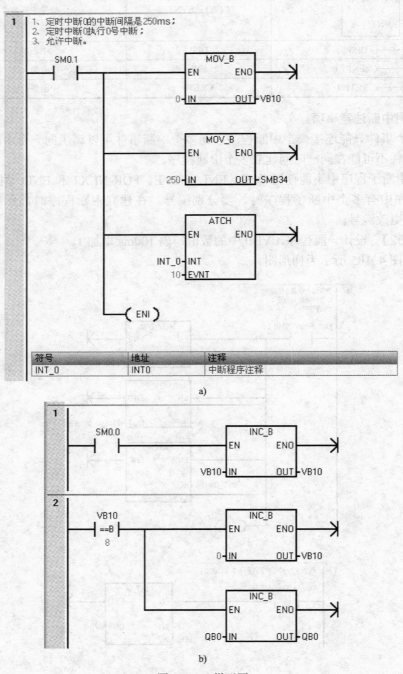

图4-106 梯形图

a) 主程序 b) 子程序

4.5.6　暂停指令

暂停指令的使能端输入有效时，立即停止程序的执行。指令执行的结果是，CPU 的工作方式由 RUN 切换到 STOP 方式。暂停指令（STOP）格式见表 4-48。

表 4-48　暂停指令格式

LAD	STL	功　能
——（ STOP ）	STOP	暂停程序执行

暂停指令应用举例如图 4-107 所示。其含义是当有 I/O 错误时，PLC 从"RUN"运行状态切换到"STOP"状态。

4.5.7　结束指令

结束指令（END/MEND）直接连在左侧母线时，为无条件结束指令（MEND），不连在左侧母线时，为条件结束指令。结束指令格式见表 4-49。

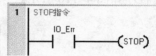

图 4-107　暂停指令应用举例

表 4-49　结束指令格式

LAD	STL	功　能
——（ END ）	END	条件结束指令
┤——（ END ）	MEND	无条件结束指令

条件结束指令在使能端输入有效时，终止用户程序的执行，返回主程序的第一条指令行（循环扫描方式）。结束指令只能在主程序中使用，不能在子程序和中断服务程序中使用。结束指令应用举例如图 4-108 所示。

STEP7-Micro/WIN SMART 编程软件会在主程序的结尾处自动生成无条件结束指令，用户不得输入无条件结束指令，否则编译出错。

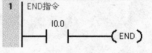

图 4-108　结束指令应用举例

4.5.8　顺控继电器指令

顺控继电器指令又称 SCR，S7-200 SMART PLC 有三条顺控继电器指令，指令格式和功能描述见表 4-50。

表 4-50　顺控继电器指令

LAD	STL	功　能
n ┤ SCR	LSCR, n	装载顺控继电器指令，将 S 位的值装载到 SCR 和逻辑堆栈中，实际是步指令的开始
n —(SCRT)	SCRT, n	使当前激活的 S 位复位，使下一个将要执行的程序段 S 置位，实际上是步转移指令
┤ SCRE)	SCRE	退出一个激活的程序段，实际上是步的结束指令

顺控继电器指令编程时应注意以下几方面。

1）不能把 S 位用于不同的程序中。例如 S0.2 已经在主程序中使用了，就不能在子程序中使用。

2）顺控继电器指令 SCR 只对状态元件 S 有效。

3）不能在 SCR 段中使用 FOR、NEXT 和 END 指令。

4）在 SCR 之间不能有跳入和跳出，也就是不能使用 JMP 和 LBL 指令。但注意，可以在 SCR 程序段附近和 SCR 程序段内可以使用跳转指令。

【例4-54】 用 PLC 控制一盏灯亮 1s 后熄灭，再控制另一盏灯亮 1s 后熄灭，周而复始重复以上过程，要求根据图 4-109 所示的功能图，使用顺控继电器指令编写程序。

【解】 在已知功能图的情况下，用顺控指令编写程序是很容易的，程序如图 4-110 所示。

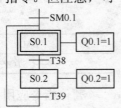

图 4-109　功能图

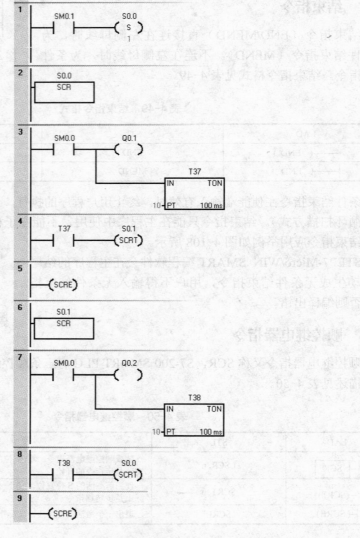

图 4-110　梯形图

4.5.9 程序控制指令的应用

【例 4-55】 某系统测量温度，当温度超过一定数值（保存在 VW10 中）时，报警灯以 1s 为周期闪光，警铃鸣叫，使用 S7-200 SMART PLC 和模块 EM AE04，编写此程序。

【解】 温度是一个变化较慢的量，可每 100ms 从模块 EM 231 的通道 0 中采样 1 次，并将数值保存在 VW0 中。梯形图如图 4-111 所示。

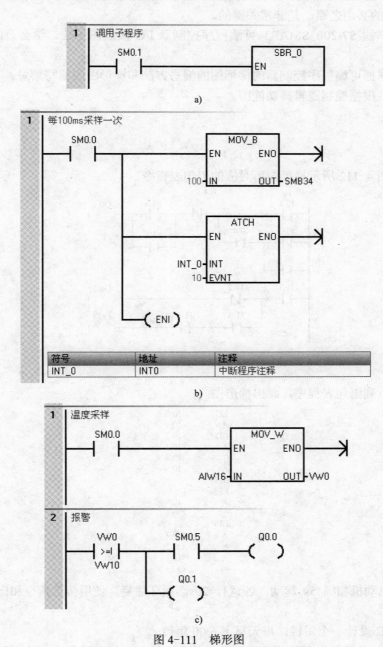

符号	地址	注释
INT_0	INT0	中断程序注释

图 4-111 梯形图

a) 主程序 b) 子程序 c) 中断程序

重点难点总结

1．重点掌握 S7-200 SMART 可编程序控制器的基本逻辑指令、功能指令和顺序继电器指令的格式，其中，基本指令是重点，而功能指令是难点。

2．重点掌握根据控制逻辑画出功能图，再根据功能图编写程序。学会画功能图是编写较复杂程序的必由之路，是非常关键的。

3．重点掌握 S7-200 SMART 可编程序控制器 I/O 接线图画法。学会查阅 PLC 用户手册。

4．重点掌握可编程序控制器的梯形图的编写方法和梯形图的编写禁忌。

5．难点：根据控制逻辑画功能图。

习题

1．写出图 4-112 所示梯形图所对应的语句表指令。

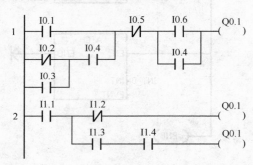

图 4-112　习题 1 附图

2．根据下列语句表程序，画出梯形图。

```
LD     I0.0
AN     I0.1
LD     I0.2
A      I0.3
O      I0.4
A      I0.5
OLD
LPS
A      I0.6
=      Q0.1
LPP
A      Q0.7
=      Q0.2
A      I1.1
=      Q0.3
```

3．3 台电动机相隔 5s 起动，各运行 20s，循环往复。使用传送指令和比较指令完成控制要求。

4．用 PLC 设计一个闹钟，每天早上 6:00 闹铃。

5．用 PLC 的置位、复位指令实现彩灯的自动控制。控制过程为：按下起动按钮，第一组花样绿灯亮；10s 后第二组花样蓝灯亮；20s 后第三组花样红灯亮，30s 后返回第一组花样绿灯亮，如此循环，并且仅在第三组花样红灯亮后方可停止循环。

6. 如图 4-113 所示为一台电动机起动的工作时序图，试画出梯形图。

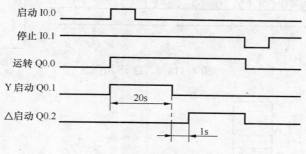

图 4-113 习题 6 附图

7. 用 3 个开关（I0.1、I0.2、I0.3）控制一盏灯 Q1.0，当 3 个开关全通或者全断时灯亮，其他情况灯灭。（提示：使用比较指令。）

8. 用移位指令构成移位寄存器，实现广告牌字的闪耀控制。用 HL1~HL4 四只灯分别照亮"欢迎光临"四个字，其控制要求见表 4-51，每步间隔 1s。

表 4-51 广告牌字闪耀流程

流 程	1	2	3	4	5	6	7	8
HL1	√				√		√	
HL2		√			√		√	
HL3			√		√		√	
HL4				√	√		√	

9. 运用算术运算指令完成算式[(100+200)×10]/3 的运算，并画出梯形图。

10. 编写一段程序，将 VB100 开始的 50 个字的数据移动到 VB1000 开始的存储区。

11. 编写将 VW100 的高、低字节内容互换并将结果送入定时器 T37 作为定时器预置值的程序段。

12. 某系统上有 1 个 S7-226 CPU、2 个 EM 221 模块和 3 个 EM 223 模块，计算由 CPU 226 供电，电源是否足够？

13. 以下哪些表达有错误？请改正。

AQW3、8#11、10#22、16#FF、16#FFH、2#110、2#21

14. 现有 3 台电动机 M_1、M_2、M_3，要求按下起动按钮 I0.0 后，电动机按顺序起动（M_1 起动，接着 M_2 起动，最后 M_3 起动），按下停止按钮 I0.1 后，电动机按顺序停止（M_3 先停止，接着 M_2 停止，最后 M_1 停止）。试设计其梯形图并写出指令表。

15. 如图 4-114 所示，若传送带上 20s 内无产品通过则报警，并接通 Q0.0。试画出梯形图并写出指令表。

16. 如图 4-115 所示为两组带机组成的原料运输自动化系统，该自动化系统的起动顺序为：盛料斗 D 中无料，先起动带机 C，5s 后再起动带机 B，经过 7s 后再打开电磁阀 YV，该自动化系统停机的顺序恰好与启动顺序相反。试完成梯形图设计。

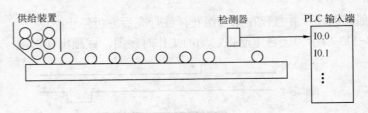

图 4-114 习题 15 附图

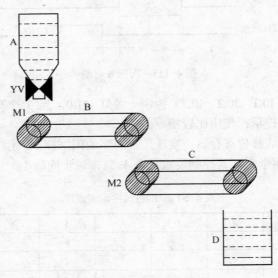

图 4-115 习题 16 附图

17. 试用 DECO 指令实现某喷水池花式喷水控制。控制流程要求为第一组喷嘴喷水 4s，第二组喷嘴喷水 2s，两组喷嘴同时喷水 2s，都停止喷水 1s，重复以上过程。

18. 编写一段检测上升沿变化的程序。每当 I0.1 接通一次，VB0 的数值增加 1，如果计数达到 18 时，Q0.1 接通，用 I0.2 使 Q0.1 复位。

19. SM0.5 脉冲输出周期是（　　　）。

　　A. 5s,　　　　　　　B. 13s　　　　　　　C. 10s　　　　　　　D. 1s

20. SM0.5 脉冲占空比是（　　　）。

　　A. 50%　　　　　　　B. 100%　　　　　　C. 40%　　　　　　D. 60%

21. 十六进制 F 转变为十进制是（　　　）。

　　A. 31　　　　　　　　B. 32　　　　　　　　C. 15　　　　　　　　D. 29

22. 西门子 S7-200 SMART 系列 PLC 中，16 位内部计数器,计数数值最大可设定为（　　　）。

　　A. 32768　　　　　　B. 32767　　　　　　C. 10000　　　　　　D. 100000

23. 西门子 S7-200 SMART 系列 PLC 中，读取实时时钟指令，应采用（　　　）指令。

　　A. READ_RTC　　　B. SET_RTC　　　　C. RS　　　　　　　D. PID

24. 西门子 S7-200 SMART 系列 PLC 中，跳转指令应采用（　　　）。

　　A. CJ　　　　　　　　B. MC　　　　　　　　C. GO TO　　　　　D. SUB

25. 西门子 S7-200 SMART PLC 中，立即置位指令是（　　）。

　A. S　　　　　　　　B. SI　　　　　C. RI　　　　　　D. R

26. 指出如图 4-116 所示的梯形图的错误，并说明原因。

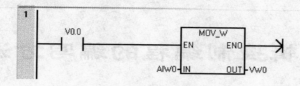

图 4-116　梯形图

第5章

逻辑控制编程的编写方法

本章介绍顺序功能图的画法、梯形图的禁忌以及如何根据顺序功能图用基本指令、顺控指令、功能指令和复位/置位指令四种方法编写逻辑控制的梯形图。

5.1 顺序功能图

5.1.1 顺序功能图的画法

顺序功能图（Sequential Function Chart，SFC）又叫做状态转移图，它是描述控制系统的控制过程、功能和特性的一种图形，同时也是一种设计 PLC 顺序控制程序的有力工具。它具有简单、直观等特点，不涉及控制功能的具体技术，是一种通用的语言，是 IEC（国际电工委员会）首选的编程语言，近年来在 PLC 的编程中已经得到了普及与推广。在 IEC848 中称顺序功能图，在我国国家标准 GB6988-1986 中称功能表图。西门子称为图形编程语言 S7-Graph 和 S7-HiGraph。

顺序功能图是设计 PLC 顺序控制程序的一种工具，适合于系统规模较大，程序关系较复杂的场合，特别适合于对顺序操作的控制。在编写复杂的顺序控制程序时，采用 S7-Graph 和 S7-HiGraph 比梯形图更加直观。

顺序功能图的基本思想是：设计者按照生产要求，将被控设备的一个工作周期划分成若干个工作阶段（简称"步"），并明确表示每一步要执行的输出，"步"与"步"之间通过制定的条件进行转换，在程序中，只要通过正确连接进行"步"与"步"之间的转换，就可以完成被控设备的全部动作。

PLC 执行顺序功能图程序的基本过程是：根据转换条件选择工作"步"，进行"步"的逻辑处理。组成顺序功能图程序的基本要素是步、转换条件和有向连线，如图 5-1 所示。

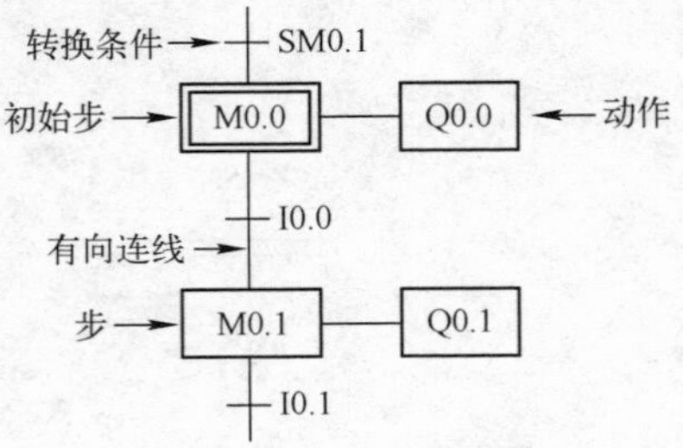

图 5-1　顺序功能图

1. 步

一个顺序控制过程可分为若干个阶段，也称为步或状态。系统初始状态对应的步称为初始步，初始步一般用双线框表示。在每一步中施控系统要发出某些"命令"，而被控系统要完成某些"动作"，"命令"和"动作"都称为动作。当系统处于某一工作阶段时，则该步处于激活状态，称为活动步。

2．转换条件

使系统由当前步进入下一步的信号称为转换条件。顺序控制设计法用转换条件控制代表各步的编程元件，让它们的状态按一定的顺序变化，然后用代表各步的编程元件去控制输出。不同状态的"转换条件"可以不同，也可以相同，当"转换条件"各不相同时，在顺序功能图程序中每次只能选择其中一种工作状态（称为"选择分支"），当"转换条件"都相同时，在顺序功能图程序中每次可以选择多个工作状态（称为"选择并行分支"）。只有满足条件状态，才能进行逻辑处理与输出，因此，"转换条件"是顺序功能图程序选择工作状态（步）的"开关"。

3．有向连线

步与步之间的连接线就是"有向连线"，"有向连线"决定了状态的转换方向与转换途径。在有向连线上有短线，表示转换条件。当条件满足时，转换得以实现，即上一步的动作结束而下一步的动作开始，因而不会出现动作重叠。步与步之间必须要有转换条件。

图 5-1 中的双框为初始步，M0.0 和 M0.1 是步名，I0.0、I0.1 为转换条件，Q0.0、Q0.1 为动作。当 M0.0 有效时，输出指令驱动 Q0.0。步与步之间的连线称为有向连线，它的箭头省略未画。

4．顺序功能图的结构分类

根据步与步之间的进展情况，顺序功能图分为以下 3 种结构。

（1）单一序列

单一序列动作是一个接一个地完成，完成每步只连接一个转移，每个转移只连接一个步，如图 5-2a 所示。根据顺序功能图很容易写出代数逻辑表达式，代数逻辑表达式和梯形图有对应关系，由代数逻辑表达式可写出梯形图，如图 5-2b 所示。图 5-2c 和图 5-2b 的逻辑是等价的，但图 5-2c 更加简洁（程序的容量要小一些），因此经过 3 次转化，最终的梯形图是图 5-2c。

（2）选择序列

选择序列是指某一步后有若干个单一序列等待选择，称为分支，一般只允许选择进入一个顺序，转换条件只能标在水平线之下。选择序列的结束称为合并，用一条水平线表示，水平线以下不允许有转换条件，如图 5-3 所示。

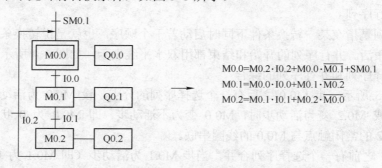

$$M0.0 = M0.2 \cdot I0.2 + M0.0 \cdot \overline{M0.1} + SM0.1$$
$$M0.1 = M0.0 \cdot I0.0 + M0.1 \cdot \overline{M0.2}$$
$$M0.2 = M0.1 \cdot I0.1 + M0.2 \cdot \overline{M0.0}$$

a)

图 5-2　单一序列

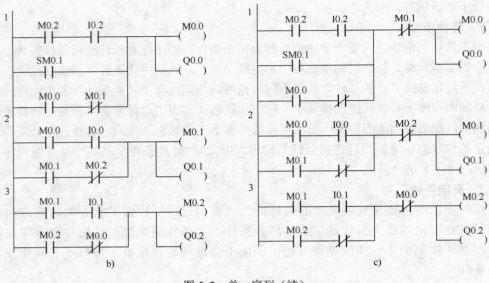

图 5-2　单一序列（续）

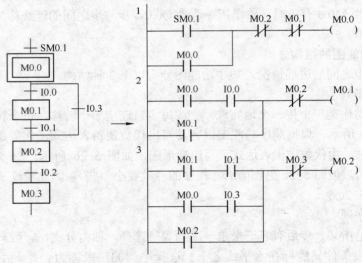

图 5-3　选择序列

（3）并行序列

并行序列是指在某一转换条件下同时启动若干个顺序，也就是说转换条件实现导致几个分支同时激活。并行序列的开始和结束都用双水平线表示，如图 5-4 所示。

（4）选择序列和并行序列的综合

如图 5-5 所示，步 M0.0 之后有一个选择序列的分支，设 M0.0 为活动步，当它的后续步 M0.1 或 M0.2 变为活动步时，M0.0 变为不活动步，即 M0.0 为 0 状态，所以应将 M0.1 和 M0.2 的常闭触点与 M0.0 的线圈串联。

步 M0.2 之前有一个选择序列合并，当步 M0.1 为活动步（即 M0.1 为 1 状态），并且转换条件 I0.1 满足，或者步 M0.0 为活动步，并且转换条件 I0.2 满足，步 M0.2 变为活动步，所以该步的存储器 M0.2 的起保停电路的起动条件为 M0.1·I0.1+M0.0·I0.2，对应的起动电路由两条并联支路组成。

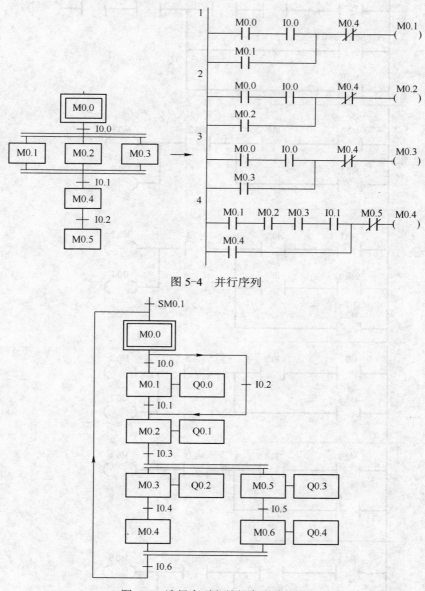

图 5-4　并行序列

图 5-5　选择序列和并行序列功能图

　　步 M0.2 之后有一个并行序列分支，当步 M0.2 是活动步并且转换条件 I0.3 满足时，步 M0.3 和步 M0.5 同时变成活动步，这时用 M0.2 和 I0.3 常开触点组成的串联电路，分别作为 M0.3 和 M0.5 的起动电路来实现，与此同时，步 M0.2 变为不活动步。

　　步 M0.0 之前有一个并行序列的合并，该转换实现的条件是所有的前级步（即 M0.4 和 M0.6）都是活动步和转换条件 I0.6 满足。由此可知，应将 M0.4、M0.6 和 I0.6 的常开触点串联，作为控制 M0.0 的起保停电路的起动电路。图 5-5 所示功能图对应的梯形图如图 5-6 所示。

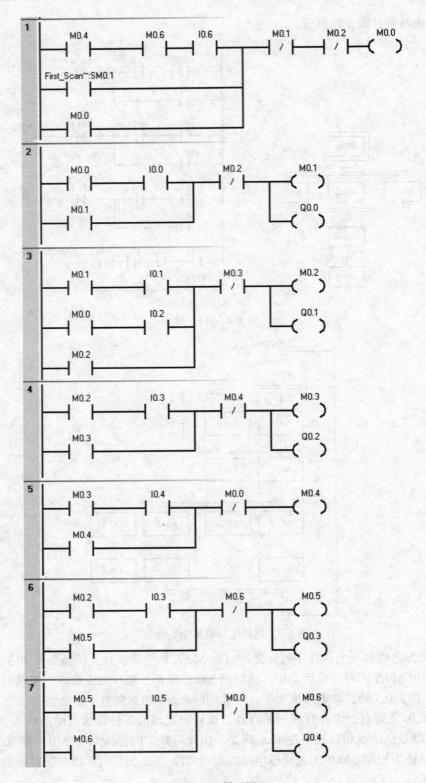

图 5-6 梯形图

5. 顺序功能图设计的注意事项

1）状态之间要有转换条件，如图 5-7 所示，状态之间缺少"转换条件"是不正确的，应改成如图 5-8 所示的顺序功能图。必要时转换条件可以简化，应将图 5-9 简化成图 5-10。

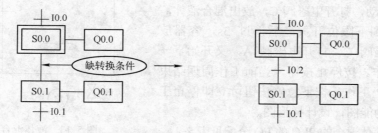

图 5-7　错误的顺序功能图　　　　图 5-8　正确的顺序功能图

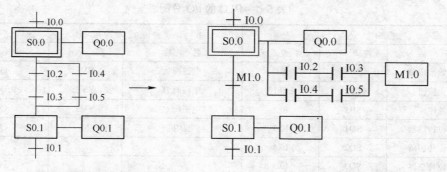

图 5-9　简化前的顺序功能图　　　　图 5-10　简化后的顺序功能图

2）转换条件之间不能有分支，例如，图 5-11 应该改成如图 5-12 所示的合并后的顺序功能图，合并转换条件。

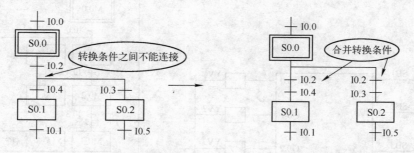

图 5-11　错误的顺序功能图　　　　图 5-12　合并后的启动图

3）顺序功能图中的初始步对应于系统等待起动的初始状态，初始步是必不可少的。

4）顺序功能图中一般应有步和有向连线组成的闭环。

6. 应用举例

【例 5-1】　液体混合装置如图 5-13 所示，上限位、下限位和中限位液位传感器被液体淹没时为 1 状态，电磁阀 A、B、C 的线圈通电时，阀门打开，电磁阀 A、B、C 的线圈断电时，阀门关闭。在初始状态时容器是空的，各阀门均关闭，各传感器均为 0 状态。按下起动按钮后，打开电磁阀 A，液体 A 流入容器，中限位开关变为 ON 时，关闭 A，打开阀 B，液体 B 流入容器。液面上升到上限位开关，关闭阀门 B，电动机 M 开始运行，搅拌液体，30s 后停止搅动，打开电磁阀 C，放出混合液体，当液面下降到下限位开关之后，过 3s，容器放空，关闭电磁阀 C，打开电磁阀 A，又开始下一个周期的操作。按停止按钮，当前工作周期结束后，才能停止工作，按下急停按钮可立即停止工作。请绘制功能图，设计梯形图。

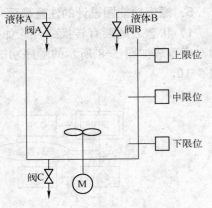

图 5-13　液体混合装置

【解】　液体混合的 PLC 的 I/O 分配见表 5-1。

表 5-1　PLC 的 I/O 分配表

输　入			输　出		
名　称	符　号	输入点	名　称	符　号	输出点
开始按钮	SB1	I0.0	电磁阀 A	YV1	Q0.0
停止按钮	SB2	I0.1	电磁阀 B	YV2	Q0.1
急停	SB3	I0.2	电磁阀 C	YV3	Q0.2
上限位传感器	SQ1	I0.3	电动机	M	Q0.3
中限位传感器	SQ2	I0.4			
下限位传感器	SQ3	I0.5			

电气系统的原理图如图 5-14 所示，功能图如图 5-15 所示，梯形图如图 5-16 所示。

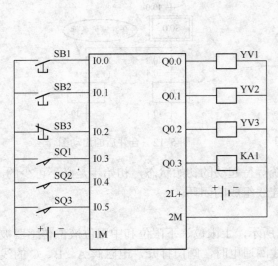

图 5-14　原理图

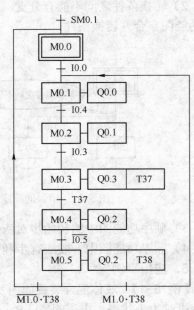

图 5-15　功能图

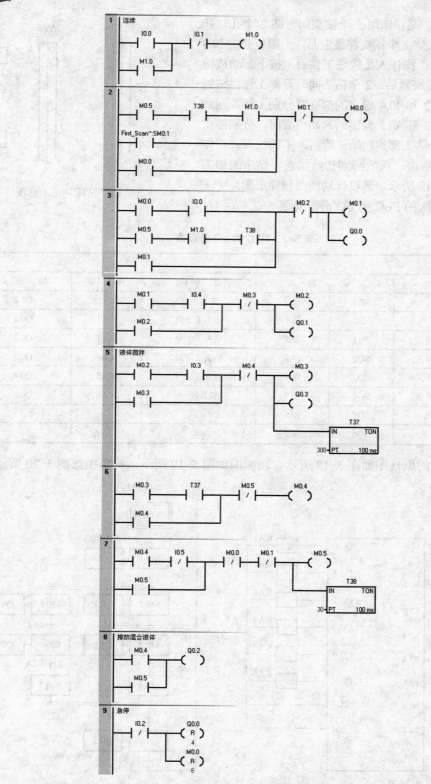

图 5-16　梯形图

【例 5-2】 某钻床用 2 个钻头同时钻 2 个孔, 开始自动运行之前, 2 个钻头在最上面, 上限位开关 I0.3 和 I0.5 为 ON。操作人员放好工件后, 按下起动按钮 I0.0 后。工件被夹紧后, 2 个钻头同时开始工作, 钻到由限位开关 I0.2 和 I0.4 设定的深度时分别上行, 回到由限位开关 I0.3 和 I0.5 设定的起始位置时, 分别停止上行。当 2 个钻头都到起始位置后, 工件松开, 工件松开后, 加工结束, 系统回到初始状态。钻床的加工示意图如图 5-17 所示, 请设计功能图和梯形图。

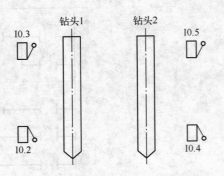

图 5-17 钻床加工示意图

【解】 钻床的 PLC 的 I/O 分配见表 5-2。

表 5-2 PLC 的 I/O 分配表

输 入			输 出		
名 称	符 号	输 入 点	名 称	符 号	输 出 点
开始按钮	SB1	I0.0	夹具夹紧	KA1	Q0.0
停止按钮	SB2	I0.1	钻头 1 下降	KA2	Q0.1
钻头 1 上限位开关	SQ1	I0.2	钻头 1 上升	KA3	Q0.2
钻头 1 下限位开关	SQ2	I0.3	钻头 2 下降	KA4	Q0.3
钻头 2 上限位开关	SQ3	I0.4	钻头 2 上升	KA5	Q0.4
钻头 2 下限位开关	SQ4	I0.5	夹具松开	KA6	Q0.5
夹紧限位开关	SQ5	I0.6			
松开下限位开关	SQ6	I0.7			

电气系统的原理图如图 5-18 所示, 功能图如图 5-19 所示, 梯形图如图 5-20 所示。

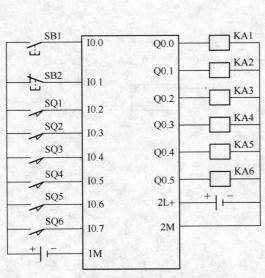

图 5-18 原理图

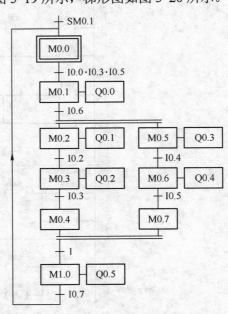

图 5-19 功能图

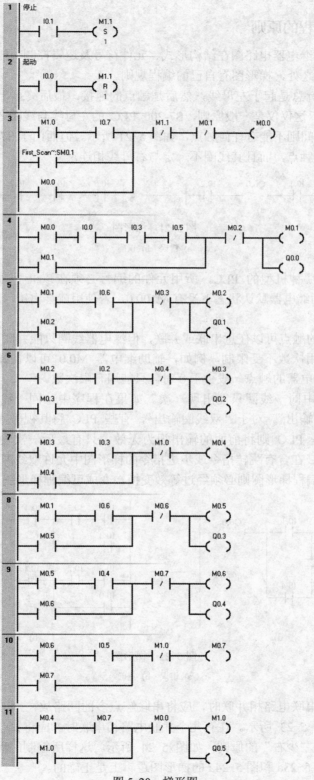

图 5-20　梯形图

5.1.2 梯形图编程的原则

尽管梯形图与继电器电路图在结构形式、元件符号及逻辑控制功能等方面相类似，但它们又有许多不同之处，梯形图有自己的编程规则。

1）每一逻辑行总是起于左母线，然后是触点的连接，最后终止于线圈或右母线（右母线可以不画出）。这仅仅是一般原则，S7-200 PLC 的左母线与线圈之间一定要有触点，而线圈与右母线之间则不能有任何触点，如图 5-21 所示。但西门子 S7-300 PLC 的与左母线相连的不一定是触点，而且其线圈不一定与右母线相连。

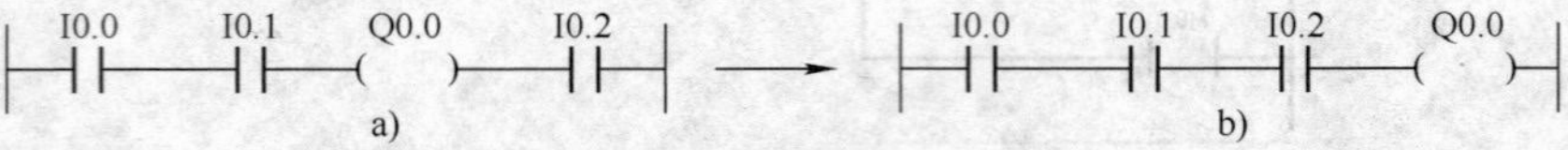

图 5-21 梯形图

a) 错误 b) 正确

2）无论选用哪种机型的 PLC，所用元件的编号必须在该机型的有效范围内。例如 S7-200 PLC 的辅助继电器默认状态下没有 M100.0，若使用就会出错，而 S7-300 PLC 则有 M100.0。

3）梯形图中的触点可以任意串联或并联，但继电器线圈只能并联而不能串联。

4）触点的使用次数不受限制，例如，辅助继电器 M0.0 可以在梯形图中出现无限制的次数，而实物继电器的触点一般少于 8 对，只能用有限次数。

5）在梯形图中同一线圈只能出现一次。如果在程序中，同一线圈使用了两次或多次，称为"双线圈输出"。对于"双线圈输出"，有些 PLC 将其视为语法错误，是绝对不允许出现的；有些 PLC 则将前面的输出视为无效，只有最后一次输出有效（如西门子 PLC）；而有些 PLC 在含有跳转指令或步进指令的梯形图中允许双线圈输出。

6）对于不可编程梯形图则必须经过等效变换，变成可编程梯形图，如图 5-22 所示。

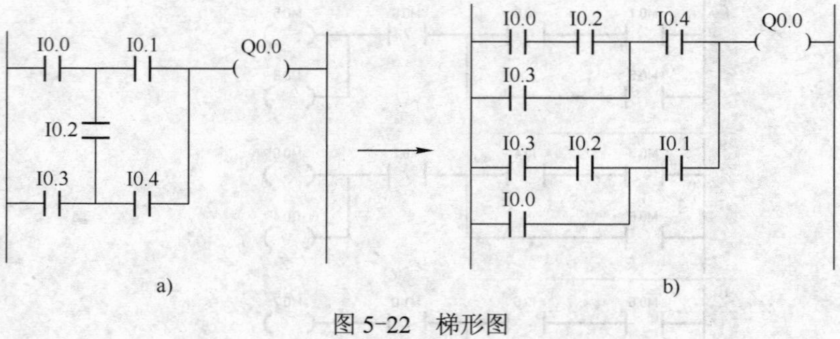

图 5-22 梯形图

a) 错误 b) 正确

7）当有几个串联电路相并联时，应将串联触点多的回路放在上方，归纳为"多上少下"的原则，如图 5-23 所示。在有几个并联电路相串联时，应将并联触点多的回路放在左方，归纳为"多左少右"的原则，如图 5-24 所示。这样所编制的程序简洁明了，语句较少。但要注意图 5-23a 和图 5-24a 的梯形图逻辑上是正确的。

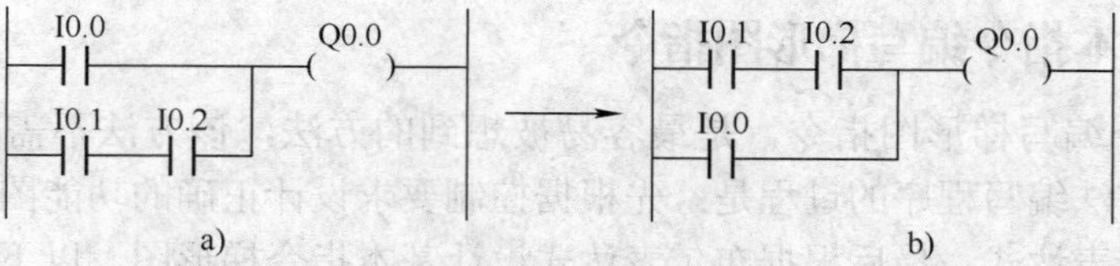

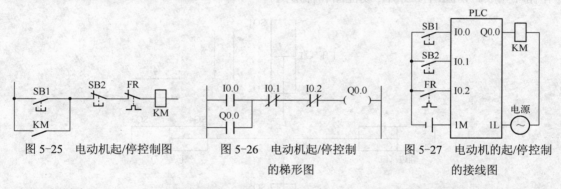

图 5-23　梯形图

a) 不合理　b) 合理

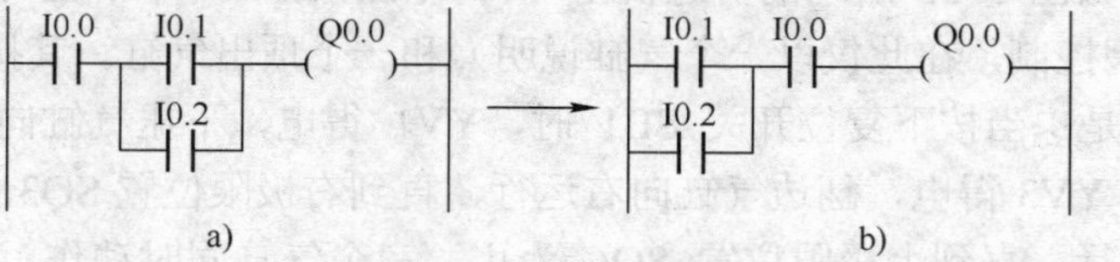

图 5-24　梯形图

a) 不合理　b) 合理

8) PLC 的输入端所连的电器元件通常使用常开触点, 即使与 PLC 对应的继电器-接触器系统原来使用的是常闭触点, 改为 PLC 控制时也应转换为常开触点。如图 5-25 所示为继电器-接触器系统控制的电动机的起/停控制, 图 5-26 所示为电动机的起/停控制的梯形图, 图 5-27 所示为电动机起/停控制的接线图。从图中可以看出, 继电器-接触器系统原来使用常闭触点 SB1 和 FR, 改用 PLC 控制时, 则在 PLC 的输入端变成了常开触点。

图 5-25　电动机起/停控制图　　图 5-26　电动机起/停控制　　图 5-27　电动机的起/停控制
的梯形图　　　　　　　　的接线图

【关键点】　图 5-27 的梯形图中 I0.1 和 I0.2 用常闭触点, 否则控制逻辑不正确。若读者一定要让 PLC 的输入端的按钮为常闭触点输入也可以 (一般不推荐这样使用), 但梯形图中 I0.1 和 I0.2 要用常开触点, 对于急停按钮必须使用常闭触头, 若一定要使用常开触头, 从逻辑上讲是可行的, 但在某些情况下, 有可能导致急停按钮不起作用而造成事故, 这是读者要特别注意的。另外, 一般不推荐将热继电器的常开触点接在 PLC 的输入端, 因为这样做占用了宝贵的输入点, 最好将热继电器的常闭触点接在 PLC 的输出端, 与 KM 的线圈串联。

5.2　逻辑控制的梯形图编程方法

对于比较复杂的逻辑控制, 用经验设计法就不合适, 应选用功能图设计法。功能图设计法是应用最为广泛的设计方法。功能图就是顺序功能图, 功能图设计法就是先根据系统的控制要求画出功能图, 再根据功能图画梯形图, 梯形图可以是基本指令梯形图, 也可以是顺控指令梯形图和功能指令梯形图。因此, 设计功能图是整个设计过程的关键, 也是难点。

5.2.1 利用基本指令编写梯形图指令

用基本指令编写梯形图指令，是最容易被想到的方法，该方法不需要了解较多的指令。采用这种方法编写程序的过程是：先根据控制要求设计正确的功能图，再根据功能图写出正确的布尔表达式，最后根据布尔表达式设计基本指令梯形图。以下用一个例子讲解利用基本指令编写梯形图指令的方法。

【例 5-3】 如图 5-28 所示的折边机由 4 个气缸组成，一个下压气缸、两个翻边气缸（由同一个电磁阀控制，在此仅以一个气缸说明）和一个顶出气缸。其接线图如图 5-29 所示。其工作过程是：当按下复位开关 SB1 时，YV1 得电，下压气缸向上运行，到上极限位置 SQ1 为止；YV3 得电，翻边气缸向右运行，直到右极限位置 SQ3 为止；YV6 得电，顶出气缸向上运行，直到上极限位置 SQ6 为止，三个气缸同时动作，复位完成后，指示灯以 1 秒钟为周期闪烁。工人放置钢板，此时按下起动按钮 SB2，YV5 得电，顶出气缸向下运行，到下极限位置 SQ5 为止；接着 YV2 得电，下压气缸向下运行，到下极限位置 SQ2 为止；接着 YV4 得电，翻边气缸向左运行，到左极限位置 SQ4 为止；保压 0.5 秒后，YV3 得电，翻边气缸向右运行，到左极限位置 SQ3 为止；接着 YV4 得电，翻边气缸向左运行，到左极限位置 SQ4 为止；接着 YV1 得电，下压气缸向上运行，到上极限位置 SQ1 为止；YV6 得电，顶出气缸向上运行，顶出钢板，到上极限位置 SQ6 为止，一个工作循环完成。请画出接线图、功能图和梯形图。

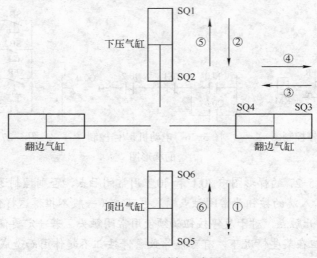

图 5-28　折边机示意图

【解】 这个运动逻辑看起来比较复杂，如果不掌握规律，则很难设计出正确的梯形图，一般先根据题意画出功能图，再根据功能图写出布尔表达式，如图 5-30 所示。布尔表达式是有规律的，当前步的步名对应的继电器（如 M0.1）等于上一步的步名对应的继电器（M0.0）与上一步的转换条件（I0.2）的乘积，再加上当前步的步名对应的继电器（M0.1）与下一步的步名对应的继电器非的乘积（$\overline{M0.2}$），其他的布尔表达式的写法类似，最后根据布尔表达式画出梯形图，如图 5-31 所示。在整个过程中，功能图是关键，也是难点，而根据功能图写出布尔表达式和画出梯形图则比较简单。

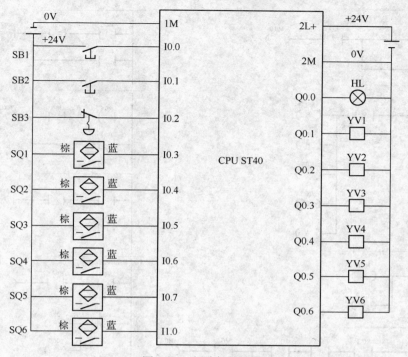

图 5-29　折边机接线图

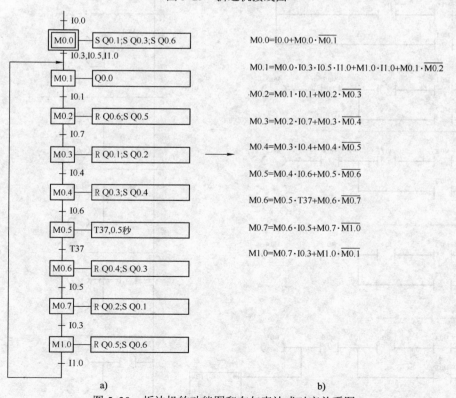

$M0.0 = I0.0 + M0.0 \cdot \overline{M0.1}$

$M0.1 = M0.0 \cdot I0.3 \cdot I0.5 \cdot I1.0 + M1.0 \cdot I1.0 + M0.1 \cdot \overline{M0.2}$

$M0.2 = M0.1 \cdot I0.1 + M0.2 \cdot \overline{M0.3}$

$M0.3 = M0.2 \cdot I0.7 + M0.3 \cdot \overline{M0.4}$

$M0.4 = M0.3 \cdot I0.4 + M0.4 \cdot \overline{M0.5}$

$M0.5 = M0.4 \cdot I0.6 + M0.5 \cdot \overline{M0.6}$

$M0.6 = M0.5 \cdot T37 + M0.6 \cdot \overline{M0.7}$

$M0.7 = M0.6 \cdot I0.5 + M0.7 \cdot \overline{M1.0}$

$M1.0 = M0.7 \cdot I0.3 + M1.0 \cdot \overline{M0.1}$

a)　　　　　　　　　　　　　　b)

图 5-30　折边机的功能图和布尔表达式对应关系图

a) 功能图　b) 布尔表达式

175

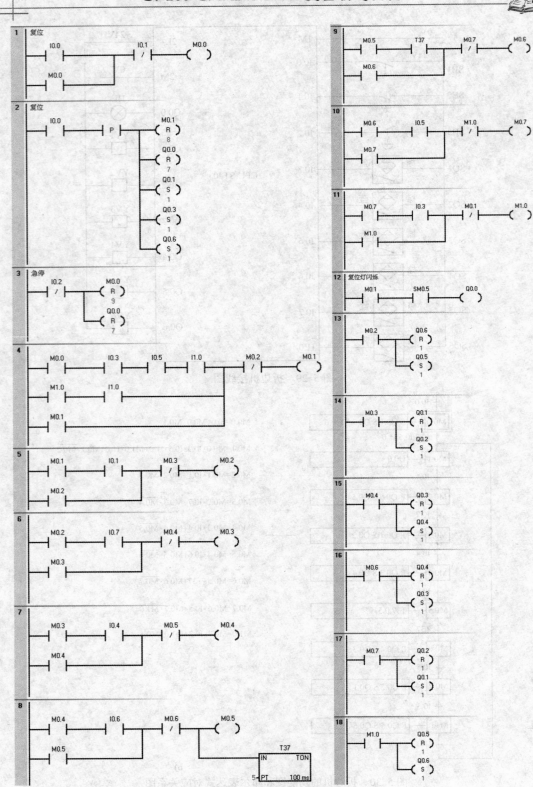

图 5-31 折边机的梯形图

折边机的 I/O 分配表见表 5-3。

表 5-3　I/O 分配表

输　入			输　出		
名　　称	符　号	输 入 点	名　　　称	符　号	输 出 点
复位按钮	SB1	I0.0	复位灯	HL1	Q0.0
起动按钮	SB2	I0.1	下压伸出线圈	YV1	Q0.1
急停按钮	SB3	I0.2	下压缩回线圈	YV2	Q0.2
下压原位限位	SQ1	I0.3	翻边伸出线圈	YV3	Q0.3
下压伸出限位	SQ2	I0.4	翻边缩回线圈	YV4	Q0.4
翻边原位限位	SQ3	I0.5	顶出伸出线圈	YV5	Q0.5
翻边伸出限位	SQ4	I0.6	顶出缩回线圈	YV6	Q0.6
下压原位限位	SQ5	I0.7			
下压伸出限位	SQ6	I1.0			

这个问题的解决方案仅考虑到自动控制，但解决方案中没有手动控制功能，请读者可以考虑一下如何改进以上方案。

5.2.2　利用顺控指令编写逻辑控制程序

功能图和顺控指令梯形图有一一对应关系，利用顺控指令编写逻辑控制程序有固定的模式，顺控指令是专门为逻辑控制设计的指令，利用顺控指令编写逻辑控制程序是非常合适的。以下用一个例子讲解利用顺控指令编写逻辑控制程序。

【例 5-4】　用顺控指令编写例 5-3 的程序。

【解】　功能图如图 5-32 所示，程序如图 5-33 所示。

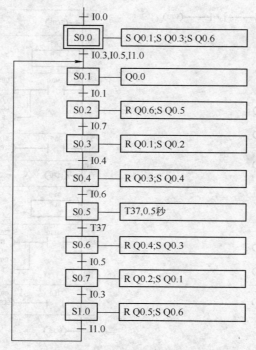

图 5-32　折边机的功能图

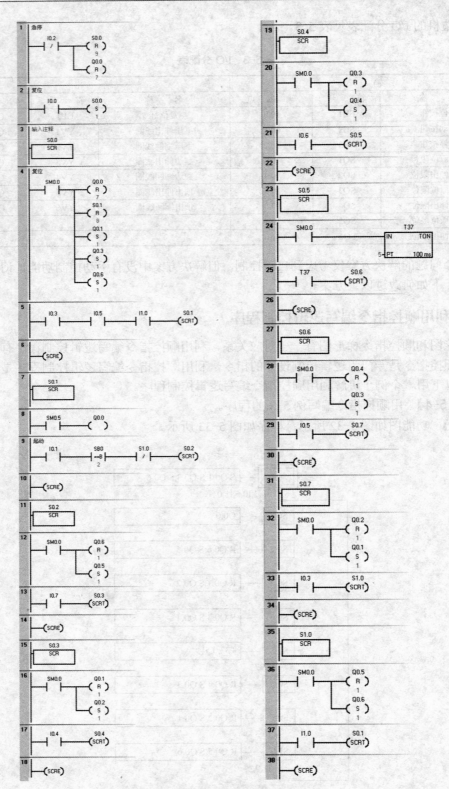

图 5-33 折边机的程序

5.2.3　利用功能指令编写逻辑控制程序

西门子的功能指令有许多的特殊的功能，其中功能指令中的移位指令和循环指令非常适合用于顺序控制，用这些指令编写程序简洁而且可读性强。以下用一个例子讲解利用功能指令编写逻辑控制程序。

【例 5-5】　用功能指令编写例 5-3 的程序。

【解】　梯形图如图 5-34 所示。

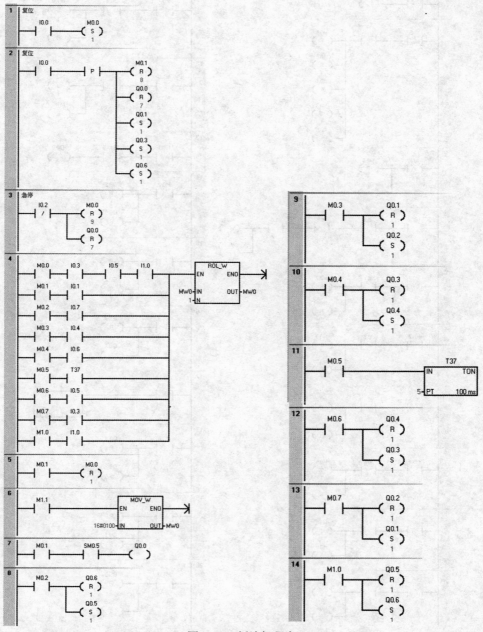

图 5-34　折边机程序

5.2.4　利用复位和置位指令编写逻辑控制程序

复位和置位指令是常用指令，用这复位和置位指令编写程序简洁而且可读性强。以下用一个例子讲解利用复位和置位编写逻辑控制程序。

【例5-6】　用复位和置位指令编写例5-3的程序。

【解】　梯形图如图5-35所示。

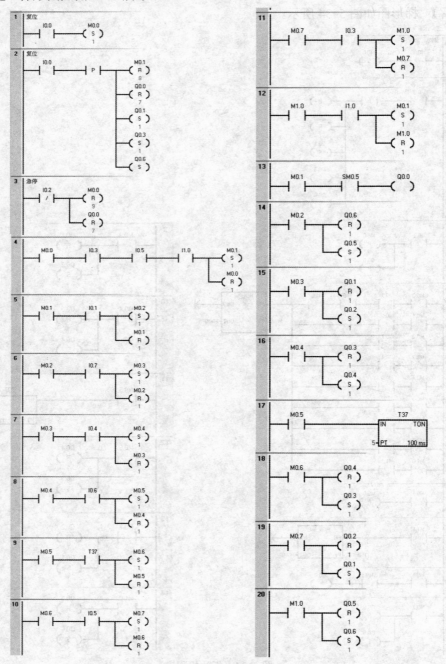

图5-35　折边机程序

至此，同一个顺序控制的问题使用了基本指令、顺控指令（有的 PLC 称为步进梯形图指令）、功能指令和复位/置位指令四种解决方案编写程序。四种解决方案的编程都有各自的特点，但有一点是相同的，那就是首先都要画功能图。四种解决方案没有好坏之分，读者可以根据自己的喜好选用。

重点难点总结

1．要学会设计功能图，这是非常重要的，因为比较复杂的程序都要根据功能图编写，因此如果不能根据工程的要求设计出功能图，是很难编写出正确的程序的。

2．同一个顺序控制的问题使用了基本指令、复位和置位指令、顺控指令和功能指令四种解决方案编写程序。四种解决方案的编程都有各自的特点，但有一点是相同的，那就是首先都要画功能图。四种解决方案没有好坏之分，读者可以根据自己的喜好选用。相对而言，用置位/复位指令编写程序更加容易被初学者掌握。

3．在没有硬件支持的情况下，验证 S7-200 SMART 程序正确性最好的办法是用仿真软件。

习题

1．在功能图中，什么是步、活动步、动作和转换条件？

2．设计功能图要注意什么？

3．编写梯形图程序要注意哪些问题？

4．编写逻辑控制梯形图程序有哪些常用的方法？

5．用 I0.0 控制 Q0.0、Q0.1 和 Q0.2，要求：I0.0 闭合两次，Q0.0 亮，I0.0 再闭合两次，Q0.1 亮，I0.0 再闭合两次，Q0.2 亮，I0.0 再闭合一次，Q0.0、Q0.1 和 Q0.2 灭，如此循环，请先设计功能图和接线图，再编写程序，要求用基本指令、移位指令和复位/置位指令编写。

6．要求用移位指令使 8 盏灯以 0.2s 的速度自左向右亮起，到达最右侧后，再自右向左回到最左侧。如此循环，I0.0 按钮为起动按钮，I0.1 为停止按钮，请先设计功能图和接线图，再编写程序，要求用基本指令、移位指令和复位/置位指令编写。

7．根据如图 5-36 所示的功能图编写程序。

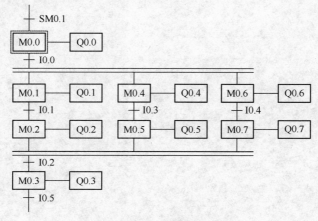

图 5-36　功能图

8. 根据如图 5-37 所示的功能图编写程序。

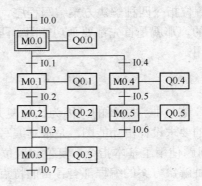

图 5-37 功能图

9. 机械手的工作示意图如图 5-38 所示，当合上按钮 I0.4，机械手将工件从 A 点搬运到 B 点，然后返回 A 点，再将如此循环，任何时候合上按钮 I0.5 时系统复位回到原点，请编写控制程序。

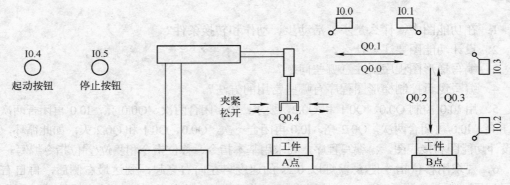

图 5-38 机械手示意图

第6章

S7-200 SMART PLC 的
通信及其应用

本章介绍 S7-200 SMART PLC 的通信的基础知识，并用实例介绍 S7-200 SMART 自由口、以太网通信 Modbus 通信。目前 S7-200 SMART 没有开放 PROFIBUS 通信, PPI 通信仅限于 PLC 与 HMI 通信，以太网通信也仅限于 PLC 与 HMI 通信以及 PC 与 PLC 的通信，S7-200 SMART 之间的以太网通信和 PPI 通信暂时没开放。本章的内容既是重点也是难点。

6.1 通信基础知识

PLC 的通信包括 PLC 与 PLC 之间的通信、PLC 与上位计算机之间的通信以及和其他智能设备之间的通信。PLC 与 PLC 之间通信的实质就是计算机的通信，使得众多的独立的控制任务构成一个控制工程整体，形成模块控制体系。PLC 与计算机连接组成网络，将 PLC 用于控制工业现场，计算机用于编程、显示和管理等任务，构成"集中管理、分散控制"的分布式控制系统（DCS）。

6.1.1 通信的基本概念

1. 串行通信与并行通信

串行通信和并行通信是两种不同的数据传输方式。

并行通信就是将一个 8 位数据（或 16 位、32 位）的每一个二进制位采用单独的导线进行传输，并将传送方和接收方进行并行连接，一个数据的各个二进制位可以在同一时间内里一次传送。例如，老式打印机的打印口和计算机的通信就是并行通信。并行通信的特点是一个周期里可以一次传输多位数据，但其连线的电缆多，因此长距离传送时成本高。

串行通信就是通过一对导线将发送方与接收方进行连接，传输数据的每个二进制位，按照规定顺序在同一导线上依次发送与接收。例如，常用优盘的 USB 接口就是串行通信。串行通信的特点是通信控制复杂，通信电缆少，因此与并行通信相比，成本低。串行通信是一种趋势，随着串行通信速率的提高，以往使用并行通信的场合，现在完全或部分被串行通信取代，如打印机的通信，现在基本被串行通信取代，再如个人计算机硬盘的数据通信，也已经被串行通信取代。

2. 异步通信与同步通信

异步通信与同步通信也称为异步传送与同步传送，这是串行通信的两种基本信息传送方式。从用户的角度上说，两者最主要的区别在于通信方式的"帧"不同。

异步通信方式又称起止方式。它在发送字符时，要先发送起始位，然后是字符本身，最后是停止位，字符之后还可以加入奇偶校验位。异步通信方式具有硬件简单、成本低的特点，主要用于传输速率低于 19.2kbit/s 以下的数据通信。

同步通信方式在传递数据的同时，也传输时钟同步信号，并始终按照给定的时刻采集数据。其传输数据的效率高，硬件复杂，成本高，一般用于传输速率高于 20kbit/s 以上的数据通信。

3．单工、双工与半双工

单工、双工与半双工是通信中描述数据传送方向的专用术语。

1）单工（Simplex）：指数据只能实现单向传送的通信方式，一般用于数据的输出，不可以进行数据交换。

2）全双工（Full Simplex）：也称双工，指数据可以进行双向数据传送，同一时刻既能发送数据，也能接收数据。通常需要两对双绞线连接，通信线路成本高。例如，RS422就是"全双工"通信方式。

3）半双工（Half Simplex）：指数据可以进行双向数据传送，同一时刻，只能发送数据或者接收数据。通常需要一对双绞线连接，与全双工相比，通信线路成本低。例如，RS-485 只用一对双绞线时就是"半双工"通信方式。

6.1.2　RS-485 标准串行接口

1．RS-485 接口

RS-485 接口是在 RS422 基础上发展起来的一种 EIA 标准串行接口，采用"平衡差分驱动"方式。RS-485 接口满足 RS422 的全部技术规范，可以用于 RS422 通信。RS-485 接口通常采用 9 针连接器。RS-485 接口的引脚功能参见表 6-1。

表 6-1　RS-485 接口的引脚功能

PLC 引脚	信号代号	信号功能
1	SG 或 GND	机壳接地
2	+24V 返回	逻辑地
3	RXD+或 TXD+	RS-485 的 B，数据发送/接收+端
5	+5V 返回	逻辑地
6	+5V	+5V
7	+24V	+24V
8	RXD−或 TXD−	RS-485 的 A，数据发送/接收−端
9	不适用	10 位协议选择（输入）

2．西门子的 PLC 连线

西门子 PLC 的 PPI 通信、MPI 通信和 PROFIBUS-DP 现场总线通信的物理层都是RS-485 通信，而且采用都是相同的通信线缆和专用网络接头。西门子提供两种网络接头，即标准网络接头和编程端口接头，可方便地将多台设备与网络连接，编程端口允许用户将编程站或 HMI 设备与网络连接，且不会干扰任何现有网络连接。编程端口接头通过编程端口传送所有来自 S7-200 SMART CPU 的信号（包括电源针脚），这对于连接由 S7-200 SMART CPU（例如 SIMATIC 文本显示）供电的设备尤其有用。标准网络接头的编程端口接头均有两套终端螺丝钉，用于连接输入和输出网络电缆。这两种接头还配有开关，可选择网络偏流和终端。图 6-1 显示了电缆接头的普通偏流和终端状况，将拨钮拨向一侧，电阻设置为"on"，而将拨钮拨向另一侧，则电阻设置为"off"，图中只显示了一个，若有多个也是这样设置。图 6-1 中拨钮在"off"一侧，因此终端电阻未接入电路。

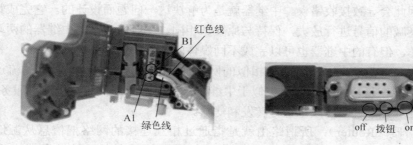

图 6-1　网络接头的终端电阻设置图

【关键点】　西门子的专用 PROFIBUS 电缆中有两根线，一根为红色，上标有"B"，一根为绿色，上面标有"A"，这两根线只要与网络接头上相对应的"A"和"B"接线端子相连即可（如"A"线与"A"接线端相连）。网络接头直接插在 PLC 的 PORT 口上即可，不需要其他设备。注意：三菱的 FX 系列 PLC 的 RS-485 通信要加 RS-485 专用通信模块和终端电阻。

6.1.3　PLC 网络的术语解释

PLC 网络中的名词、术语很多，现将常用的予以介绍。

1）站（Station）：在 PLC 网络系统中，将可以进行数据通信、连接外部输入/输出的物理设备称为"站"。例如，由 PLC 组成的网络系统中，每台 PLC 可以是一个"站"。

2）主站（Master Station）：PLC 网络系统中进行数据链接的系统控制站，主站上设置了控制整个网络的参数，每个网络系统只有一个主站，主站号的固定为"0"，站号实际就是 PLC 在网络中的地址。

3）从站（Slave Station）：PLC 网络系统中，除主站外，其他的站称为"从站"。

4）远程设备站（Remote Device Station）：PLC 网络系统中，能同时处理二进制位、字的从站。

5）本地站（Local Station）：PLC 网络系统中，带有 CPU 模块并可以与主站以及其他本地站进行循环传输的站。

6）站数（Number of Station）：PLC 网络系统中，所有物理设备（站）所占用的"内存站数"的总和。

7）网关（Gateway）：又称网间连接器、协议转换器。网关在传输层上以实现网络互联，是最复杂的网络互联设备，仅用于两个高层协议不同的网络互联。网关的结构和路由器类似，不同的是互联层。网关既可以用于广域网互联，也可以用于局域网互联。网关是一种充当转换重任的计算机系统或设备。在使用不同的通信协议、数据格式或语言，甚至体系结构完全不同的两种系统之间，网关是一个翻译器。例如 AS-I 网络的信息要传送到由西门子 S7-200 SMART 系列 PLC 组成的 PPI 网络，就要通过 CP243-2 通信模块进行转换，这个模块实际上就是网关。

8）中继器（Repeater）：用于网络信号放大、调整的网络互联设备，能有效延长网络的连接长度。例如，以太网的正常传送距离是 500m，经过中继器放大后，可传输2500m。由于存在损耗，在线路上传输的信号功率会逐渐衰减，衰减到一定程度时将造成信号失真，因此会导致接收错误。中继器就是为解决这一问题而设计的。它完成物理线路的连接，对衰减的信号进行放大，保持与原数据相同。一般情况下，中继器的两端连接的是相同的媒体，但有的中继器也可以完成不同媒体的转接工作。

9）网桥（Bridge）：网桥将两个相似的网络连接起来，并对网络数据的流通进行管理。网桥的功能在延长网络跨度上类似于中继器，然而它能提供智能化连接服务，即根据帧的终点地址处于哪一网段来进行转发和滤除。

10）路由器（Router）：所谓路由就是指通过相互连接的网络把信息从源地点移动到目标地点的活动。一般来说，在路由过程中，信息至少会经过一个或多个中间节点。路由器是互联网的主要节点设备。路由器通过路由决定数据的转发。转发策略称为路由选择（routing），这也是路由器名称的由来。作为不同网络之间互相连接的枢纽，路由器系统构成了基于 TCP/IP 的国际互联网络 Internet 的主体脉络，也可以说，路由器构成了 Internet 的骨架。它的处理速度是网络通信的主要因素之一，它的可靠性则直接影响着网络互连的质量。因此，在园区网、地区网、乃至整个 Internet 研究领域中，路由器技术始终处于核心地位，其发展历程和方向，成为整个 Internet 研究的一个缩影。

11）交换机（Switch）：交换机是一种基于 MAC 地址识别，能完成封装转发数据包功能的网络设备。交换机可以"学习" MAC 地址，并把其存放在内部地址表中，通过在数据帧的始发者和目标接收者之间建立临时的交换路径，使数据帧直接由源地址到达目的地址。交换机通过直通式、存储转发和碎片隔离三种方式进行交换。交换机的传输模式有全双工，半双工，全双工/半双工自适应三种。

6.1.4　OSI 参考模型

通信网络的核心是 OSI（OSI-Open System Interconnection，开放式系统互联）参考模型。为了理解网络的操作方法，创建和实现网络标准、设备和网络互联规划提供了一个框架。1984 年，国际标准化组织（ISO），提出了开放式系统互联的七层模型，即 OSI 参考模型。该模型自下而上分为物理层、数据链路层、网络层、传输层、会话层、表示层和应用层。理解 OSI 参考模型比较难，但了解它，对掌握后续的以太网通信和 PROFIBUS 通信是很有帮助的。

OSI 参考模型的上三层通常称为应用层，用来处理用户接口、数据格式和应用程序的访问。下四层负责定义数据的物理传输介质和网络设备。OSI 参考模型定义了大多数协议栈共有的基本框架，如图 6-2 所示。

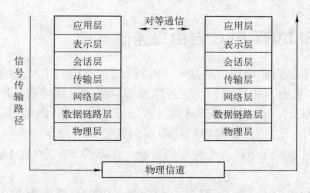

图6-2 信息在 OSI 模型中的流动形式

1）物理层（Physical Layer）：定义了传输介质、连接器和信号发生器的类型，规定了物理连接的电气、机械功能特性，如电压、传输速率、传输距离等特性。典型的物理层设备有集线器（HUB）和中继器等。

2）数据链路层（Data Link Layer）：确定传输站点物理地址以及将消息传送到协议栈，并提供顺序控制和数据流向控制。该层可以继续分为两个子层：介质访问控制层（Medium Access Control，MAC）和逻辑链路层（Logical Link Control Layer，LLC），即层2a 和 2b。其中 IEEE802.3（Ethernet，CSMA/CD）就是 MAC 层常用的通信标准。典型的数据链路层设备有交换机和网桥等。

3）网络层（Network Layer）：定义了设备间通过因特网协议地址（Internet Protocol，IP）传输数据，连接位于不同广播域的设备，常用来组织路由。典型的网络层设备是路由器。

4）传输层（Transport Layer）：建立会话连接，分配服务访问点（Service Access Point，SAP），允许数据进行可靠传输控制协议（Transmission Control Protocol，TCP）或者不可靠用户数据报协议（User Datagram Protocol，UDP）的传输。可以提供通信质量检测服务（QOS）。网关是互联网设备中最复杂的，它是传输层及以上层的设备。

5）会话层（Session Layer）：负责建立、管理和终止表示层实体间通信会话，处理不同设备应用程序间的服务请求和响应。

6）表示层（Presentation Layer）：提供多种编码用于应用层的数据转化服务。

7）应用层（Application Layer）：定义用户及用户应用程序接口与协议对网络访问的切入点。目前各种应用版本较多，很难建立统一的标准。在工控领域常用的标准是MMS（Multimedia Messaging Service，多媒体信息服务），用来描述制造业应用的服务和协议。

数据经过封装后通过物理介质传输到网络上，接收设备除去附加信息后，将数据上传到上层堆栈层。

各层的数据单位一般有各自特定的称呼。物理层的单位是比特（bit）；数据链路层的单位是帧（frame）；网络层的单位是分组（packet），有时也称包；传输层的单位是数据报（datagram）或者段（segment）；会话层、表示层和应用层的单位是消息（message）。

6.2　S7-200 SMART PLC 自由口通信

　　S7-200 SMART 的自由口通信是基于 RS-485 通信基础的半双工通信，西门子 S7-200 SMART 系列 PLC 拥有自由口通信功能，即没有标准的通信协议，用户可以自己规定协议。第三方设备大多支持 RS-485 串口通信，西门子 S7-200 SMART 系列 PLC 可以通过自由口通信模式控制串口通信。最简单的使用案例就是只用发送指令（XMT）向打印机或者变频器等第三方设备发送信息。不论任何情况，都通过 S7-200 SMART 系列 PLC 编写程序实现。

　　自由口通信的核心就是发送（XMT）和接收（RCV）两条指令，以及相应的特殊寄存器控制。由于 S7-200 SMART CPU 通信端口是 RS-485 半双工通信口，因此发送和接收不能同时处于激活状态。RS-485 半双工通信串行字符通信的格式可以包括一个起始位、7 或 8 位字符（数据字节）、一个奇/偶校验位（或者没有校验位）、一个停止位。

　　标准的 S7-200 SMART 只有一个串口（为 RS-485），为 Port0 口，还可以扩展一个信号板，这个信号板由组态时设定为 RS-485 或者 RS232，为 Port1 口。

　　自由口通信波特率可以设置为 1200、2400、4800、9600、19200、38400、57600 或 115200bit/s。凡是符合这些格式的串行通信设备，理论上都可以和 S7-200 SMART CPU 通信。自由口模式可以灵活应用。STEP7-Micro/WIN SMART 的两个指令库（USS 和 Modbus RTU）就是使用自由口模式编程实现的。

　　S7-200 SMART CPU 使用 SMB30（对于 Port0）和 SMB130（对于 Port1）定义通信口的工作模式，控制字节的定义如图 6-3 所示。

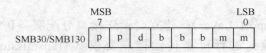

图 6-3　控制字节的定义

　　1）通信模式由控制字的最低的两位"mm"决定。
- mm=00：PPI 从站模式（默认这个数值）。
- mm=01：自由口模式。
- mm=10：保留（默认 PPI 从站模式）。
- mm=11：保留（默认 PPI 从站模式）。

所以，只要将 SMB30 或 SMB130 赋值为 2#01，即可将通信口设置为自由口模式。

　　2）控制位的"pp"是奇偶校验选择。
- pp=00：无校验。
- pp=01：偶校验。
- pp=10：无校验。
- pp=11：奇校验。

　　3）控制位的"d"是每个字符的位数。
- d=0：每个字符 8 位。
- d=1：每个字符 7 位。

4）控制位的"bbb"是波特率选择。

- bbb=000：38400bit/s。
- bbb=001：19200bit/s。
- bbb=010：9600bit/s。
- bbb=011：4800bit/s。
- bbb=100：2400bit/s。
- bbb=101：1200bit/s。
- bbb=110：115200bit/s。
- bbb=111：57600bit/s。

1. 发送指令

以字节为单位，XMT 向指定通信口发送一串数据字符，要发送的字符以数据缓冲区指定，一次发送的字符最多为 255 个。

发送完成后，会产生一个中断事件，对于 Port0 口为中断事件 9，而对于 Port1 口为中断事件 26。当然也可以不通过中断，而通过监控 SM4.5（对于 Port0 口）或者 SM4.6（对于 Port1 口）的状态来判断发送是否完成，如果状态为 1，说明完成。XMT 指令缓冲区格式见表 6-2。

表 6-2　XMT 指令缓冲区格式

序　号	字 节 编 号	内　　容
1	T+0	发送字节的个数
2	T+1	数据字节
3	T+2	数据字节
	…	…
256	T+255	数据字节

2. 接收指令

以字节为单位，RCV 通过指定通信口接收一串数据字符，接收的字符保存在指定的数据缓冲区，一次接收的字符最多为 255 个。

接收完成后，会产生一个中断事件，对于 Port0 口为中断事件 23，而对于 Port1 口为中断事件 24。当然也可以不通过中断，而通过监控 SMB86（对于 Port0 口）或者 SMB186（对于 Port1 口）的状态来判断发送是否完成，如果状态为非零，说明完成。SMB86 和 SMB186 含义见表 6-3，SMB87 和 SMB187 含义见表 6-4。

表 6-3　SMB86 和 SMB186 含义

对于 Port0 口	对于 Port1 口	控制字节各位的含义
SM86.0	SM186.0	为 1 说明奇偶校验错误而终止接收
SM86.1	SM186.1	为 1 说明接收字符超长而终止接收
SM86.2	SM186.2	为 1 说明接收超时而终止接收
SM86.3	SM186.3	默认为 0

（续）

对于 Port0 口	对于 Port1 口	控制字节各位的含义
SM86.4	SM186.4	默认为 0
SM86.5	SM186.5	为 1 说明是正常收到结束字符
SM86.6	SM186.6	为 1 说明输入参数错误或者缺少起始和终止条件而结束接收
SM86.7	SM186.7	为 1 说明用户通过禁止命令结束接收

表 6-4　SMB87 和 SMB187 含义

对于 Port0 口	对于 Port1 口	控制字节各位的含义
SM87.0	SM187.0	0
SM87.1	SM187.1	1 使用中断条件，0 不使用中断条件
SM87.2	SM187.2	1 使用 SM92 或者 SM192 时间段结束接收 0 不使用 SM92 或者 SM192 时间段结束接收
SM87.3	SM187.3	1 定时器是消息定时器，0 定时器是内部字符定时器
SM87.4	SM187.4	1 使用 SM90 或者 SM190 检测空闲状态 0 不使用 SM90 或者 SM190 检测空闲状态
SM87.5	SM187.5	1 使用 SM89 或者 SM189 终止符检测终止信息 0 不使用 SM89 或者 SM189 终止符检测终止信息
SM87.6	SM187.6	1 使用 SM88 或者 SM188 起始符检测起始信息 0 不使用 SM88 或者 SM188 起始符检测起始信息
SM87.7	SM187.7	0 禁止接收，1 允许接收

与自由口通信相关的其他重要特殊控制字/字节见表 6-5。

表 6-5　其他重要特殊控制字/字节

对于 Port0 口	对于 Port1 口	控制字节或者控制字的含义
SMB88	SMB188	消息字符的开始
SMB89	SMB189	消息字符的结束
SMW90	SMW190	空闲线时间段，按毫秒设定。空闲线时间用完后接收的第一个字符是新消息的开始
SMW92	SMW192	中间字符/消息定时器溢出值，按毫秒设定。如果超过这个时间段，则终止接收消息
SMW94	SMW194	要接收的最大字符数（1~255 字节）。此范围必须设置为期望的最大缓冲区大小，即是否使用字符计数消息终端

RCV 指令缓冲区格式见表 6-6。

表 6-6　RCV 指令缓冲区格式

序　号	字 节 编 号	内　容
1	T+0	接收字节的个数
2	T+1	起始字符（如果有）
3	T+2	数据字节
4		数据字节
	…	…
256	T+255	结束字符（如果有）

6.3 S7-200 SMART PLC 之间的自由口通信

以下以两台 S7-200 SMART CPU 之间的自由口通信为例介绍 S7-200 SMART 系列 PLC 之间的自由口通信的编程实施方法。

【例 6-1】 有两台设备，控制器都是 CPU ST40，两者之间为自由口通信，要求实现设备 1 对设备 1 和 2 的电动机，同时进行起停控制，请设计方案，编写程序。

【解】

1. 主要软硬件配置

1）1 套 STEP7-Micro/WIN SMART V1.0。

2）2 台 CPU ST40。

3）1 根 PROFIBUS 网络电缆（含 2 个网络总线连接器）。

4）1 根以太网电缆。

自由口通信硬件配置如图 6-4 所示，两台 CPU 的接线如图 6-5 所示。

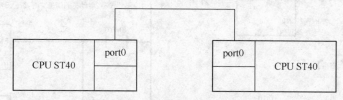

图 6-4 自由口通信硬件配置图

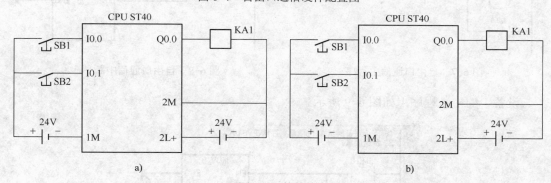

图 6-5 接线图

a) 站 1 b) 站 2

【关键点】 自由口通信的通信线缆最好使用 PROFIBUS 网络电缆和网络总线连接器，若要求不高，为了节省开支可购买市场上的 DB9 接插件，再将两个接插件的 3 和 8 角对连即可，如图 6-6 所示。

2. 编写设备 1 的程序

设备 1 的主程序如图 6-7 所示。

设备 1 的中断程序 0 如图 6-8 所示。

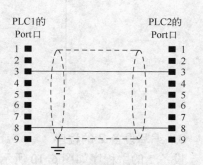

图 6-6 自由口通信连线的另一种方案

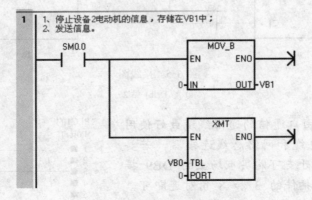

图 6-7 自由口通信主程序   图 6-8 自由口通信中断程序 0

设备 1 的中断程序 1 如图 6-9 所示。

图 6-9 自由口通信中断程序 1

3．编写设备 2 的程序

设备 2 的主程序如图 6-10 所示。

设备 2 的中断程序 0 如图 6-11 所示。

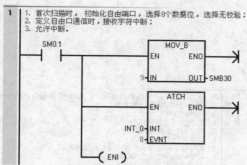

图 6-10 自由口通信主程序

图 6-11 自由口通信中断程序 0

4．方法 2

（1）设备 1 程序

设备 1 的主程序如图 6-12 所示。

设备 1 的子程序如图 6-13 所示。

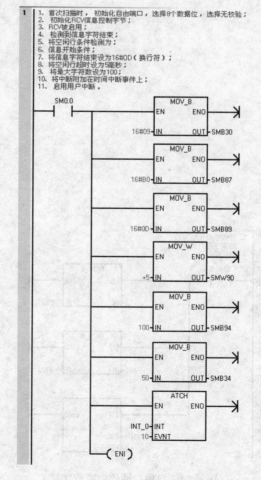

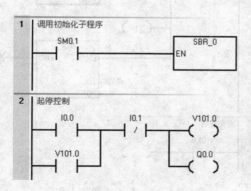

图 6-12 自由口通信主程序

图 6-13 自由口通信子程序

设备 1 的中断程序如图 6-14 所示。

（2）设备 2 程序

设备 2 的主程序如图 6-15 所示。

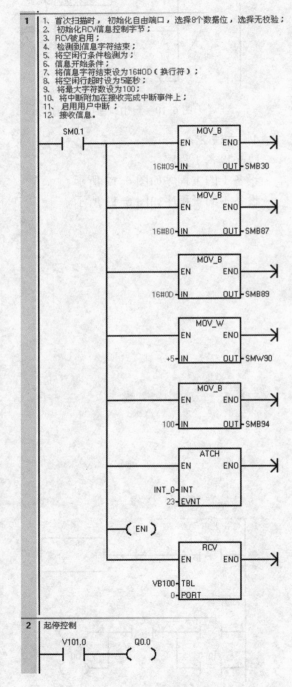

图 6-14　自由口通信中断程序　　　　　图 6-15　自由口通信主程序

设备 2 的中断程序如图 6-16 所示。

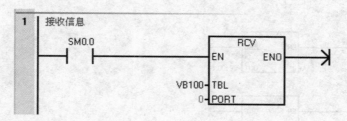

图 6-16　自由口通信中断程序

6.4　S7-200 SMART PLC 与个人计算机之间的自由口通信

除了 S7-200 SMART 系列 PLC 之间可以进行自由口通信外，S7-200 SMART 系列 PLC 还可以与计算机进行通信，以下以 CPU ST40 与计算机的自由口通信为例，讲解个人计算机与 S7-200 SMART 系列 PLC 之间的自由口通信。

6.4.1　S7-200 SMART PLC 与超级终端之间的自由口通信

【例 6-2】　用一台个人计算机的 Hyper Terminal（超级终端）接收来自 1 台 CPU ST40 发送来的数据，并进行显示。

【解】

1. 主要软硬件配置

1）1 套 STEP7-Micro/WIN SMART V1.0。

2）1 台 CPU ST40。

3）1 根 PC/PPI 电缆（本例的计算机端为 RS-232C 接口）。

4）1 台计算机。

自由口通信硬件配置如图 6-17 所示。

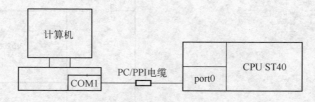

图 6-17　自由口通信硬件配置图

2. 编写 PLC 的程序

PLC 的主程序如图 6-18 所示。

PLC 的子程序 0 如图 6-19 所示。

PLC 的子程序 1 如图 6-20 所示。

PLC 的中断程序 0 如图 6-21 所示。

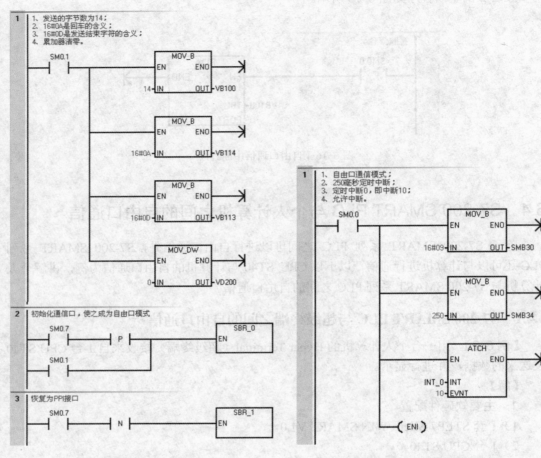

图 6-18　PLC 的主程序

图 6-19　PLC 的子程序 0

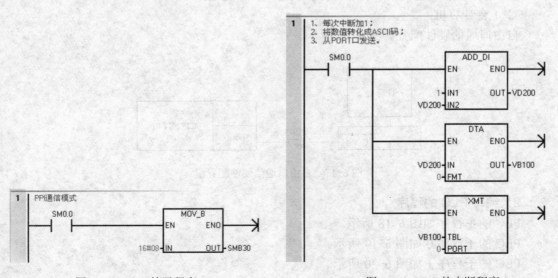

图 6-20　PLC 的子程序 1

图 6-21　PLC 的中断程序 0

3. 设置 Hyper Terminal（超级终端）

（1）打开超级终端

在 Windows 中选择"所有程序"→"附件"→"通信"→"超级终端（Hyper Terminal）"打开超级终端，并在如图 6-22 中的界面中指定名称，本例为"xxh"，单击"确定"按钮，弹出"选择串行通信接口"界面，如图 6-23 所示。

（2）选择串行通信接口

按照如图 6-23 所示设置（区号和电话号码可以根据实际情况设定），由于本例使用的电脑只配置了 COM1 口，所以只能选择"3"处的"COM1"串口，最后单击"确定"按钮。

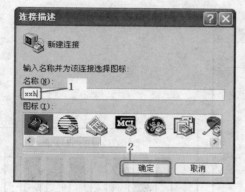

图 6-22 指定连接名称

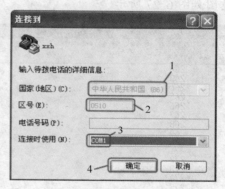

图 6-23 选择串行通信接口

（3）设置通信参数

按照如图 6-24 所示，设置串行接口通信参数，"1"处为通信的波特率，应与 PLC 的编写的程序波特率一致，否则不能通信；将"数据流控制"中的选项改为"无"，最后单击"确定"按钮。

（4）建立超级终端与 PLC 通信

单击如图 6-25 所示的"呼叫"按钮☎，PLC 向计算机的超级终端发送数据，并显示到超级终端的界面上，数据不断向上自动滚动。

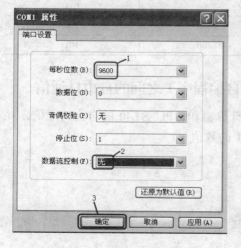

图 6-24 设置通信参数

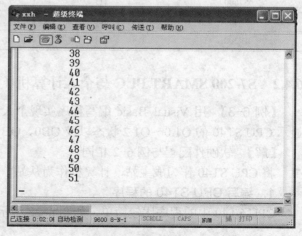

图 6-25 建立超级终端与 PLC 通信

（5）终止超级终端与 PLC 通信

当单击如图 6-26 所示的"断开"按钮，计算机的超级终端接收数据，显示到超级终端的界面上数据处于静止状态。

【关键点】西门子的 PC/PPI 电缆（RS-232C 口），有 8 个拨码开关，进行自由口通信的设置方法如下。

1、2、3 位代表波特率，含义见表 6-7，本例设置成"010"，代表 9600bit/s；第 4 位空置，可不设置；第 5 位设置成"0"，代表 PPI 自由口通信模式；第 6 位设置成"0"，代表本地模式；第 7 位设置成"0"，代表"11"模式；第 8 位空置，可不设置。拨码开关的示意图如图 6-27 所示。

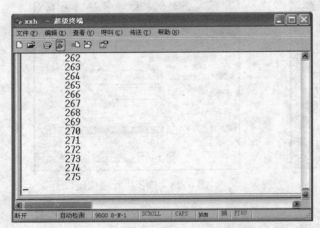

图 6-26　终止超级终端与 PLC 通信

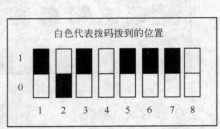

图 6-27　拨码开关的示意图

表 6-7　波特率设置

波特率/（bit/s）	设　　置	波特率/（bit/s）	设　　置
115200	110	9600	010
57600	111	4800	011
38400	000	2400	100
19200	001	1200	101

6.4.2　S7-200 SMART PLC 与个人计算机（自编程序）之间的自由口通信

【例 6-3】　用 Visual Basic 编写程序实现个人计算机和 CPU ST40 的自由口通信，并显示 CPU ST40 的 Q1.0～Q1.2 状态以及 QB0、QB1 的数值。

【解】　软硬件配置与例 6-2 相同。

将 CPU ST40 作为成主站，计算机作为从站。

1. 编写 CPU ST40 的程序

CPU ST40 中的程序比较简单，如图 6-28 所示。

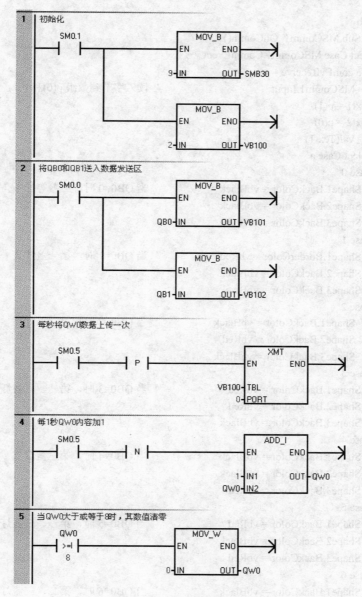

图 6-28　CPU ST40 的程序

2．编写计算机的程序

计算机中的程序用 Visual Basic 编写，程序运行界面如图 6-29 所示。

```
Option Explicit
Dim p() As Byte
Dim a
Private Sub Form_Load()
    MSComm1.PortOpen = True               '打开串口
    MSComm1.InputMode = 1                 '读入字节
    MSComm1.RThreshold = 2                '最少读入字节数
```

```
End Sub
Private Sub MSComm1_OnComm()
    Select Case MSComm1.CommEvent
    Case comEvReceive
     p = MSComm1.Input                      ' 读入字节到数组 p(0)和 p(1)
     Text1 = p(1)
     Text2 = p(0)
     a = Val(Text1)
     Select Case a
     Case 0
        Shape1.BackColor = vbBlack          ' 当 QB0=0 时，三盏等都不亮
        Shape2.BackColor = vbBlack
        Shape3.BackColor = vbBlack
     Case 1
        Shape1.BorderColor = vbRed          ' 当 QB0=1 时，第一盏灯亮
        Shape2.BackColor = vbBlack
        Shape3.BackColor = vbBlack
     Case 2
        Shape1.BackColor = vbBlack          ' 当 QB0=2 时，第二盏灯亮
        Shape2.BackColor = vbRed
        Shape3.BackColor = vbBlack
     Case 3
        Shape1.BackColor = vbRed            ' 当 QB0=3 时，第一、二盏灯亮
        Shape2.BackColor = vbRed
        Shape3.BackColor = vbBlack
     Case 4
        Shape1.BackColor = vbBlack          ' 当 QB0=4 时，第三盏灯亮
        Shape2.BackColor = vbBlack
        Shape3.BackColor = vbRed
     Case 5
        Shape1.BackColor = vbRed            ' 当 QB0=5 时，第一、三盏灯亮
        Shape2.BackColor = vbBlack
        Shape3.BackColor = vbRed
     Case 6
        Shape1.BackColor = vbBlack          ' 当 QB0=6 时，第二、三盏灯亮
        Shape2.BackColor = vbRed
        Shape3.BackColor = vbRed
     Case 7
        Shape1.BackColor = vbRed            ' 当 QB0=7 时，第一、二、三盏灯亮
        Shape2.BackColor = vbRed
        Shape3.BackColor = vbRed
     End Select
    End Select
End Sub
```

如图 6-29 所示，当 QB1=7 时，Q1.0、Q1.0 和 Q1.2 三盏灯亮（显示为红色），而灯灭显示为黑色，具体结果请读者运行本书附带的程序。

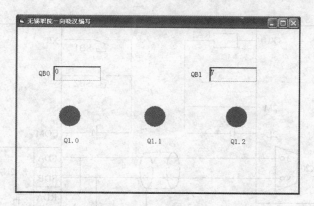

图 6-29　程序运行界面

6.5　S7-200 SMART PLC 与三菱 FX 系列 PLC 之间的自由口通信

除了 S7-200 SMART 系列 PLC 之间可以进行自由口通信，S7-200 SMART 系列 PLC 还可以与其他品牌的 PLC、变频器、仪表和打印机等进行通信，要完成通信，这些设备应有 RS-232C 或者 RS-485 等形式的串口。西门子 S7-200 SMART 与三菱的 FX 系列通信时，采用自由口通信，但三菱公司称这种通信为"无协议通信"，实际上内涵是一样的。

以下以 CPU ST40 与三菱 FX2N-32MR 自由口通信为例，讲解 S7-200 SMART 系列 PLC 与其他品牌 PLC 或者之间的自由口通信。

【例 6-4】　有两台设备，设备 1 的控制器是 CPU ST40，设备 2 的控制器是 FX2N-32MR，两者之间为自由口通信，实现设备 1 的 I0.0 起动设备 2 的电动机，设备 1 的 I0.1 停止设备 2 的电动机的转动，请设计解决方案。

【解】

1．主要软硬件配置

1）1 套 STEP7-Micro/WIN SMART V1.0 和 GX Developer 8.6。

2）1 台 CPU ST40 和 1 台 FX2N-32MR。

3）1 根屏蔽双绞电缆（含 1 个网络总线连接器）。

4）1 台 FX2N-485-BD。

5）1 根网线电缆。

两台 CPU 的接线如图 6-30 所示。

【关键点】网络的正确接线至关重要，具体有以下几方面。

1）CPU ST40 的 X20 口可以进行自由口通信，其 9 针的接头中，1 号管脚接地，3 号管脚为 RXD+/TXD+（发送+/接收+）公用，8 号管脚为 RXD-/TXD-（发送-/接收-）公用；

2）FX2N-32MR 的编程口不能进行自由口通信，因此本例配置了一块 FX2N-485-BD 模块，此模块可以进行双向 RS-485 通信（可以与两对双绞线相连），但由于 CPU ST40 只能与一对双绞线相连，因此 FX2N-485-BD 模块的 RDA（接收+）和 SDA（发送+）短接，SDB（接收-）和 RDB（发送-）短接。

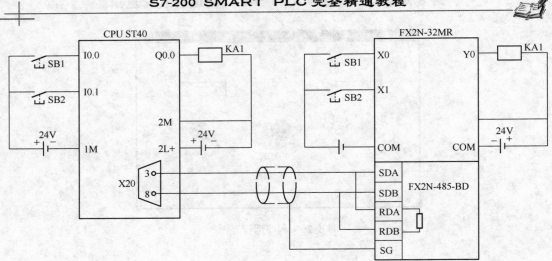

图 6-30 接线图

3）由于本例采用的是 RS-485 通信，所以两端需要接终端电阻，均为 110Ω，CPU ST40 端未画出（由于和 X20 相连的网络连接器自带终端电阻），若传输距离较近时，终端电阻可不接入。

2. 编写 CPU ST40 的程序

CPU ST40 中的主程序如图 6-31 所示，子程序如图 6-32 所示，中断程序如图 6-33 所示。

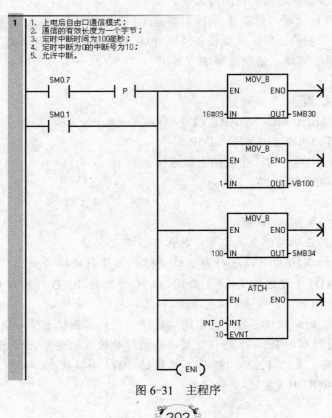

图 6-31 主程序

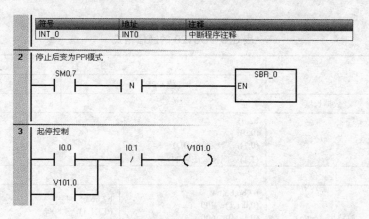

图 6-31　主程序（续）

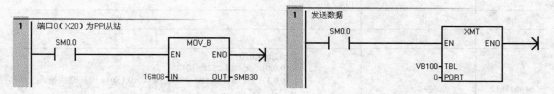

图 6-32　子程序　　　　　　　　　　　　图 6-33　中断程序

【关键点】自由口通信每次发送的信息最少是一个字节，本例中将起停信息存储在 VB101 的 V101.0 位发送出去。VB100 存放的是发送有效数据的字节数。

3. 编写 FX2N-32MR 的程序

（1）无协议通信简介

1）RS 指令格式如图 6-34 所示。

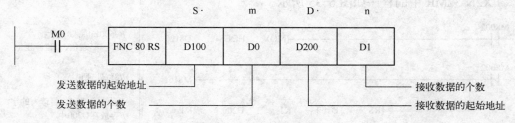

图 6-34　RS 指令格式

2）无协议通信中用到的元件见表 6-8。

表 6-8　无协议通信中用到的软元件

元件编号	名　称	内　容	属　性
M8122	发送请求	置位后，开始发送。	读/写
M8123	接收结束标志	接收结束后置位，此时不能再接收数据，需人工复位。	读/写
M8161	8 位处理模式	在 16 位和 8 位数据之间切换接收和发送数据，为 ON 时为 8 位模式，为 OFF 时为 16 位模式.	写

3）D8120 字的通信格式见表 6-9。

表 6-9 D8120 的通信格式

位 编 号	名 称	内 容	
		0（位 OFF）	1（位 ON）
b0	数据长度	7 位	8 位
b1b2	奇偶校验	b2,b1 (0,0): 无 (0,1): 奇校验(ODD) (1,1): 偶校验(EVEN)	
b3	停止位	1 位	2 位
b4b5b6b7	波特率（bit/s）	b7,b6,b5,b4 (0,0,1,1): 300 (0,1,0,0): 600 (0,1,0,1): 1,200 (0,1,1,0): 2,400	b7,b6,b5,b4 (0,1,1,1): 4,800 (1,0,0,0): 9,600 (1,0,0,1): 19,200
b8	报头	无	有
b9	报尾	无	有
b10b11b12	控制线	无协议 b12,b11,b10 (0,0,0): 无<RS-232C 接口> (0,0,1): 普通模式<RS-232C 接口>(0,1,0): 相互链接模式<RS-232C 接口>	
		计算机链接 (0,1,1): 调制解调器模式<RS-232C 接口> (1,1,1): RS-485 通信< RS-485/RS-422 接口>	
b13	和校验	不附加	附加
b14	协议	无协议	专用协议
b15	控制顺序（CR 、LF）	不使用 CR,LF(格式 1)	使用 CR,LF(格式 4)

（2）编写程序

FX2N-32MR 中的程序如图 6-35 所示。

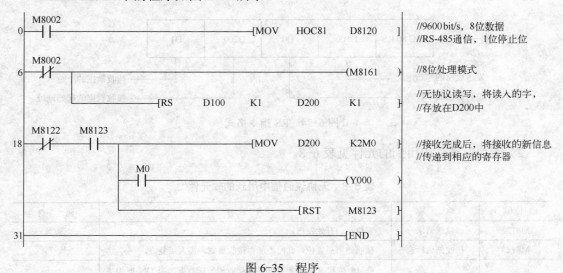

图 6-35 程序

实现不同品牌的 PLC 的通信，确实比较麻烦，要求读者对两种品牌的 PLC 的通信都比较熟悉。其中有两个关键点，一是读者一定要把通信线接对，二是与自由口（无协议）

通信的相关指令必须要弄清楚，否则通信是很难成功的。

【关键点】以上的程序是单向传递数据，即数据只从 CPU226CN 传向 FX2N-32MR，因此程序相对而言比较简单，若要数据双向传递，则必须注意 RS-485 通信是半双工的，编写程序时要保证在同一时刻同一个站点只能接收或者发送数据。

6.6　S7-200 SMART PLC 与 S7-200 PLC 之间的自由口通信

S7-200 SMART 与 S7-200 之间的自由口通信和 S7-200 SMART CPU 之间的自由口通信比较类似。以下以 1 台 S7-200 SMART 与 1 台 S7-200 之间的自由口通信为例介绍 S7-200 SMART 与 S7-200 之间的自由口通信的编程实施方法。

【例 6-5】　有两台设备，设备 1 的控制器是 CPU226CN，设备 2 的控制器是 CPU ST40，两者之间为自由口通信，要求实现设备 1 对设备 1 和 2 的电动机，同时进行起停控制，请设计方案，编写程序。

【解】

1. 主要软硬件配置

1）1 套 STEP7-Micro/WIN SMART V1.0 和 1 套 STEP7-Micro/WIN V4.0 SP8。

2）1 台 CPU ST40。

3）1 根 PROFIBUS 网络电缆（含 2 个网络总线连接器）。

4）1 根以太网电缆。

5）1 根 PC/PPI 电缆。

6）1 台 CPU226CN。

自由口通信硬件配置如图 6-36 所示，接线如图 6-37 所示。

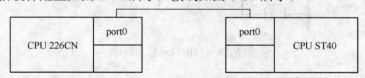

图 6-36　自由口通信硬件配置图

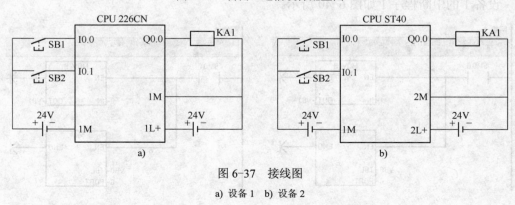

图 6-37　接线图

a) 设备 1　b) 设备 2

2. 编写设备 1 的程序

设备 1 的主程序如图 6-38 所示。

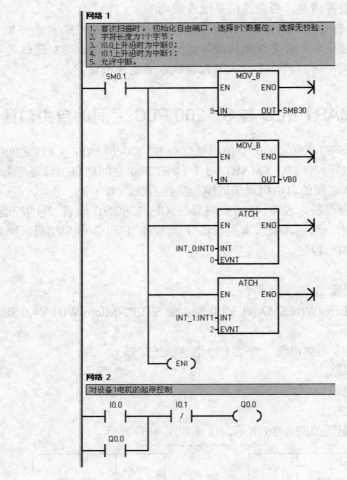

图 6-38　自由口通信主程序

设备 1 的中断程序 0 如图 6-39 所示。

设备 1 的中断程序 1 如图 6-40 所示。

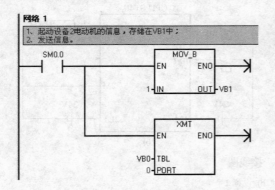

图 6-39　自由口通信中断程序 0

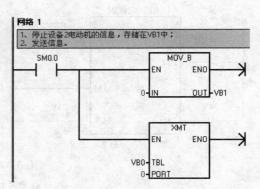

图 6-40　自由口通信中断程序 1

3. 编写设备 2 的程序

设备 2 的主程序如图 6-41 所示。

设备 2 的中断程序 0 如图 6-42 所示。

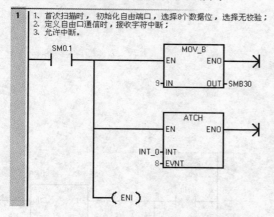

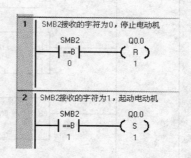

图 6-41 自由口通信主程序　　　　　图 6-42 自由口通信中断程序 0

6.7 S7-1200 PLC 与 S7-200 SMART PLC 之间的自由口通信

S7-200 SMART 的自带串口和通信板的串口都可以进行自由口通信，而 S7-1200 自身并无串口，要进行自由口通信，必须配置一个通信模块如 CM1241 或者通信板 CB1241。以下用一个例子介绍 S7-1200 与 S7-200 SMART 的自由口通信。

【例 6-6】 有两台设备，设备 1 控制器是 CPU 1214C，设备 2 控制器是 CPU ST40，两者之间为自由口通信，实现设备 2 上采集的模拟量传送到设备 1，请设计解决方案。

【解】

1. 主要软硬件配置

1）1 套 STEP7-Micro/WIN　SMART V1.0 和 1 套 STEP7 Basic V11。

2）1 根 PROFIBUS 电缆（含两个网络总线连接器）和一根网线。

3）1 台 CPU ST40。

4）1 台 CPU 1214C。

5）1 台 EM AE04。

6）1 台 CM1241（RS-485）。

硬件配置如图 6-43 所示。

图 6-43 硬件配置

2. 编写 CPU226CN 的程序

有关 S7-200 SMART 自由口通信的内容在前面的章节已经讲解，主程序及中断程序分别如图 6-44、图 6-45 所示。

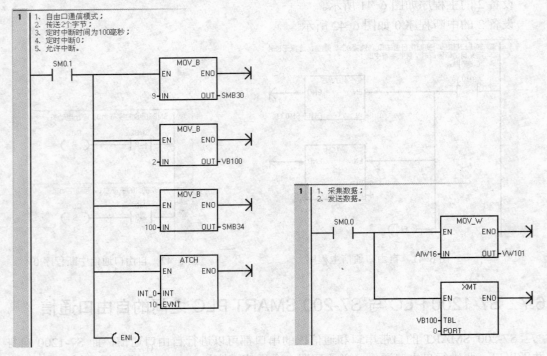

图 6-44 主程序   图 6-45 中断程序

3. S7-1200 硬件组态

（1）新建工程

单击"新建工程"按钮"⬚"，新建工程"自由口通信"，如图 6-46 所示。

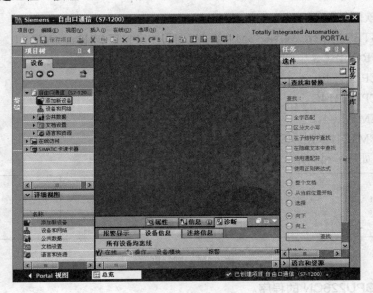

图 6-46 新建工程

（2）硬件组态

单击"添加新设备"，弹出"添加新设备"，如图 6-47 所示，展开"CPU1214C"，选中将要使用的产品型号（用订货号表示），单击"确定"按钮。

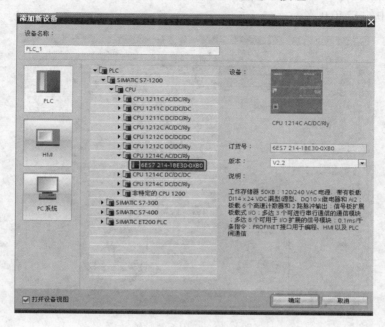

图 6-47　添加新设备（1）

选中通信模块的第一个槽位，如图 6-48 所示的标记"A"处，展开"通信模块"，双击要选中的模块的型号，本例为"6ES7 241-CH30-0XB0"，或者将模块直接拖入通信模块的第一槽位。

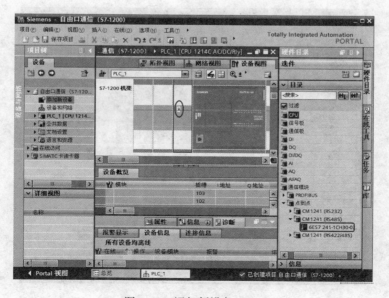

图 6-48　添加新设备（2）

（3）启用系统时钟

先选中 CPU1214C，再选中"系统和时钟存储器"，勾选"允许使用系统存储器字节"，如图 6-49 所示，在后面的方框中输入 20，则 M20.2 位表示始终为 1，相当于 S7-200 SMART 中的 SM0.0。

图 6-49　启用系统时钟

（4）添加数据块

如图 6-50 所示，展开"程序块"，选中"添加新块"，弹出界面如图 6-51 所示。选中"数据块"，命名为"DB2"，变成绝对寻址，再单击"确定"按钮。

图 6-50　添加数据块（1）

图 6-51　添加数据块（2）

（5）创建数组

打开数据块，创建数组 A[0..1]，数组中有两个字 A[0]和 A[1]，如图 6-52 所示。

图 6-52　创建数组

4．编写 S7-1200 的程序

（1）指令简介

RCV_PTP 是自由口通信的接收指令，当 EN_R 端为 1 时，通信模块接收消息，接收到的数据传送到数据存储区 BUFFER 中，PORT 中规定使用的是 RS-232 还是 RS-485 模块。RCV_PTP 指令的参数含义见表 6-10。

表 6-10 RCV_PTP 指令的参数含义

LAD	输入 / 输出	说　明	数 据 类 型
	EN	使能	BOOL
"RCV_PTP_DB" RCV_PTP EN　　　ENO EN_R　　NDR PORT　　ERROR BUFFER　STATUS 　　　　LENGTH	EN_R	接收请求信号，高电平有效	BOOL
	ENO	通信进行且无错误时为 1	BOOL
	PORT	通信模块的标识符，有 RS-232_1[CM] 和 RS-485_1[CM]	端口
	BUFFER	接收数据存放区	VARIANT
	NDR	指示是否接收新数据	BOOL
	ERROR	是否有错	BOOL
	STATUS	错误代码	WORD
	LENGTH	接收到的消息中包含字节数	UINT

RCV_PTP 指令的位置。先打开 OB1 块，在窗口的右侧选择"通信"→"通信处理器"→"点到点"→"RCV_PTP"，如图 6-53 所示。

图 6-53 RCV_PTP 指令的位置

（2）编写程序

S7-1200 中的程序如图 6-54 所示。

运行程序后，打开数组，如图 6-52 所示，再打开监控（按下监控按钮 👁），可以看到数组 A[0] 的数据的变化。

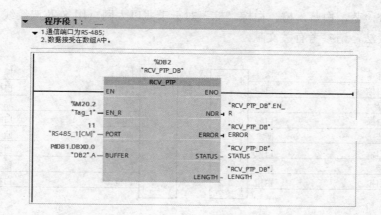

图 6-54　程序

6.8　以太网通信

6.8.1　工业以太网通信简介

1. 初识工业以太网

所谓工业以太网，通俗地讲就是应用于工业的以太网，是指其在技术上与商用以太网（IEEE802.3 标准）兼容，但材质的选用、产品的强度和适用性方面应能满足工业现场的需要。工业以太网技术的优点表现在：以太网技术应用广泛，为所有的编程语言所支持；软硬件资源丰富；易于与 Internet 连接，实现办公自动化网络与工业控制网络的无缝连接；通信速度快；可持续发展的空间大等。

虽然以太网有众多的优点，但作为信息技术基础的以太网是为 IT 领域应用而开发的，在工业自动化领域只得到有限应用，这是由于以下原因。

1）采用 CSMA/CD 碰撞检测方式，在网络负荷较重时，网络的确定性（Determinism）不能满足工业控制的实时要求。

2）所用的接插件、集线器、交换机和电缆等是为办公室应用而设计，不符合工业现场恶劣环境要求。

3）在工程环境中，以太网抗干扰（EMI）性能较差。若用于危险场合，以太网不具备本质安全性能。

4）以太网还不具备通过信号线向现场仪表供电的性能。

随着信息网络技术的发展，上述问题正在迅速得到解决。为促进以太网在工业领域的应用，国际上成立了工业以太网协会（Industrial Ethernet Association，IEA）。

2. 网络电缆接法

用于以太网的双绞线有 8 芯和 4 芯两种，双绞线的电缆连线方式也有两种，即正线（标准 568B）和反线（标准 568A），其中正线也称为直通线，反线也称为交叉线。正线接线如图 6-55 所示，两端线序一样，从下至上线序是：白橙，橙，白蓝，蓝，白绿，绿，白棕，棕。反线接线如图 6-56 所示，一端为正线的线序，另一端为从下至上线序是：白绿，绿，白橙，蓝，白蓝，橙，白棕，棕。对于千兆以太网，用 8 芯双绞线，但接法不同以上所述的接法，请参考有关文献。

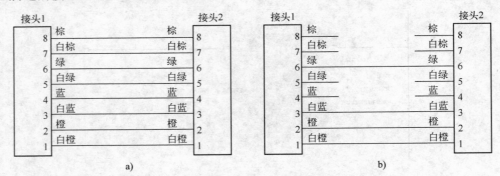

图 6-55 双绞线正线接线图

a) 8 芯线 b) 4 芯线

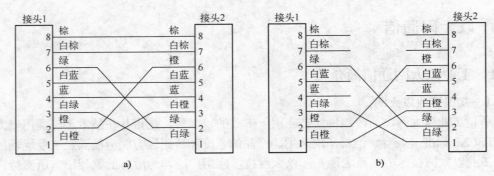

图 6-56 双绞线反线接线图

a) 8 芯线 b) 4 芯线

对于 4 芯的双绞线，只用连接头上的（常称为水晶接头）1、2、3 和 6 四个引脚。西门子的 PROFINET 工业以太网采用 4 芯的双绞线。

常见的采用正线连接的有：计算机（PC）与集线器（HUB）、计算机（PC）与交换机（SWITCH）、PLC 与交换机（SWITCH）、PLC 与集线器（HUB）。

常见的采用反线连接的有：计算机（PC）与计算机（PC）、PLC 与 PLC。

6.8.2　S7-200 SMART PLC 与 HMI 之间的以太网通信

S7-200 SMART PLC 自身带以太网接口（PN 口），西门子的部分 HMI 也有以太网口，但西门子的大部分带以太网口的 HMI 价格都比较高，虽然可以与 S7-200 SMART 系列 PLC 建立通信，但很显然高端 HMI 与低端的 S7-200 SMART 相配是不合理的。为此，西门子公司设计了低端的 SMART LINE 系列 HMI，其中 SMART 700 IE 和 SMART 1000 IE 触摸屏自带以太网接口，可以很方便与 S7-200 SMART PLC 进行以太网通信。以下用一个例子来介绍通信的实现步骤。

1．通信举例

【例 6-7】　有一台设备上面配有 1 台 CPU ST40 和 1 台 SMART 700 IE 触摸屏，请建

立两者之间的通信。

【解】　首先计算机中要安装 WinCC Flexible 2008 SP4，因为低版本的 WinCC Flexible 要安装 SMART 700 IE 触摸屏的升级包。具体步骤有以下几步。

（1）创建一个项目

打开软件 WinCC Flexible 2008 SP4，弹出如图 6-57 所示的界面，单击"创建一个空项目"选项，弹出如图 6-57 所示的界面。

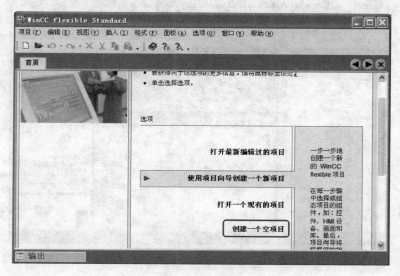

图 6-57　创建一个空项目

（2）选择设备

选择触摸屏的具体型号，如图 6-58 所示，选择"SMART 700 IE"，再单击"确定"按钮。

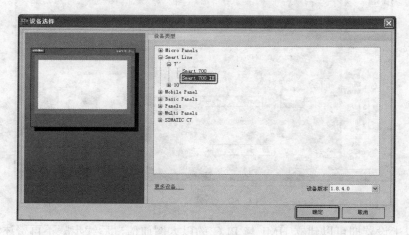

图 6-58　选择设备

（3）新建连接

建立 HMI 与 PLC 的连接。展开项目树，双击"连接"选项，如图 6-59 所示，弹出如图 6-60 所示。先单击"1"处的空白，弹出"连接_1"，再选择"2"处的"SIMATIC S7 200 Smart"（即驱动程序），在"3"处，选择"以太网"连接方式，"4"处的 IP 地址"192.168.2.88"是 HMI 的 IP 地址，这个 IP 地址必须在 HMI 中设置，这点务必注意，"5"处的 IP 地址是"192.168.2.1"是 PLC 的 IP 地址，这个 IP 地址必须在 PLC 的编程软件 STEP7-Micro/WIN SMART 中设置，而且要下载到 PLC 才生效，这点也务必注意。

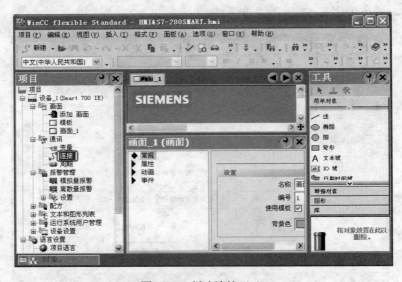

图 6-59　新建连接（1）

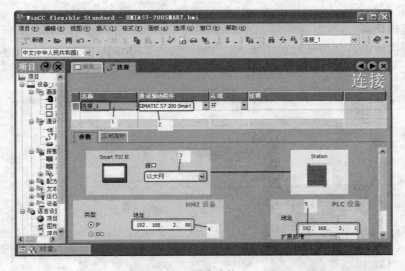

图 6-60　新建连接（2）

保存以上设置即可以建立 HMI 与 PLC 的以太网通信，后续步骤不再赘述，完整的案例见光盘。

2. 修改 PLC 的 IP 地址的方法

1）如图 6-61 所示，双击"项目树"中的"通信"选项，弹出如图 6-62 所示的"通

信"界面，图中显示的 IP 地址就是 PLC 的当前 IP 地址（本例为 192.168.2.1），此时的 IP
地址是灰色，不能修改。单击"编辑"按钮，弹出如图 6-63 所示的界面。

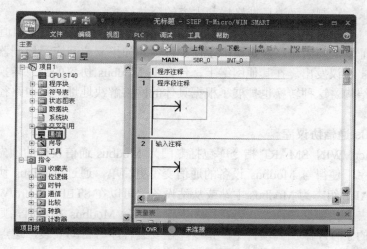

图 6-61　打开通信界面

　　2）如图 6-63 所示，此时 IP 地址变为黑色，可以修改，输入新的 IP 地址（本例为
192.168.0.2），再单击"设置"按钮即可，IP 地址修改成功。

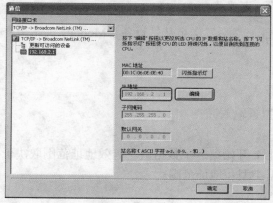

图 6-62　通信界面（1）

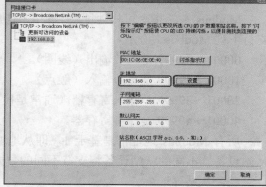

图 6-63　通信界面（2）

6.9　Modbus 通信

6.9.1　Modbus 通信概述

1. Modbus 协议简介

　　Modbus 协议是应用于电子控制器上的一种通用语言。通过此协议，控制器相互之
间、控制器经由网络（例如以太网）和其他设备之间可以通信。它已经成为一种通用工业
标准。有了它，不同厂商生产的控制设备可以连成工业网络，进行集中监控。

此协议定义了一个控制器能认识使用的消息结构，而不管它们是经过何种网络进行通信的。它描述了控制器请求访问其他设备的过程，如回应来自其他设备的请求，以及怎样侦测错误并记录。它制定了消息域格局和内容的公共格式。

当在一个 Modbus 网络上通信时，此协议决定了每个控制器需要知道它们的设备地址，识别按地址发来的消息，决定要产生何种行动。如果需要回应，控制器将生成反馈信息并用 Modbus 协议发出。在其他网络上，包含了 Modbus 协议的消息转换，在此网络上使用的帧或包结构。这种转换也扩展了根据具体的网络解决地址、路由路径及错误校验的方法。

2．Modbus 通信协议库

STEP7-Micro/WIN SMART 指令库包括专门为 Modbus 通信设计的预先定义的子程序和中断服务程序，使得与 Modbus 设备的通信变得更简单。通过 Modbus 协议指令，可以将 S7-200 SMART 组态为 Modbus 主站或从站设备。可以在 STEP7-Micro/WIN SMART 指令树的库文件夹中找到这些指令。当在程序中输入一个 Modbus 指令时，则程序自动将一个或多个相关的子程序添加到项目中。指令库在安装程序时自动安装，这点不同于 S7-200 的软件，S7-200 的软件需要另外购置指令库并单独安装。

3．Modbus 的地址

Modbus 地址通常是包含数据类型和偏移量的 5 个字符值。第一个字符确定数据类型，后面四个字符选择数据类型内的正确数值。

（1）主站寻址

Modbus 主站指令可将地址映射到正确功能，然后发送至从站设备。Modbus 主站指令支持下列 Modbus 地址：

00001～09999 是离散输出（线圈）。

10001～19999 是离散输入（触点）。

30001～39999 是输入寄存器（通常是模拟量输入）。

40001～49999 是保持寄存器。

所有 Modbus 地址都是基于 1，即从地址 1 开始第一个数据值。有效地址范围取决于从站设备。不同的从站设备将支持不同的数据类型和地址范围。

（2）从站寻址

Modbus 主站设备将地址映射到正确功能。Modbus 从站指令支持以下地址：

00001～00256 是映射到 Q0.0～Q31.7 的离散量输出。

10001～10256 是映射到 I0.0～I31.7 的离散量输入。

30001～30056 是映射到 AIW0～AIW110 的模拟量输入寄存器。

40001～49999 和 40000～465535 是映射到 V 存储器的保持寄存器。

所有 Modbus 地址都是从 1 开始编号的。表 6-11 所示为 Modbus 地址与 S7-200 SMART 地址的对应关系。

Modbus 从站协议允许对 Modbus 主站可访问的输入、输出、模拟输入和保持寄存器（V 区）的数量进行限定。例如，若 HoldStart 是 VB0，那么 Modbus 地址 40001 对应 S7-200 SMART 地址的 VB0。

表 6-11 Modbus 地址与 S7-200 SMART 地址的对应关系

序　　号	Modbus 地址	S7-200 SMART 地址
1	00001	Q0.0
	00002	Q0.1
	…	…
	00127	Q15.6
	00256	Q31.7
2	10001	I0.0
	10002	I0.1
	…	…
	10127	I15.6
	10256	I31.7
3	30001	AIW0
	30002	AIW1
	…	…
	30056	AIW110
4	40001	HoldStart
	40002	HoldStart+2
	…	
	4xxxx	HoldStart+2×（xxxx-1）

6.9.2　S7-200 SMART PLC 之间的 Modbus 通信

以下以两台 CPU ST40 之间的 Modbus 现场总线通信为例介绍 S7-200 SMART 系列 PLC 之间的 Modbus 现场总线通信。

【例 6-8】 模块化生产线的主站为 CPU ST40，从站为 CPU ST40，主站发出开始信号（开始信号为高电平），从站接收信息，并控制从站的电动机的起停。

【解】

1. 主要软硬件配置

1）1 套 STEP7-Micro/WIN SMART V1.0。

2）1 根以太网电缆。

3）2 台 CPU ST40。

4）1 根 PROFIBUS 网络电缆（含两个网络总线连接器）。

Modbus 现场总线硬件配置如图 6-64 所示。

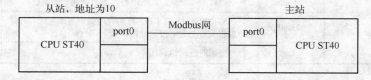

图 6-64 Modbus 现场总线硬件配置图

2. 相关指令介绍

（1）主设备指令

初始化主设备指令 MBUS_CTRL 用于 S7-200 SMART 端口 0（或用于端口 1 的 MBUS_CTRL_P1 指令）可初始化、监视或禁用 Modbus 通信。在使用 MBUS_MSG 指令之前，必须正确执行 MBUS_CTRL 指令，指令执行完成后，立即设定"完成"位，才能继续执行下一条指令。其各输入/输出参数见表 6-12。

表 6-12　MBUS_CTRL 指令的参数表

子程序	输入/输出	说　明	数据类型
MBUS_CTRL —EN —Mode —Baud　　Done— —Parity　　Error— —Port —Timeout	EN	使能	BOOL
	Mode	为 1 将 CPU 端口分配给 Modbus 协议并启用该协议。为 0 将 CPU 端口分配给 PPI 协议，并禁用 Modbus 协议	BOOL
	Baud	将波特率设为 1200、2400、4800、9600、19200、38400、57600 或 115200bit/s	D WORD
	Parity	0 - 无奇偶校验　1 - 奇校验　2 - 偶校验	BYTE
	Port	端口：使用 PLC 集成端口为 0，使用通信板时为 1	BYTE
	Timeout	等待来自从站应答的毫秒时间数	WORD
	Error	出错时返回错误代码	BYTE

MBUS_MSG 指令（或用于端口 1 的 MBUS_MSG_P1）用于启动对 Modbus 从站的请求，并处理应答。当 EN 输入和"首次"输入打开时，MBUS_MSG 指令启动对 Modbus 从站的请求。发送请求、等待应答、并处理应答。EN 输入必须打开，以启用请求的发送，并保持打开，直到"完成"位被置位。此指令在一个程序中可以执行多次。其各输入/输出参数见表 6-13。

表 6-13　MBUS_MSG 指令的参数表

子程序	输入/输出	说　明	数据类型
MBUS_MSG —EN —First —Slave　　Done— —RW　　Error— —Addr —Count —DataPtr	EN	使能	BOOL
	First	"首次"参数应该在有新请求要发送时才打开，进行一次扫描。"首次"输入应当通过一个边沿检测元素（例如上升沿）打开，这将保证请求被传送一次	BOOL
	Slave	"从站"参数是 Modbus 从站的地址。允许的范围是 0～247	BYTE
	RW	0 - 读，1 - 写	BYTE
	Addr	"地址"参数是 Modbus 的起始地址	DWORD
	Count	"计数"参数，读取或写入的数据元素的数目	INT
	DataPtr	S7-200 SMART CPU 的 V 存储器中与读取或写入请求相关数据的间接地址指针	DWORD
	Error	出错时返回错误代码	BYTE

【关键点】指令 MBUS_CTRL 的 EN 要接通，在程序中只能调用一次，MBUS_MSG 指令可以在程序中多次调用，要特别注意区分 Addr、DataPtr 和 Slave 三个参数。

（2）从设备指令

MBUS_INIT 指令用于启用、初始化或禁止 Modbus 通信。在使用 MBUS_SLAVE 指令之前，必须正确执行 MBUS_INIT 指令。指令完成后立即设定"完成"位，才能继续执行下一条指令。其各输入/输出参数见表 6-14。

表 6-14 MBUS_INIT 指令的参数表

子 程 序	输入/输出	说　　明	数 据 类 型
MBUS_INIT EN Mode　　Done Addr　　Error Baud Parity Port Delay MaxIQ MaxAI MaxHold Holdst~	EN	使能	BOOL
	Mode	为 1 将 CPU 端口分配给 Modbus 协议并启用该协议。为 0 将 CPU 端口分配给 PPI 协议，并禁用 Modbus 协议	BYTE
	Baud	将波特率设为 1200、2400、4800、9600、19200、38400、57600 或 115200bit/s	DWORD
	Parity	0 - 无奇偶校验　1 - 奇校验　2 - 偶校验	BYTE
	Addr	"地址"参数是 Modbus 的起始地址	BYTE
	Port	端口：使用 PLC 集成端口为 0，使用通信板时为 1	BYTE
	Delay	"延时"参数，通过将指定的毫秒数增加至标准 Modbus 信息超时的方法，延长标准 Modbus 信息结束超时条件	WORD
	MaxIQ	参数将 Modbus 地址 0xxxx 和 1xxxx 使用的 I 和 Q 点数设为 0~128 之间的数值	WORD
	MaxAI	参数将 Modbus 地址 3xxxx 使用的字输入（AI）寄存器数目设为 0~32 之间的数值。	WORD
	MaxHold	参数设定 Modbus 地址 4xxxx 使用的 V 存储器中的字保持寄存器数目	WORD
	HoldStart	参数是 V 存储器中保持寄存器的起始地址	DWORD
	Error	出错时返回错误代码	BYTE

MBUS_SLAVE 指令用于为 Modbus 主设备发出的请求服务，并且必须在每次扫描时执行，以便允许该指令检查和回答 Modbus 请求。在每次扫描且 EN 输入开启时，执行该指令。其各输入/输出参数见表 6-15。

表 6-15 MBUS_SLAVE 指令的参数表

子 程 序	输入/输出	说　　明	数 据 类 型
MBUS_SLAVE EN Done Error	EN	使能	BOOL
	Done	当 MBUS_SLAVE 指令对 Modbus 请求作出应答时，"完成"输出打开。如果没有需要服务的请求时，"完成"输出关闭	BOOL
	Error	出错时返回错误代码	BYTE

【关键点】MBUS_INIT 指令只在首次扫描时执行一次，MBUS_SLAVE 指令无输入参数。

3. 编写程序

主站和从站的程序如图 6-65 和图 6-66 所示。

【关键点】使用 Modbus 指令库（USS 指令库也一样），都要对库存储器的空间进行分配，这样可避免库存储器用了的 V 存储器让用户再次使用，以免出错。方法是选中

"库"，单击鼠标右键弹出快捷菜单，单击"库存储器"，如图 6-67 所示，弹出如图 6-68 所示的界面，单击"建议地址"，再单击"确定"按钮。图中的地址 VB570～VB853 被 Modbus 通信占用，编写程序时不能使用。

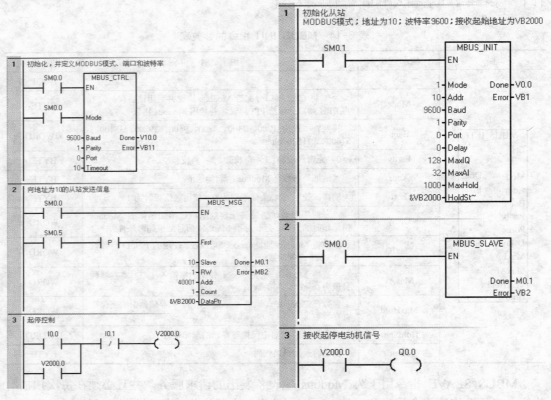

图 6-65 主站程序   图 6-66 从站程序

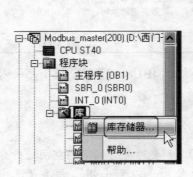

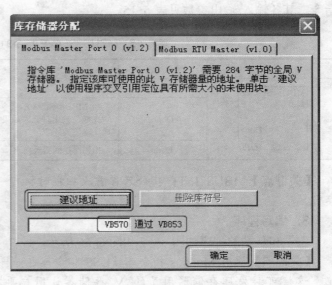

图 6-67 库存储器分配（1）   图 6-68 库存储器分配（2）

6.9.3　S7-200 SMART PLC 与 S7-200 PLC 之间的 Modbus 通信

S7-200 SMART PLC 与 S7-200 PLC 之间的 Modbus 通信跟 S7-200 SMART 之间的 Modbus 通信类似。下面以 1 台 CPU ST40 与 1 台 CPU 226CN 之间的 Modbus 现场总线通信为例，介绍 S7-200 SMART 与 S7-200 PLC 之间的 Modbus 现场总线通信。

【例 6-9】　模块化生产线的主站为 CPU 226CN，从站为 CPU ST40，主站发出开始信号（开始信号为高电平），从站接收信息，并控制从站的电动机的起停。

【解】

1.　主要软硬件配置

1）1 套 STEP7-Micro/WIN SMART V1.0 和 1 套 STEP7-Micro/WIN V4.0 SP8。

2）1 台 CPU ST40。

3）1 根 PROFIBUS 网络电缆（含 2 个网络总线连接器）。

4）1 根以太网电缆。

5）1 根 PC/PPI 电缆。

6）1 台 CPU226CN。

Modbus 通信硬件配置如图 6-69 所示，接线如图 6-70 所示。

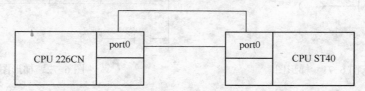

图 6-69　Modbus 通信硬件配置图

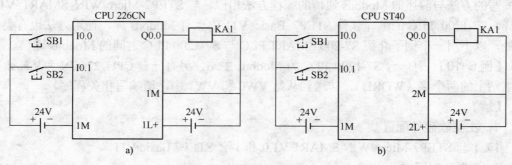

图 6-70　接线图

a）站 1　b）站 2

2.　编写程序

设备 1 发送起停信号，设备 1 的 PLC 的梯形图如图 6-71 所示。

设备 2 接收起停信号，设备 2 的 PLC 的梯形图如图 6-72 所示。

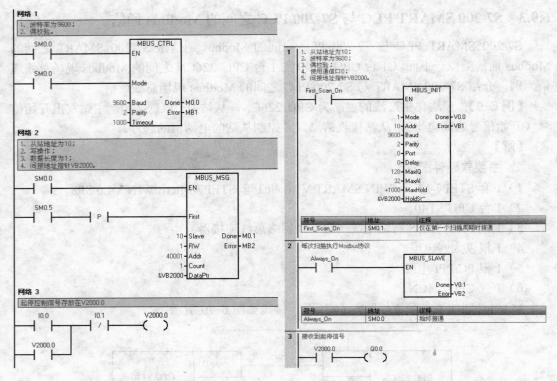

图 6-71　梯形图　　　　　　　　　　　　图 6-72　梯形图

6.9.4　S7-200 SMART PLC 与 S7-1200 PLC 之间的 Modbus 通信

S7-200 SMART PLC 与 S7-1200 PLC 之间的 Modbus 通信，S7-200 SMART PLC 的程序编写的方法与前述的 Modbus 通信的编程方法相似。与 STEP7-Micro/WIN SMART V1.0 一样，S7-1200 PLC 的编译软件 STEP7 Basic V11 中也有 Modbus 库，使用方法也有类似之处，以下用一个例子介绍 S7-200 SMART PLC 与 S7-1200 PLC 之间的 Modbus 通信。

【例 6-10】　有一台 S7-1200 PLC 为 Modbus 主站，另有一台 CPU 226CN 为从站，要将主站上的两个字（WORD），传送到从站 VW0 和 VW1 中，请编写相关程序。

【解】

1. 主要软硬件配置

1）1 套 STEP7-Micro/WIN SMART V1.0 和 1 套 STEP7 Basic V11。

2）1 根一根网线。

3）1 台 CPU ST40。

4）1 台 CPU 1214C。

5）1 台 CM 1241（RS-485）。

6）1 根 PROFIBUS 网络电缆（含两个网络总线连接器）。

Modbus 现场总线硬件配置如图 6-73 所示。

【关键点】S7-1200 只有一个通信口，即 PROFINET 口，因此要进行 Modbus 通信就必须配置 RS-485 模块（如 CM1241 RS-485）或者 RS-232 模块（如 CM1241 RS-232），这

两个模块都由 CPU 供电，不需要外接供电电源。

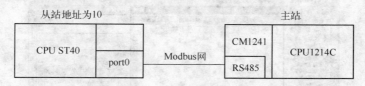

图 6-73　Modbus 现场总线硬件配置图

2．S7-1200 的硬件组态

（1）创建新项目

首先打开 STEP7 Basic V11 软件，选中"创建新项目"，再在"项目名称"中输入读者希望的名称，本例为"Modbus"，注意工程名称和保存路径最好都是英文，最后单击"创建"按钮，如图 6-74 所示。

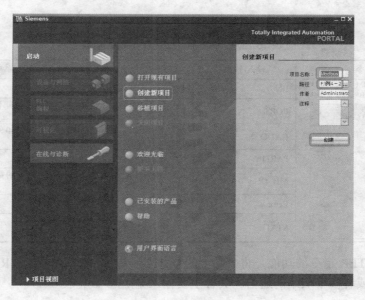

图 6-74　创建新工程

（2）硬件组态

熟悉 S7-200 PLC 的读者都知道，S7-200 PLC 是不需要硬件组态的，但 S7-1200 PLC 需要硬件组态，哪怕只用一台 CPU 也是如此。先选中"添加新设备"，再双击将要组态的 CPU（图中的 1 处），接着选中 101 槽位，双击要组态的模块（图中的 2 处），如图 6-75 所示。

（3）保存硬件组态

保存硬件组态即完成。

3．相关指令介绍

MB_COMM_LOAD 指令的功能是将 CM1241 模块（RS-485 或者 RS-232）的端口配置成 Modbus 通信协议的 RTU 模式。此指令只在程序运行时执行一次。其主要输入/输出参数见表 6-16。

图 6-75　硬件组态

表 6-16　MB_COMM_LOAD 指令的参数表

指　　令	输入/输出	说　　明	数据类型
"MB_COMM_ LOAD_DB" %FB1080 "MB_COMM_LOAD" EN　　　　ENO PORT　　　ERROR BAUD　　　STATUS PARITY FLOW_CTRL RTS_ON_DLY RTS_OFF_DLY RESP_TO MB_DB	EN	使能	BOOL
	PORT	选用的是 RS-485 还是 RS-232 模块，都有不同的代号，这个代号在下拉帮助框中。	UDINT
	BAUD	将波特率设为 1200、2400、4800、9600、19200、38400、57600 或 115200bit/s。	UDINT
	PARITY	0 - 无奇偶校验　1 - 奇校验　2 - 偶校验	UINT
	MB_DB	MB_MASTER 或者 MB_SLAVE 指令的数据块，可以在下拉帮助框中找到。	VARIANT
	Error	是否出错；0 表示无错误，1 表示有错误	BOOL
	STATUS	端口组态错误代码	WORD

　　MB_MASTER 指令的功能是将主站上的 CM1241 模块（RS-485 或者 RS-232）的通信口建立与一个或者多个从站的通信。其各主要输入/输出参数见表 6-17。

表 6-17　MB_MASTER 指令的参数表

指　　令	输入/输出	说　　明	数据类型
"MB_MASTER_ DB_1" %FB1081 "MB_MASTER" EN　　　　ENO REQ　　　　DONE MB_ADDR　BUSY MODE　　　ERROR DATA_ADDR STATUS DATA_LEN DATA_PTR	EN	使能	BOOL
	REQ	通信请求；0 表示无请求，1 表示有请求；上升沿有效	BOOL
	MB_ADDR	从站站地址，有效值为 0～247。	USINT
	MODE	读或者写请求；0 - 读　1 - 写	USINT
	DATA_ADDR	从站的 Modbus 起始地址。	UDINT
	DATA_LEN	发送或者接受数据的长度（位或字节）	UINT
	DATA_PTR	数据指针	VARIANT
	Error	是否出错；0 表示无错误，1 表示有错误	BOOL
	STATUS	执行条件代码	WORD

4．编写程序

（1）编写主站的程序

1）首先建立数据块 Modbus，并在数据块 Modbus 中创建数组 data，数组的数据类型为字。其中 data[0] 和 data[1]的初始值为 16#ffff，如图 6-76 所示。

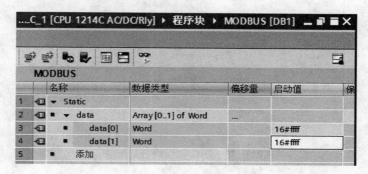

图 6-76　数据块 Modbus 中的数组 data

2）在 OB100 组织块中编写初始化程序，此程序只在启动时运行一次，如图 6-77 所示。此程序如果编写在 OB1 组织块中，则应在 EN 前加一个首次运行扫描触点。

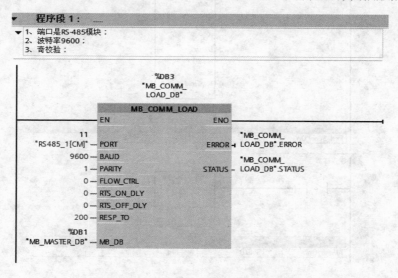

图 6-77　OB100 组织块中的始化程序

3）在 OB1 组织块中编写主程序，如图 6-78 所示。此程序的 REQ 要有上升沿才有效，因此，当 M10.1（M10.1 是 5Hz 的方波，设置方法请参考说明书）的上升沿时，主站将数据块"Modbus"中的数组 data 的两个字发送到从站 10 中去。具体发送到从站 10 的 V 存储区哪个位置要由从站程序决定。

（2）编写从站的程序

从站的程序如图 6-79 所示。从站每次接收 2 个字节，即一个字，存放在 VW0 中。编程时取用即可。

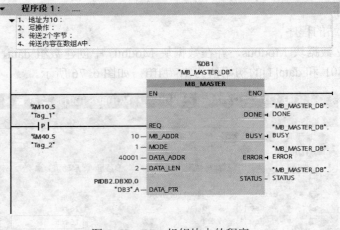

图 6-78　OB1 组织块中的程序

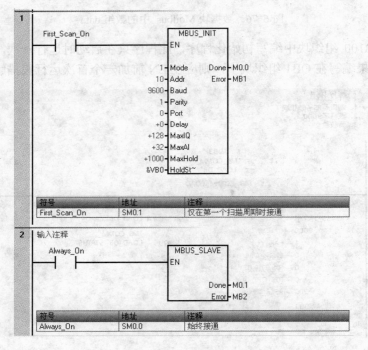

图 6-79　从站程序

重点难点总结

通信是 PLC 中的难点，一般初学者不容易掌握，往往通信不成功时，还不知道错误出在何处。其实西门子的每种通信都有固定的模式，以下为几点需要掌握的重点及难点。

1）自由口应用较广泛，应重点掌握。

2）Modbus 现场总线是免费的开放式总线，被很多 PLC、变频器和工业仪表都支持，应用广泛。

习题

1. OSI 模型分为哪几个层？各层的作用是什么？

2. PROFIBUS 现场总线的种类有哪些？这些种类的 PROFIBUS 现场总线使用了 OSI 模型的哪几层？

3. 西门子 PLC 的常见通信方式有哪几种？

4. 有三台 CPU226CN，一台为主站，其余两台为从站，在主站上发出一个起停信号，对从站上控制的电动机进行起停，从站将电动机的起停状态反馈到主站，请用网络读写指令编写程序。

5. 有三台 CPU226CN，一台为主站，其余两台为从站，在主站上发出一个起停信号，对从站上控制的电动机进行起停，从站将电动机的起停状态反馈到主站，请用指令向导生成子程序，并编写程序。

6. 何谓串行通信和并行通信？

7. 何谓双工、单工和半双工？请举例说明。

8. 在自由口模式下用发送完成中断实现计算机与 PLC 之间的通信，波特率为 9600bit/s，8 个数据位，1 个停止位，偶校验，无起始字符，停止字符为 16#AA，超时检测的时间为 2s，可以接收的最大字符数为 200，接收缓冲区的其实地址为 VB50，试设计 PLC 通信程序。

9. 写出下列 Modbus 请求帧的十六进制代码，用串口通信调试软件计算 CRC 码。

1）用 Modbus 的功能 5 分别将 Q0.3 置位和复位。

2）用 Modbus 的功能 15 将十六进制数 16#A5 写入 QB0。

3）用 Modbus 的功能 6 将十六进制数 16#11A5 写入 VW0，用功能 3 读取 VW10。

4）用 Modbus 的功能 3 读取 VW12 和 VW14。

第7章

S7-200 SMART PLC 的
运动控制及其应用

本章介绍 S7-200 SMART PLC 的高速输出点直接对步进电动机和伺服电动机进行运动控制，读者可以根据实际情况对程序和硬件配置进行移植。

7.1 S7-200 SMART PLC 的运动控制基础

1. S7-200 SMART 的开环运动控制介绍

S7-200 SMART CPU 提供两种方式的开环运动控制：

1）脉宽调制（PWM）：内置于 CPU 中，用于速度、位置或占空比的控制。

2）运动轴：内置于 CPU 中，用于速度和位置的控制。

CPU 提供了最多三个数字量输出（Q0.0、Q0.1 和 Q0.3），这三个数字量输出可以通过 PWM 向导组态为 PWM 输出，或者通过运动向导组态为运动控制输出。当作为 PWM 操作组态输出时，输出的周期是固定的，脉宽或脉冲占空比可通过程序进行控制。脉宽的变化可在应用中控制速度或位置。

运动轴提供了带有集成方向控制和禁用输出的单脉冲串输出。运动轴还包括可编程输入，允许将 CPU 组态为包括自动参考点搜索在内的多种操作模式。运动轴为步进电动机或伺服电动机的速度和位置开环控制提供了统一的解决方案。

2. 高速脉冲输出指令介绍

S7-200 SMART PLC 配有 2～3 个 PWM 发生器，它们可以产生一个脉冲调制波形。一个发生器输出点是 Q0.0，另外两个发生器输出点是 Q0.1 和 Q0.3。当 Q0.0、Q0.1 和 Q0.3 作为高速输出点时，其普通输出点被禁用，而当不作为 PWM 发生器时，Q0.0、Q0.1 和 Q0.3 可作为普通输出点使用。一般情况下，PWM 输出负载至少为 10%的额定负载。经济型的 S7-200 SMART PLC 并没有高速输出点，标准型的 S7-200 SMART PLC 才有高速输出点，目前典型的两个型号是 CPU ST40 和 CPU ST60。CPU ST20 只有两个高速输出通道，即 Q0.0 和 Q0.1。

脉冲输出指令（PLS）配合特殊存储器用于配置高速输出功能，PLS 指令格式见表 7-1。

PWM 提供三条通道，这些通道允许占空比可变的固定周期时间输出，如图 7-1 所示，PLS 指令可以指定周期时间和脉冲宽度。以μs 或 ms 为单位指定脉冲宽度和周期。

表 7-1 PLS 指令格式

LAD	说　明	数据类型
PLS EN　ENO Q0.X	Q0.X：脉冲输出范围，为 0 时 Q0.0 输出，为 1 时 Q0.1 输出，为 3 时 Q0.2 输出	WORD

图 7-1 脉冲串输出

PWM 的周期范围为 10～65 535μs 或者 2～65 535ms，PWM 的脉冲宽度时间范围为 10～65 535μs 或者 2～65 535ms。

3. 与 PLS 指令相关的特殊寄存器的含义

如果要装入新的脉冲宽度（SMW70 或 SMW80）和周期（SMW68 或 SMW78），应该在执行 PLS 指令前装入这些值和控制寄存器，然后 PLS 指令会从特殊存储器 SM 中读取数据，并按照存储数值控制 PWM 发生器。这些特殊寄存器分为三大类：PWM 功能状态字、PWM 功能控制字和 PWM 功能寄存器。这些寄存器的含义见表 7-2、表 7-3 和表 7-4。

表 7-2 PWM 控制寄存器的 SM 标志

Q0.0	Q0.1	Q0.3	控　制　字　节
SM67.0	SM77.0	SM567.0	PWM 更新周期值（0=不更新，1=更新周期值）
SM67.1	SM77.1	SM567.1	PWM 更新脉冲宽度值（0=不更新，1=脉冲宽度值）
SM67.2	SM77.2	SM567.2	保留
SM67.3	SM77.3	SM567.3	PWM 时间基准选择（0=1μs/格，1=1ms/格）
SM67.4	SM77.4	SM567.4	保留
SM67.5	SM77.5	SM567.5	保留
SM67.6	SM77.6	SM567.6	保留
SM67.7	SM77.7	SM567.7	PWM 允许（0=禁止，1=允许）

表 7-3 其他 PWM 寄存器的 SM 标志

Q0.0	Q0.1	Q0.3	控　制　字　节
SMW68	SMW78	SMW568	PWM 周期值（范围：2～65 535）
SMW70	SMW80	SMW570	PWM 脉冲宽度值（范围：0～65 535）

表 7-4 PWM 控制字节参考

控制寄存器（十六进制值）	启　用	时　基	脉冲宽度	周期时间
16#80	是	1 μs／周期		
16#81	是	1 μs／周期		更新
16#82	是	1μs／周期	更新	

（续）

控制寄存器（十六进制值）	启　用	时　基	脉冲宽度	周期时间
16#83	是	1μs/ 周期	更新	更新
16#88	是	1ms/ 周期		
16#89	是	1ms/ 周期		更新
16#8A	是	1ms/ 周期	更新	
16#8B	是	1ms/ 周期	更新	更新

【关键点】使用 PWM 功能相关的特殊存储器 SM 需要注意以下几点。

1）如果要装入新的脉冲宽度（SMW70 或 SMW80）或者周期（SMW68 或 SMW78），应该在执行 PLS 指令前装入这些数值到控制寄存器。

2）受硬件输出电路响应速度的限制，对于 Q0.0、Q0.1 和 Q0.3 从断开到接通为 1.0μs，从接通到断开 3.0μs，因此最小脉宽不可能小于 4.0μs。最大的频率为 100kHz，因此最小周期为 10μs。

4. PLS 高速输出指令应用

以下用一个例子介绍高速输出指令的应用。

【例 7-1】 用 CPU ST40 的 Q0.0 输出一串脉冲，周期为 100ms，脉冲宽度时间为 20ms，要求有起停控制。

【解】梯形图如图 7-2 所示。

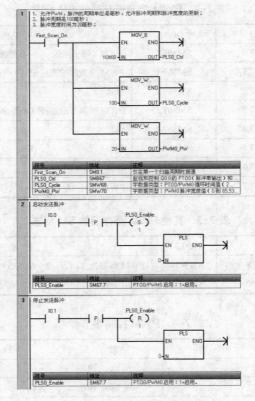

图 7-2　梯形图

初学者往往对于控制字的理解比较困难，但西门子公司设计了指令向导功能，读者只要设置参数即可生成子程序，使得程序的编写变得简单。以下将介绍此方法。

（1）打开指令向导

单击菜单栏的"工具"→"PWM"，如图 7-3 所示，弹出如图 7-4 所示的界面。

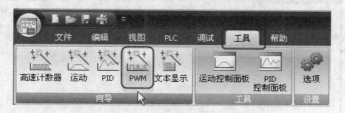

图 7-3　打开指令向导

（2）选择输出点

CPU ST40 有三个高速输出点，本例选择 Q0.0 输出，也就是勾选"PWM0"选项，同理如果要选择 Q0.1 输出，则应勾选"PWM1"选项，单击"下一步"按钮，如图 7-4 所示。

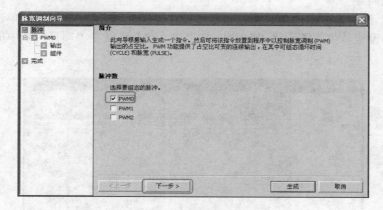

图 7-4　选择输出点

（3）子程序命名

如图 7-5 所示，可对子程序命名，也可以使用默认的名称，单击"下一步"按钮。

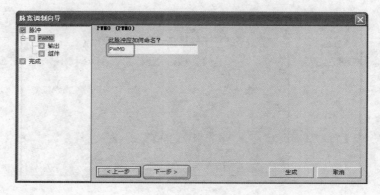

图 7-5　子程序命名

（4）选择时间基准

PWM 的时间基准有"毫秒"和"微妙"，本例选择"毫秒"，如图 7-6 所示，单击"下一步"按钮。

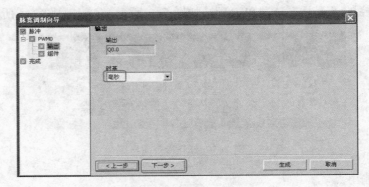

图 7-6　选择时间基准

（5）完成向导

如图 7-7 所示，单击"下一步"按钮，弹出如图 7-8 所示的界面，单击"生成"按钮，完成向导设置，生成子程序"PWM0_RUN"，读者可以在"项目树"中的"调用子例程"中找到。

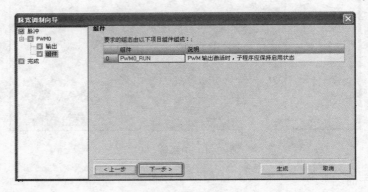

图 7-7　完成向导（1）

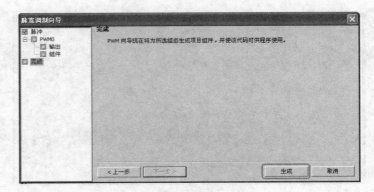

图 7-8　完成向导（2）

（6）编写梯形图程序

梯形图如图 7-9 所示。其功能与图 7-2 的梯形图完全一样，但相比而言此梯形图更加简洁，也更加容易编写。

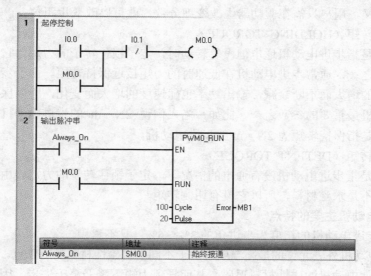

图 7-9　梯形图

【关键点】如图 7-9 中的子程序"PWM0_RUN"中的 Cycle 是指脉冲周期 100ms，Pulse 是指脉冲宽度时间 20ms。

7.2　PLC 控制步进电动机

7.2.1　步进电动机简介

步进电动机是一种将电脉冲转化为角位移的执行机构。一般电动机是连续旋转的，而步进电动机的转动是一步一步进行的。每输入一个脉冲电信号，步进电动机就转动一个角度。通过改变脉冲频率和数量，即可实现调速和控制转动的角位移大小，具有较高的定位精度，其最小步距角可达 0.75°，转动、停止、反转反应灵敏、可靠。该电动机在开环数控系统中得到了广泛的应用。

1. 步进电动机的分类

步进电动机可分为永磁式步进电动机、反应式步进电动机和混合式步进电动机。

2. 步进电动机的重要参数

（1）步距角

它表示控制系统每发一个步进脉冲信号，电动机所转动的角度。电动机出厂时给出了一个步距角的值，这个步距角可以称之为"电动机固有步距角"，但它不一定是电动机实际工作时的真正步距角，真正的步距角和驱动器有关。

（2）相数

步进电动机的相数是指电动机内部的线圈组数，目前常用的有二相、三相、四相、五相等步进电动机。电动机相数不同，其步距角也不同，一般二相电动机的步距角为 0.9°/1.8°、三相的为 0.75°/1.5°、五相的为 0.36°/0.72°。在没有细分驱动器时，用户主要靠选择不同相数的步进电动机来满足自己步距角的要求。如果使用细分驱动器，则"相数"将变得没有意义，用户只需在驱动器上改变细分数，就可以改变步距角。

（3）保持转矩（HOLDING TORQUE）

保持转矩是指步进电动机通电但没有转动时，定子锁住转子的力矩。它是步进电动机最重要的参数之一，通常步进电动机在低速时的力矩接近保持转矩。由于步进电动机的输出力矩随速度的增大而不断衰减，输出功率也随速度的增大而变化，所以保持转矩就成为了衡量步进电机最重要的参数之一。比如，当人们说 2N·m 的步进电动机，在没有特殊说明的情况下是指保持转矩为 2N·m 的步进电动机。

（4）钳制转矩（DETENT TORQUE）

钳制转矩是指步进电动机没有通电的情况下，定子锁住转子的力矩。由于反应式步进电动机的转子不是永磁材料，所以它没有钳制转矩。

3．步进电动机主要的特点

1）一般步进电动机的精度为步进角的 3%～5%，且不累积。

2）步进电动机外表允许的最高温度取决于不同电机磁性材料的退磁点。步进电动机温度过高时，会使电动机的磁性材料退磁，从而导致力矩下降乃至于失步，因此电动机外表允许的最高温度应取决于不同电机磁性材料的退磁点。一般来讲，磁性材料的退磁点都在130℃以上，有的甚至高达 200℃以上，所以步进电动机外表温度在 80～90℃完全正常。

3）步进电动机的力矩会随转速的升高而下降。当步进电动机转动时，电动机各相绕组的电感将形成一个反向电动势；频率越高，反向电动势越大。在它的作用下，电动机随频率（或速度）的增大而相电流减小，从而导致力矩下降。

4）步进电动机低速时可以正常运转，但若高于一定速度就无法起动，并伴有啸鸣声。步进电动机有一个技术参数——空载起动频率，即步进电动机在空载情况下能够正常起动的脉冲频率，如果脉冲频率高于该值，电动机不能正常起动，可能发生丢步或堵转。在有负载的情况下，起动频率应更低。如果要使电动机达到高速转动，脉冲频率应该有加速过程，即起动频率较低，然后按一定加速度升到所希望的高频（电动机转速从低速升到高速）。

4．步进电动机的细分

步进电动机的细分控制，从本质上讲是通过对步进电机的励磁绕组中电流的控制，使步进电机内部的合成磁场为均匀的圆形旋转磁场，从而实现步进电动机步距角的细分。

一般步进电动机的细分为 1、2、4、8、16、64、128 和 256 几种，通常细分数不超过256。例如当步进电动机的步距角为 1.8°，那么当细分为 2 时，步进电动机收到一个脉冲，只转动 1.8°/2=0.9°，可见控制精度提高了 1 倍。细分数选择要合理，并非细分越多越好，要根据实际情况而定。细分数一般在步进驱动器上通过拨钮设定。

5．步进电动机在工业控制领域的主要应用情况介绍

步进电动机作为执行元件，是机电一体化的关键产品之一，广泛应用在各种家电产品中，例如打印机、磁盘驱动器、玩具、雨刷、震动寻呼机、机械手臂和录像机等。另外步进电动机也广泛应用于各种工业自动化系统中。由于通过控制脉冲个数可以很方便地控制

步进电动机转过的角位移，且步进电动机的误差不积累，可以达到准确定位的目的。还可以通过控制频率很方便地改变步进电动机的转速和加速度，达到任意调速的目的，因此步进电动机可以广泛地应用于各种开环控制系统中。

7.2.2　S7-200 SMART PLC 的高速输出点控制步进电动机

【例 7-2】　剪切机上有 1 套步进驱动系统，步进驱动器的型号为 SH-2H042Ma，步进电动机的型号为 17HS111，是两相四线直流 24V 步进电动机，用于送料，送料长度是 200mm，当送料完成后，停 1s 开始剪切，剪切完成 2s 后，再自动进行第二个循环。要求：按下按钮 SB1 开始工作，按下按钮 SB2 停止工作。请画出 I/O 接线图并编写程序。

【解】

1. 主要软硬件配置

1）1 套 STEP7-Micro/WIN SMART V1.0。

2）1 台步进电动机，型号为 17HS111。

3）1 台步进驱动器，型号为 SH-2H042Ma。

4）1 台 CPU ST40。

2. 步进电动机与步进驱动器的接线

本系统选用的步进电动机是两相四线的步进电动机，其型号是 17HS111，这种型号的步进电动机的出线接线图如图 7-10 所示。其含义是：步进电动机的 4 根引出线分别是红色、绿色、黄色和蓝色；其中红色引出线应该与步进驱动器的 A+接线端子相连，绿色引出线应该与步进驱动器的 A-接线端子相连，黄色引出线应该与步进驱动器的 B+接线端子相连，蓝色引出线应该与步进驱动器的 B-接线端子相联。

3. PLC 与步进电动机、步进驱动器的接线

步进驱动器有共阴和共阳两种接法，这与控制信号有关系，通常西门子 PLC 输出信号是+24V 信号（即 PNP 型接法），所以应该采用共阴接法，所谓共阴接法就是步进驱动器的 DIR-和 CP-与电源的负极短接，如图 7-10 所示。顺便指出，三菱的 PLC 输出的是低电位信号（即 NPN 型接法），因此应该采用共阳接法。

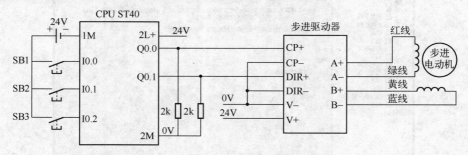

图 7-10　PLC 与驱动器和步进电动机接线图

那么 PLC 能否直接与步进驱动器相连接呢？一般情况下是不能的。这是因为步进驱动器的控制信号通常是+5V，而西门子 PLC 的输出信号是+24V，显然是不匹配的。解决问题的办法就是在 PLC 与步进驱动器之间串联一只 2kΩ电阻，起分压作用，因此输入信号近似等于+5V。有的资料指出串联一只 2kΩ的电阻是为了将输入电流控制在 10mA 左

右，也就是起限流作用，在这里电阻的限流或分压作用的含义在本质上是相同的。CP+（CP−）是脉冲接线端子，DIR+（DIR−）是方向控制信号接线端子。PLC 接线图如图 7-10 所示。有的步进驱动器只能接"共阳接法"，如果使用西门子 S7-200 SMART PLC 控制这种类型的步进驱动器，则不能直接连接，必须将 PLC 的输出信号进行反相。另外，读者还要注意，输入端的接线采用是 PNP 接法，因此两只接近开关是 PNP 型，若读者选用的是 NPN 型接近开关，那么接法就不同了。

【关键点】步进驱动器的控制信号通常是+5V，但并不绝对，例如有的工控企业为了使用方便，特意到驱动器的生产厂家定制 24V 控制信号的驱动器。

4．组态硬件

高速输出有 PWM 模式和运动轴模式，对于较复杂的运动控制显然用运动轴模式控制更加便利。以下将具体介绍这种方法。

（1）激活"运动控制向导"

打开 STEP 7 软件，在主菜单"工具"栏中单击"运动"选项，弹出装置选择界面，如图 7-11 所示。

图 7-11　激活"位置控制向导"

（2）选择需要配置的轴

CPU ST40 系列 PLC 内部有三个轴可以配置，本例选择"轴 0"即可，如图 7-12 所示，再单击"下一步"按钮。

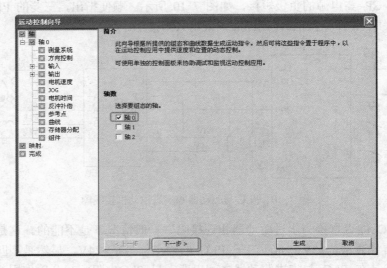

图 7-12　选择需要配置的轴

（3）为所选择的轴命名

为所选择的轴命名，本例为默认的"轴 0"，再单击"下一步"按钮，如图 7-13 所示。

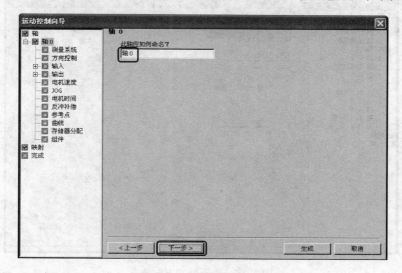

图 7-13　为所选择的轴命名

（4）输入系统的测量系统

在"选择测量系统"选项中选择"工程单位"。由于步进电动机的步距角为 1.8°，所以电动机转一圈需要 200 个脉冲，所以"电机一次旋转所需的脉冲"为"200"；"测量单位"设为"mm"；"电机一次旋转产生多少 mm 运动"为"10"；这些参数与实际的机械结构有关，再单击"下一步"按钮，如图 7-14 所示。

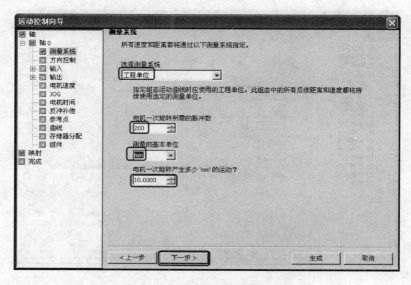

图 7-14　输入系统的测量系统

（5）设置脉冲方向输出

设置有几路脉冲输出，其中有单相（1 个输出）、双向（2 个输出）和正交（2 个输出）

三个选项，本例选择"单相（1 个输出）"；再单击"下一步"按钮，如图 7-15 所示。

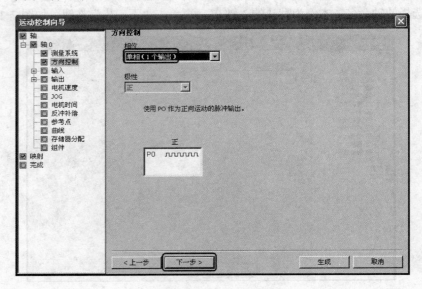

图 7-15　设置脉冲方向输出

（6）分配输入点

本例中并不用到 LMT+（正限位输入点）、LMT-（负限位输入点）、RPS（参考点输入点）和 ZP（零脉冲输入点），所以可以不设置。直接选中"STP"（停止输入点），选择"启用"，停止输入点为"I0.1"，指定相应输入点有效时的响应方式为"减速停止"，指定输入信号有效电平为"高"电平有效，再单击"下一步"按钮，如图 7-16 所示。

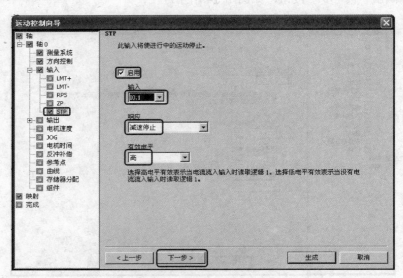

图 7-16　分配输入点

（7）指定电动机速度

MAX_SPEED：定义电动机运动的最大速度。

SS_SPEED：根据定义的最大速度，在运动曲线中可以指定的最小速度。如果 SS_SPEED 数值过高，电动机可能在起动时失步，并且在尝试停止时，负载可能使电动机不能立即停止而多行走一段。停止速度也为 SS_SPEED

设置如图 7-17 所示，在"1"、"2"和"3"处输入最大速度、最小速度、起动和停止速度，再单击"下一步"按钮。

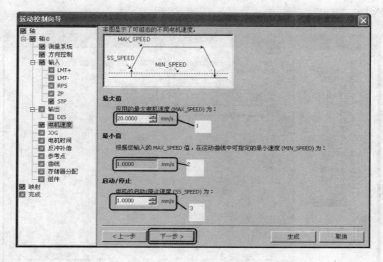

图 7-17　指定电机速度

（8）设置加速和减速时间

ACCEL_TIME（加速时间）：电动机从 SS_SPEED 加速至 MAX_SPEED 所需要的时间，默认值 = 1000 ms（1s），本例选默认值，如图 7-18 所示的"1"处。

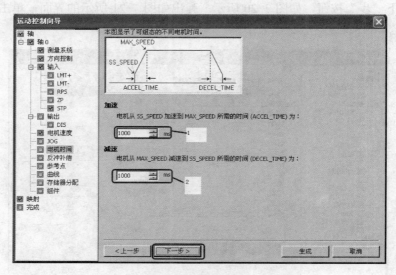

图 7-18　设置加速和减速时间

DECEL_TIME（减速时间）：电动机从 MAX_SPEED 减速至 SS_SPEED 所需要的时间，默认值 = 1000 ms（1s），本例选默认值，如图 7-18 所示的"2"处，再单击"下一步"按钮。

（9）为配置分配存储区

指令向导在 V 内存中以受保护的数据块页形式生成子程序，在编写程序时不能使用 PTO 向导已经使用的地址，此地址段可以由系统推荐，也可以人为分配，人为分配的好处是可以避开读者习惯使用的地址段。为配置分配存储区的 VB 内存地址如图 7-19 所示，本例设置为"VB0~VB92"，再单击"下一步"按钮。

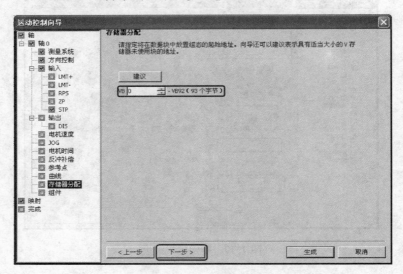

图 7-19　为配置分配存储区

（10）完成组态

单击"下一步"按钮，如图 7-20 所示。弹出如图 7-21 所示的界面，单击"生成"按钮，完成组态。

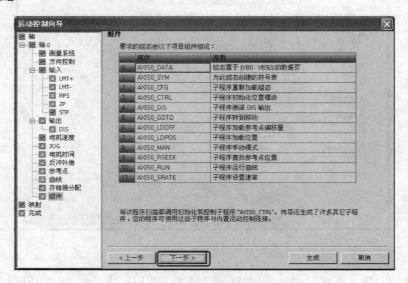

图 7-20　完成组态（1）

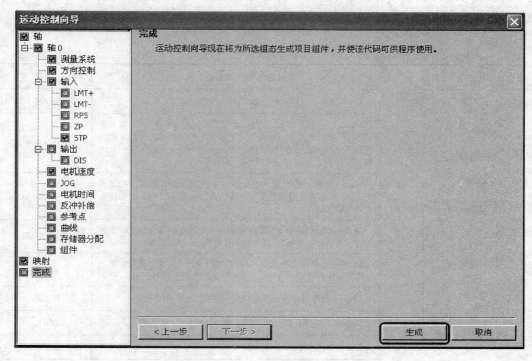

图 7-21 生成程序代码

5. 子程序简介

PTOx_CTRL 子程序：（控制）启用和初始化运动轴，方法是自动命令运动轴，在每次 CPU 更改为 RUN 模式时，加载组态/包络表，每个运动轴使用此子例程一次，并确保程序会在每次扫描时调用此子例程。PTOx_CTRL 子程序的参数见表 7-5。

表 7-5 PTOx_CTRL 子程序的参数表

子 程 序	各输入/输出参数的含义	数 据 类 型
AXIS0_CTRL EN MOD_~ Done Error C_Pos C_Spe~ C_Dir	EN：使能	BOOL
	MOD_EN：参数必须开启，才能启用其它运动控制子例程向运动轴发送命令	BOOL
	Done：当完成任何一个子程序时，Done 参数会开启	BOOL
	C_Pos：运动轴的当前位置。 根据测量单位，该值是脉冲数 (DINT) 或工程单位数 (REAL)	DINT/ REAL
	C_Speed ：运动轴的当前速度。如果针对脉冲组态运动轴的测量系统，是一个 DINT 数值，其中包含脉冲数/每秒。 如果针对工程单位组态测量系统， 是一个 REAL 数值，其中包含选择的工程单位数/每秒 (REAL)	DINT/ REAL
	C_Dir：电动机的当前方向，0 代表正向，1 代表反向	BOOL
	Error：出错时返回错误代码	BYTE

AXISx_GOTO：其功能是命令运动轴转到所需位置，这个子程序提供绝对位移和相对位移2种模式。AXISx_GOTO 子程序的参数见表 7-6。

表 7-6　AXISx_GOTO 子程序的参数表

子 程 序	各输入/输出参数的含义	数据类型
	EN：使能，开启 EN 位会启用此子程序	BOOL
	START：开启 START 向运动轴发出 GOTO 命令。 对于在 START 参数开启且运动轴当前不繁忙时执行的每次扫描，该例程向运动轴发送一个 GOTO 命令。为了确保仅发送一条命令，应以脉冲方式开启 START 参数	BOOL
AXIS0_GOTO EN START Pos　　Done Speed　Error Mode　C_Pos Abort　C Spe~	Pos ：要移动的位置（绝对移动）或要移动的距离（相对移动）。 根据所选的测量单位，该值是脉冲数 (DINT) 或工程单位数 (REAL)	DINT/ REAL
	Speed：确定该移动的最高速度。根据所选的测量单位，该值是脉冲数/每秒 (DINT) 或工程单位数/每秒 (REAL)	DINT/ REAL
	Mode：选择移动的类型。0 代表绝对位置，1 代表相对位置，2 代表单速连续正向旋转，3 代表单速连续反向旋转	BYTE
	Abort：命令位控模块停止当前轮廓并减速至电动机停止	BOOL
	Done：当完成任何一个子程序时，会开启 Done 参数	BOOL
	Error：出错时返回错误代码	BYTE
	C_Pos：运动轴的当前位置。 根据测量单位，该值是脉冲数 (DINT) 或工程单位数 (REAL)	DINT/ REAL
	C_Speed ：运动轴的当前速度。如果针对脉冲组态运动轴的测量系统，是一个 DINT 数值，其中包含脉冲数/每秒 (DINT)。 如果针对工程单位组态测量系统， 是一个 REAL 数值，其中包含选择的工程单位数/每秒 (REAL)	DINT/ REAL

6. 编写程序

使用了运动向导，编写程序就比较简单了，但必须搞清楚两个子程序的使用方法，这是编写程序的关键，数据块的赋值如图 7-22 所示，梯形图如图 7-23 所示。

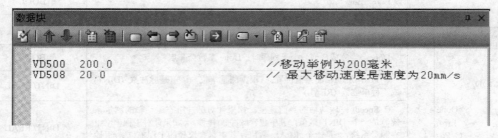

图 7-22　数据块的赋值

【关键点】利用指令向导编写程序，其程序简洁、容易编写，特别是控制步进电动机加速起动和减速停止，显得非常方便，且能很好避免步进电动机失步。

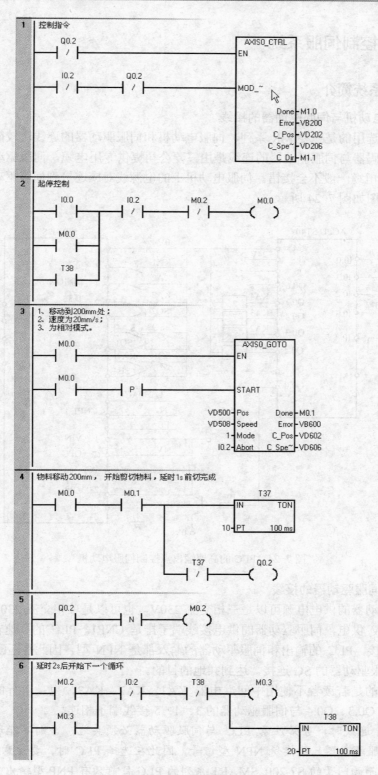

图 7-23　梯形图

7.3 PLC 控制伺服系统

7.3.1 伺服系统简介

1. 伺服电动机与伺服驱动器的接线

伺服系统选用的是三菱 MR 系列，伺服电动机和伺服驱动器的连线比较简单，伺服电动机后面的编码器与伺服驱动器的连线是由三菱公司提供专用电缆，伺服驱动器端的接口是 CN2，这根电缆一般不会接错。伺服电动机上的电源线对应连接到伺服驱动器上的接线端子上，接线图如图 7-24 所示。

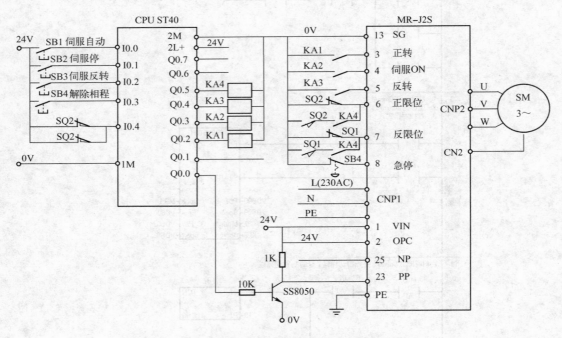

图 7-24　PLC 的高速输出点控制伺服电动机

2. PLC 伺服驱动器的接线

本伺服驱动器的供电电源可以是三相交流 230V，也可以是单相交流 230V，本例采用单相交流 230V 供电，伺服驱动器的供电接线端子排是 CNP1。PLC 的高速输出点与伺服的 PP 端子连接，PLC 的输出和伺服驱动器的输入都是 NPN 型，因此是匹配的。PLC 的 1M 必须和伺服驱动器的 SG 连接，达到共地的目的。

需要指出的是若读者不使用中间继电器 KA1、KA2、KA3，也是可行的，可直接将 PLC 的 Q0.2、Q0.3、Q0.4 与伺服驱动器的 3、4、5 接线端子相连。

【关键点】连线时，务必注意 PLC 与伺服驱动器必须共地，否则不能形成回路；此外，三菱的伺服驱动器只能接受 NPN 型信号，因此在选择 PLC 时，要注意选用 NPN 型输出的 PLC，而西门子的 S7-200 SMART 系列的 PLC 目前只有 PNP 型输出。因此需要将信号进行转换，通常处理信号比较麻烦而且效果要差一些。

3. 伺服电动机的参数设定

用 PLC 的高速输出点控制伺服电动机，除了接线比用 PLC 的高速输出点控制步进电动机复杂外，后者不需要设置参数（细分的设置除外），而要伺服系统正常运行，必须对伺服系统进行必要的参数设置。参数设置如下：

1）P0＝0000，含义是位置控制，不进行再生制动。

2）P3＝100，含义是齿轮比的分子。

3）P4＝1，含义是齿轮比的分母。

4）P41＝0，含义是伺服 ON、正行程限位和反行程限位都通过外部信号输入。

虽然伺服驱动器的参数很多，但对于简单的应用，只需要调整以上几个参数就足够了。

【关键点】 设置完成以上参数后，不要忘记保存参数，伺服驱动器断电后，以上设置才起作用。此外，有的初学者编写程序时输入的脉冲数较少，而且齿轮比 P3/P4 又很小，当系统运行后，发现伺服电动机并未转动，从而不知所措，其实伺服电动机已经旋转，只不过肉眼没有发现其转动，读者只要把输入的脉冲数增加到足够大，将齿轮比调大一些，就能发现伺服电动机旋转。

7.3.2　直接使用 PLC 的高速输出点控制伺服系统

在前面的章节中介绍了直接使用 PLC 的高速输出点控制步进电动机，其实直接使用 PLC 的高速输出点控制伺服电动机的方法与之类似，只不过后者略微复杂一些，下面将用一个例子介绍具体的方法。

【例 7-3】 某设备上有一套伺服驱动系统，伺服驱动器的型号为 MR-J2S，伺服电动机的型号为 HF-KE13W1-S100，是三相交流同步伺服电动机，要求：按下按钮 SB1 时，伺服电动机带动系统 X 方向移动，碰到 SQ1 停止，按下按钮 SB3 时，伺服电动机带动系统 X 负方向移动（X 方向的距离为 60mm），碰到 SQ2 时停止，X 方向靠近接近开关 SQ2 时停止，当按下 SB2 和 SB4，伺服系统停机。请画出 I/O 接线图并编写程序。

【解】1. 主要软硬件配置

1）1 套 STEP7-Micro/WIN SMART V1.0。

2）1 台伺服电动机，型号为 HF-KE13W1-S100。

3）1 台伺服驱动器，型号为 MR-J2S。

4）1 台 CPUST40。

接线图如图 7-24 所示。

2. 控制程序的编写

用 PLC 的高速输出点控制伺服电动机的程序与用 PLC 的高速输出点控制步进电动机的梯形图类似，硬件组态过程也类似，这里不作过多的解释，其梯形图如图 7-25 所示。当完成系统接线、参数设定和程序下载后，当按下按钮 SB1 时，伺服电动机正转，当按下 SB2 或者 SB4 伺服电动机停转，当按下 SB3 按钮伺服电动机反转。当系统碰到行程开关 SQ1 或者 SQ2 时，伺服电动机也停止转动。

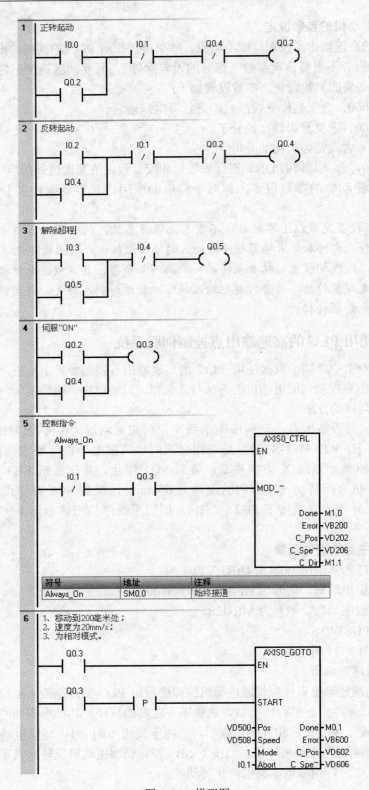

图 7-25 梯形图

重点难点总结

1. 理解高速输出点的 PTO 控制寄存器的含义。

2. 位置向导的使用很方便，但对于其生成的子程序的含义要特别清楚。

3. 无论是步进驱动系统还是伺服驱动系统的接线，都比以前学习的逻辑控制的接线要复杂很多，所以使用前一定要确保接线正确。

习题

1. 将步进电动机的红线和绿线接对换会产生什么现象？

2. 步进电动机不通电时用手可以拨动转轴（因为不带制动），那么通电后，不加信号时，用手能否拨动转轴？解释这一现象。

3. 有一台步进电动机，其脉冲当量是 3 度/脉冲，问此步进电动机转速为 250r/min 时，转 10 圈，若用 CPU226CN 控制，请画出接线图，并编写梯形图程序。

第8章

PLC 在变频器调速系统中的应用

本章介绍电动机的机械特性和调速原理、西门子 MM440 变频器的基本使用方法、PLC 控制变频器多段调速、PLC 控制变频器模拟量调速和 USS 通信调速，以及使用变频器时三相异步电动机的制动和正反转控制。

8.1 三相异步电动机的机械特性和调速原理

8.1.1 三相异步电动机的机械特性

在异步电动机中，转速 $n=(1-S)n_0$，为了符合习惯画法，可将曲线换成转速与转矩之间的关系曲线，即称为异步电动机的机械特性，理解异步电动机的机械特性是至关重要的，后续章节都会用到。公式如下：

$$T = \frac{km_1pU_1^2R_2s}{2\pi f_1[R_2^2 + (sX_{20}^2)^2]} = Km_1\Phi I_2\cos\varphi_2 \tag{8-1}$$

以上公式简化如下：

$$T = K\frac{sR_2U_1^2}{R_2^2 + (sX_{20})^2} = K\frac{sR_2U^2}{R_2^2 + (sX_{20})^2} \tag{8-2}$$

式中，K——与电动机结构参数、电源频率有关的一个常数；

U_1、U——定子绕组电压，电源电压；

s——转差率；

R_2——转子每相绕组的电阻；

X_{20}——电动机不动（$s=1$）时转子每相绕组的感抗。

三相异步电动机的固有机械特性曲线如图 8-1 所示。

从特性曲线上可以看出，其中有 4 个特殊点可以决定特性曲线的基本形状和异步电动机的运行性能，这 4 个特殊点分别如下。

（1）$T=0$，$n=n_0$，$s=0$

电动机处于理想空载工作点，此时电动机的转速为理想空载转速。此时电动机的转速可以达到同步转速，即图中的 A 点，坐标为（0，n_0）。

（2）$T=T_N$，$n=n_N$，$s=s_N$

电动机额定工作点，即图中的 Q_N 点，坐标为（0，n_N）。此时额定转矩和额定转差率为：

$$T_N = 9550 \frac{P_N}{n_N}, \qquad s_N = \frac{n_0 - n_N}{n_0} \tag{8-3}$$

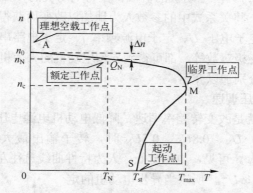

图 8-1　三相异步电动机的固有机械特性曲线

式中

P_N——电动机的额定功率；

n_N——电动机的额定转速，一般 $n_N = (0.94 \sim 0.985)n_0$；

S_N——电动机的额定转差率，一般 $s_N = 0.06 \sim 0.015$；

T_N——电动机的额定转矩。

（3）$T = T_{st}$，$n = 0$，$s = 1$

电动机的起动工作点，电动机刚接通电源，但转速为 0 时，称为起动工作点，这时的转矩 T_{st} 称为起动转矩，也称堵转转矩，即图中的 S 点，坐标为（T_{st}，0）。起动转矩满足如下公式：

$$T_{st} = K \frac{R_2 U^2}{R_2^2 + X_{20}^2} \tag{8-4}$$

可见异步电动机的起动转矩 Tst 与 U、R_2 及 X_{20} 有关。

1）当施加在定子每相绕组上的电压降低时，起动转矩会明显减小；

2）当转子电阻适当增大时，起动转矩会增大；

3）若增大转子电抗则会使起动转矩大为减小。

一般情况下：$T_{st} \geqslant 1.5T_N$，这个数据是比较重要的。

（4）$T = T_{max}$，$n = n_m$，$s = s_m$

电动机的临界工作点，在这一点电动机产生的转矩最大，称为临界转矩 T_{max}，即图中的 M 点，坐标为（T_{max}，n_M）。临界转矩公式如下：

$$T_{max} = K \frac{U^2}{2X_{20}} \tag{8-5}$$

临界转矩与额定转矩之比就是异步电动机的过载能力，它表征了电动机能够承受冲击负载的能力大小，是电动机的又一个重要运行参数，一般过载能力 $\lambda_m \geqslant 2$，即：

$$T_{max} = \lambda_m T_N \geqslant 2T_N \tag{8-6}$$

8.1.2 三相异步电动机的调速原理

分析式（8-5）可知：异步电动机的机械特性与电动机的参数有关，也与外加电源电压 U、电源频率 f 有关，将关系式中的参数人为地加以改变而获得的特性称为异步电动机的人为机械特性。改变定子电压 U、定子电源频率 f、定子电路串入电阻或电抗、转子电路串入电阻或电抗以及磁极对数等，都可得到异步电动机的人为机械特性。这就是异步电动机调速的原理。以下分别加以介绍。

1. 改变定子绕组电压调速

这种调速方式实际就是改变转差率调速。降低电动机电源电压 U 时的人为特性，如当定子绕组外加电压为 U_N、$0.8U_N$、$0.5U_N$ 时，转子输出最大转矩分别为 $T_a=T_{max}$、$T_b=0.64T_{max}$ 和 $T_c=0.25T_{max}$。可见，电压愈低，人为特性曲线愈往左移，如图 8-2 所示。

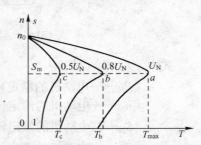

由于 $T_{max} \propto U^2$ 和 $T_{st} \propto U^2$，所以当异步电动机的定子绕组电压降低时，起动转矩和临界转矩都会大幅度降低，而且机械特性会明显变软（所谓机械特性变软，就是指负载转矩增加时，电动机的转速降低增加；如果电动机机械特性变硬，指负载转矩增加时，电动机的转速不降低或降低很少）。运行时，如电压降低太多，会大大降低它的过载能力与起动转矩，甚至使电动机发生带不动负载或者根本不能起动的现象。

图 8-2 三相异步电动机的电压调速时机械特性曲线

此外，电网电压下降，在负载不变的条件下，将使电动机转速下降，转差率 s 增大，电流增加，引起电动机发热甚至烧坏。可见，降压调速，会降低起动转矩和临界转矩，并会使电动机的机械特性变软，其调速范围缩小，所以它并不是一种理想的调速方法。

【例 8-1】 电动机运行在额定负载 T_N 下，使 $\lambda_m =2$，若电网电压下降到 $70\%U_N$，求 T_{max}。

【解】

$$T_{max} = \lambda_m T_N \left(\frac{U}{U_N} \right)^2 = 2 \times 0.7^2 \times T_N = 0.98T_N$$

2. 定子电路接入电阻 R_2 或电抗 X_2 时的人为特性

在电动机定子电路中外串电阻或电抗后，电动机端电压为电源电压减去定子外串电阻上或电抗上的压降，致使定子绕组相电压降低，这种情况下的人为特性与降低电源电压时的相似，在此不再赘述。其机械特性曲线如图 8-3 所示。

3. 转子电路串电阻调速

转子电路串电阻调速，也是变转差率调速。在三相线绕转子异步电动机的转子电路中串入电阻后如图 8-4a 所示，转子电路中的电阻为 $R_2 + R_{2r}$。

串电阻调速的特点：如图 8-4b 所示，串电阻后，

图 8-3 三相异步电动机的定子串电阻调速时机械特性曲线

临界转矩不变，但起动转矩增加；机械特性变软；低速时，调速范围缩小，是一种有级调速；转子电路串电阻调速的机械性能比定子串电阻要好，但这种调速方式仅用于绕线转子电

动机的调速，如起重机的电动机。该方式在低速时，能耗高。

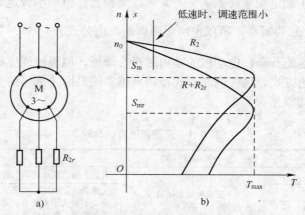

图 8-4　三相异步电动机的串电阻调速时机械特性曲线

a) 原理接线图　b) 机械特性

4．改变磁极对数调速

在生产中，大量的生产机械并不需要连续平滑的调速，只需要几种特定的转速，如只要求几种转速的有级变速小功率机械，且对起动性能要求不高，一般只在空载或轻载起动，可选用变级变速电动机（双速、三速、四速）。

变级变速电动机的特点：体积大，结构简单；有级调速，调速范围小，最大传动比是4；用于中小机床，替代齿轮箱，如早期的镗床。但这种调速方式的使用在减少。

5．定子电源的变频调速

（1）恒转矩调速

一般变频调速采用恒转矩调速，即希望最大转矩保持为恒值，为此在改变频率的同时，电源电压也要作相应的变化，使 U/f 为一个恒定值，这在实质上是使电动机气隙磁通保持不变。如图 8-5 所示，变频器在频率 f_1 和 f_2 工作时，就是恒转矩调速，这种调速方式中，保持 U/f 不变，临界转矩不变，起动转矩变大，机械硬度不变。又由于 $P = 9.55 \cdot T_N \cdot n$，电动机的输出功率随着其转速的升高而成比例升高。

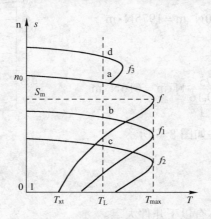

图 8-5　三相异步电动机的变频调速时机械特性曲线

（2）恒功率调速

当工作频率大于额定频率（如 $f_3 > f$ ）时，变频器是恒功率调速。保持定子绕组的电压 U 不变，但磁通 ϕ_m 要减小，所以也叫弱磁调速。由公式 $T = 9550\dfrac{P_N}{n}$ 可知，采用恒功率调速的时，随着转速的升高，电动机的输出转矩会降低，但机械硬度不变。可见，变频调速是一种理想的调速方式。这种调速方式将越来越多被采用，是当前交流调速的主流。

交流调速方式比较见表 8-1。

表 8-1 交流调速方式比较

调速方式名称	控 制 对 象	特 点
变极调速		有级调速，系统简单，最多 4 段速
调压调速	交流异步电动机	无级调速，调速范围窄 电动机最大出力能力下降，效率低
转子串电阻调速		系统简单，性能较差
变频调速	交流异步电动机 交流同步电动机	真正无级调速，调速范围宽 电动机最大出力能力不变，效率高 系统复杂，性能好 可以和直流调速系统相媲美

【例 8-2】 某三相异步电动机，P_N=60kW，n_o=750r/min，n_N=725r/min，f_1=50Hz，λ_m=2.5，试绘出电动机的固有机械特性。

【解】 （1）同步转速点 A：

$$s=0 \text{ 时，} n_o=750 \text{ r/min，} T=0$$

（2）额定运行 Q_N 点：

$$s_N = \frac{n_o - n_o}{n_o} = \frac{750 - 725}{750} = 0.033$$

$$T_N = 9550\frac{P_N}{n_N} = 9550 \times \frac{60}{725}\,\text{N}\cdot\text{m} = 790\,\text{N}\cdot\text{m}$$

（3）最大转矩点 M：

$$s_m = s_N(\lambda_m + \sqrt{\lambda_m^2 - 1}) = 0.033(2.5 + \sqrt{2.5^2 - 1}) = 0.160$$

$$T_m = \lambda_m T_N = 2.5 \times 790\,\text{N}\cdot\text{m} = 1975\,\text{N}\cdot\text{m}$$

（4）起动点 S：

将 $s=1$ 时代入公式得：

$$T = \frac{2T_m}{\dfrac{s}{s_m} + \dfrac{s_m}{s}} = \frac{2 \times 1975}{\dfrac{1}{0.16} + \dfrac{0.16}{1}}\,\text{N}\cdot\text{m} = 616\,\text{N}\cdot\text{m}$$

电动机的固有机械特性如图 8-6 所示。

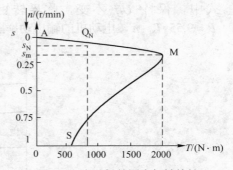

图 8-6 电动机的固有机械特性

8.1.3 变频器的发展

1. 变频器的发展背景

变频器的发展背景具体有以下几件大事。

1）1831 年，英国的物理学家法拉第发现电磁感应原理，这使得人类使用电力成为可能。

2）1832 年，法国的皮克西研制出世界上第一台直流发电机，这标志着电气时代的开始。

3）1873 年，比利时的古拉姆研制出世界上第一台直流电动机，结束了蒸汽机时代。

直流电动机调速方便，控制灵活。但直流电动机由于本身结构上存在有机械换向器和电刷，所以给直流调速系统带来了以下主要缺点。

● 维修困难。

● 使用环境受限制，不适用于易燃、易爆及环境恶劣的地方。

● 制造大容量、高转速及高电压的直流电动机比较困难。

4）1882 年，美国的特斯拉继爱迪生发明直流电（DC）后不久，即发明了交流电（AC），并制造出世界上第一台交流电发电机，并于 1888 年获得美国专利。但交流电动机的调速性能较差，促使研究交流系统的调速技术不断发展。

5）20 世纪 20 年代即发现了变频调速的优越性。

6）20 世纪 60 年代电力电子技术得到快速发展，1957 年美国通用电气公司发明晶闸管，并于 1958 年投入商用，晶闸管的诞生为变频调速提供了可能。

2．变频器技术的发展阶段

芬兰瓦萨控制系统有限公司，前身为瑞典的 STRONGB 公司，于 20 世纪 60 年代成立，并于 1967 年开发出世界上第一台变频器，被称为变频器的鼻祖，它开创了世界商用变频器的市场。之后变频器技术不断发展，按照变频器的控制方式，可划分为以下几个阶段。

（1）第一阶段：恒压频比 V/F 技术

V/F 控制就是保证输出电压跟频率成正比的控制，这样可以使电动机的磁通保持一定，避免弱磁和磁饱和现象的产生，多用于风机、泵类节能型变频器，该技术用压控振荡器实现。日本于 20 世纪 80 年代，开发出电压空间矢量控制技术，后引入频率补偿控制。电压空间矢量的频率补偿方法，不仅能消除速度控制的误差，而且可以通过反馈估算磁链幅值，消除低速时定子电阻的影响，将输出电压、电流闭环，以提高动态的精度和稳定度。

（2）第二阶段：矢量控制

20 世纪 70 年代，德国人 F.Blaschke 首先提出矢量控制模型。矢量控制实现的基本原理是通过测量和控制异步电动机定子电流矢量，根据磁场定向原理分别对异步电动机的励磁电流和转矩电流进行控制，从而达到控制异步电动机转矩的目的。1992 年，西门子开发出 6SE70 系列矢量控制的变频器，该产品是矢量控制模型的代表产品。

矢量控制方式又有基于转差频率控制的矢量控制方式、无速度传感器矢量控制方式和有速度传感器的矢量控制方式等。这样就可以将一台三相异步电动机等效为直流电动机来控制，因而获得与直流调速系统同样的静、动态性能。矢量控制算法已被广泛地应用在 Siemens、ABB、GE、Fuji 和 SAJ 等国际化大公司变频器上。

（3）第三阶段：直接转矩控制

直接转矩控制系统(Direct Torque Control, DTC)是在 20 世纪 80 年代中期继矢量控制技术之后发展起来的一种高性能异步电动机变频调速系统。1977 年美国学者 A.B.Plunkett 在 IEEE 杂志上首先提出了直接转矩控制理论，1985 年由德国鲁尔大学 Depenbrock 教授和日本 Tankahashi 教授分别取得了直接转矩控制的成功应用，接着在 1987 年他们又把直接转矩控制推广到弱磁调速范围。不同于矢量控制，直接转矩控制具有鲁棒性强、转矩动态响应速度快、控制结构简单等优点，它在很大程度上解决了矢量控制中结构复杂、计算量大、对参数变化敏感等问题。直接转矩控制技术的主要问题是低速时转矩脉动大，其低速性能还是不能达到矢量控制的水平。1995 年美国 ABB 公司推出 ACS600 直接转矩控制系列变频器是直接转矩控制的代表产品。

表 8-2 是 20 世纪 60 年代到 21 世纪初，变频器技术发展的历程。

表 8-2　变频器技术发展的历程

项目	20 世纪 60 年代	20 世纪 70 年代	20 世纪 80 年代	20 世纪 90 年代	21 世纪 00 年代
电动机控制算法	V/F 控制		矢量控制	无速度矢量控制电流矢量 V/F	算法优化
功率半导体技术	SCR	GTR	IGBT	IGBT 大容量	更大容量更高开关频率
计算机技术			单片机 DSP	高速 DSP 专用芯片	更高速率和容量
PWM 技术	PWM 技术		SPWM 技术	空间电压矢量调制技术	PWM 优化新一代开关技术
变频器的特点	大功率传动使用变频器，体积大，价格高	变频器体积缩小，开始在中小功率电动机上使用	超静音变频器开始流行，解决了 GTR 噪声问题，变频器性能大幅提升大批量使用，取代直流		未来发展方向完美无谐波，如：矩阵式变频器

3. 我国变频器技术发展现状

20 世纪 80 年代，大量日本品牌的中小型变频器进入我国市场。90 年代后，欧美大容量变频器如西门子、ABB、AB、科比、罗克韦尔等进入中国市场。

1989 年大连引入日本东芝第一条变频器生产线。

目前，国内有超过 200 多家厂商生产变频器，以华为、森兰、汇川为代表，技术水平接近世界先进水平，但总市场份额只有 10% 左右。我国生产的变频器主要是交流 380V 的中小型变频器，且大部分产品为低压，高压大功率则很少。能够研制、生产、并提供服务的高压变频器厂商更少，只有少数几个具备科研能力或资金实力的企业。我国高压变频器的品种和性能，还处于发展的初步阶段，仍需大量从国外进口。这一现状主要表现在以下方面。

1）国外各大品牌的产品，加快了占领国内市场的步伐并将产品本地化生产。我国目前变频器市场较大，仍有巨大的发展潜力。

2）多数国内企业没有足够资金进行科研和规模化生产，生产工艺相对落后，产品的技术含量低，品质有待提高，但总体上价格低廉。

3）国内高压变频器尚未形成一套完备的标准，产品差异性大，需要进一步完备、完善高压变频器的标准，同时，国产高压变频器的功率等级较低，一般不超过 3 500 kW。

4）高压变频器周边产业少，不够发达，约束了高压变频器的发展速度，很多变频器中的主要功率器件，无法自行生产，如驱动电路，电解电容等。

5）国内自主研发能力在逐步提高，与发达国家的技术差距在缩小，自主创新的技术和产品也逐步得到应用。

6）目前国内已经研制出具有瞬时掉电再恢复、故障再恢复等性能的变频器，同时正在研发能够进行四象限运行的高压变频器。

4. 变频器技术存在的问题

变频器在使用中存在的主要问题是干扰问题。电网是一个非常复杂的结构，电网谐波是对变频器产生干扰的主要干扰源。谐波源的产生主要源于各种整流设备、交直流互换设备、电子电压调整设备、非线性负载以及照明设备等。这些设备在启动和工作的时候，产生一些对电网的冲击波（即电磁干涉），使得电网中的电压、电流的波形发生一定的畸变，对电网中的其他设备产生的这种谐波的影响，需要进行简单处理，即在接入变频器处加装电源滤波器，滤去干扰波，使变频器尽可能小地受到电网中的这些谐波的影响，从而稳定工作。其次，另一种共模干涉，是通过变频器的控制线对控制信号产生一定的干扰，影响其正常工作。

5. 变频器的发展趋势

随着节约环保型社会发展模式的提出，人们开始更多地关注起生活的环境品质。节能型、低噪声变频器是今后一段时间发展的大趋势。我国变频器的生产商家数量虽然不少，但是缺少统一的、具体的规范标准，使得产品差异性较大。且大部分采用了 V/F 控制和电压矢量控制，其精度较低，动态性能也不高，稳定性能较差，这些方面与国外同等产品相比有一定的差距。就变频器设备来说，其发展趋势主要表现在以下方面。

1）变频器将朝着高压大功率、低压小功率、小型化、轻型化的方向发展。

2）工业高压大功率变频器、民用低压中小功率变频器潜力巨大。

3）目前，IGBT、IGCT、SGCT 器件仍将扮演着主要的角色，SCR、GTO 器件将会退出变频器市场。

4）无速度传感器的矢量控制、磁通控制和直接转矩控制等技术的应用将趋于成熟。

5）全面实现数字化和自动化：参数自设定技术，过程自优化技术，故障自诊断技术。

6）高性能单片机的应用优化了变频器的性能，实现了变频器的高精度和多功能。

7）相关配套行业正朝着专业化、规模化发展，社会分工逐渐明显。

8）伴随着节约环保型社会的发展，变频器在民用领域会逐步得到推广和应用。

8.1.4 变频器的分类

变频器的种类比较多，以下详细介绍变频器的分类。

1. 按变换的环节分类

（1）交—直—交变频器

该变频器是先把工频交流通过整流器变成直流，然后再把直流变换成频率电压可调的交流，又称间接式变频器，是目前广泛应用的通用型变频器。

（2）交—交变频器

该变频器将工频交流直接变换成频率电压可调的交流，又称直接式变频器。主要用于大功率（500kW 以上）低速交流传动系统中，目前已经在轧机、鼓风机、破碎机、球磨机和卷扬机等设备中应用。这种变频器既可用于异步电动机的调速控制，也可以用于同步电动机的调速控制。

这两种变频器的比较见表 8-3。

表 8-3 交－直－交变频器和交－交变频器的比较

交－直－交变频器	交－交变频器
• 结构简单 • 输出频率变化范围大 • 功率因数高 • 谐波易于消除 • 可使用各种新型大功率器件	• 过载能力强 • 效率高输出波形好 • 输出频率低 • 使用功率器件多 • 输入无功功率大 • 高次谐波对电网影响大

2．按直流电源性质分类

（1）电压型变频器

电压型变频器特点是中间直流环节的储能元件采用大电容，负载的无功功率将由它来缓冲，直流电压比较平稳，直流电源内阻较小，相当于电压源，故称电压型变频器，常选用于负载电压变化较大的场合。这种变压器应用广泛。

（2）电流型变频器

电流型变频器特点是中间直流环节采用大电感作为储能元件，缓冲无功功率，即扼制电流的变化，使电压接近正弦波，由于该直流内阻较大，故称电流源型变频器。电流型变频器的特点是能扼制负载电流频繁而急剧的变化。常用于负载电流变化较大的场合。

3．按照用途分类

可以分为通用变频器、高性能专用变频器、高频变频器、单相变频器和三相变频器等。此外，变频器还可以按输出电压调节方式分类，按控制方式分类，按主开关元器件分类，按输入电压高低分类。

4．按变频器调压方法

1）PAM 变频器是一种通过改变电压源 U_d 或电流源 I_d 的幅值进行输出控制的。这种变频器已很少使用了。

2）PWM 变频器是在变频器输出波形的每半个周期分割成许多脉冲，通过调节脉冲宽度和脉冲周期之间的"占空比"调节平均电压，其等值电压为正弦波，波形较平滑。

5．按控制方式分

1）V/F 控制变频器（VVVF 控制）。V/F 控制就是保证输出电压跟频率成正比的控制。低端变频器都采用这种控制原理。

2）SF 控制变频器（转差频率控制）。转差频率控制就是通过控制转差频率来控制转矩和电流，是高精度的闭环控制，但通用性差，一般用于车辆控制。与 V/F 控制相比，其加减速特性和限制过电流的能力得到提高。另外，它有速度调节器，利用速度反馈构成闭环控制，速度的静态误差小。然而要达到自动控制系统稳态控制，还有一定差距，达不到良好的动态性能。

3）VC 控制变频器（Vectory Control，矢量控制)。矢量控制实现的基本原理是通过测量和控制异步电动机定子电流矢量，根据磁场定向原理分别对异步电动机的励磁电流和转矩电流进行控制，从而达到控制异步电动机转矩的目的。一般用在高精度要求的场合。

4）直接转矩控制。简单地说就是将交流电动机等效为直流电动机进行控制。

6. 按国际区域分类

1）国产变频器品牌：安邦信、汇川、浙江三科、欧瑞传动、森兰、英威腾、蓝海华腾、迈凯诺、伟创、易泰帝等，目前国产的品牌已经超过 200 家。

2）欧美变频器品牌：西门子、科比、伦茨、施耐德、ABB、丹佛斯、罗克韦尔、VACON、 AB、西威等。

3）日本变频器品牌：富士、三菱、安川、三垦、日立、欧姆龙、松下电器、松下电工、东芝、明电舍等。

4）港台变频器品牌：台达、普传、台安、东元、美高等。

5）韩国变频器品牌：LG 、现代、三星等。

7. 按电压等级分类

1）高压变频器：3kV、6kV、10kV。

2）中压变频器：660V、1140V。

3）低压变频器：220V、380V。

8. 按电压性质分类

1）交流变频器：AC-DC-AC（交一直一交）、AC-AC（交一交）。

2）直流变频器：DC-AC（直一交）。

8.2　西门子 MM440 变频器

8.2.1　认识变频器

1. 初识变频器

变频器一般是利用电力半导体器件的通断作用将工频电源变换为另一频率的电能控制装置。变频器有着"现代工业维生素"之称，在节能方面的效果不容忽视。随着各界对变频器节能技术和应用等方面认识的逐渐加深，我国变频器市场变得异常活跃。

变频器产生的最初目的是速度控制，应用于印刷、电梯、纺织、机床和生产流水线等行业及设备。而目前相当多的运用是以节能为目的。由于中国是能源消耗大国，而中国的能源储备又相对贫乏，因此国家大力提倡各种节能措施，其中着重推荐了变频器调速技术。在水泵、中央空调器等领域，变频器可以取代传统的通过限流阀和回流旁路技术，充分发挥节能效果；在火电、冶金、采矿、建材行业，高压变频调速的交流电动机系统的经济价值正在得以体现。

变频器是一种高技术含量、高附加值、高效益回报的高科技产品，符合国家产业发展政策。在过去的二十几年，我国变频器行业从起步阶段到目前正逐步开始趋于成熟，发展十分迅速。进入 21 世纪以来，我国中、低压变频器市场的增长速度超过了 20%，远远高于近几年的 GDP 增长水平。

从产品优势角度看，通过高质量地控制电动机转速，提高制造工艺水准，变频器不但有助于提高制造工艺水平，尤其在精细加工领域，而且可以有效节约电能，是目前最理想、最有前途的电动机节能设备。

从变频器行业所处的宏观环境看，无论是国家中长期规划、短期的重点工程、政策法规、国民经济整体运行趋势，还是人们节能环保意识的增强、技术的创新、发展高科技产业的要求，从国家相关部委到各相关行业，变频器都受到了广泛的关注，市场潜力巨大。其中西门子变频器外形如图 8-7 所示。

图 8-7　西门子变频器外形

2. 交－直－交变频调速的原理

以图 8-8 说明交－直－交变频调速的原理，交－直－交变频调速就是变频器先将工频交流电整流成直流电，逆变器在微控制器如 DSP 的控制下，将直流电逆变成不同频率的交流电。目前市面上的变频器多是以这种原理工作的。

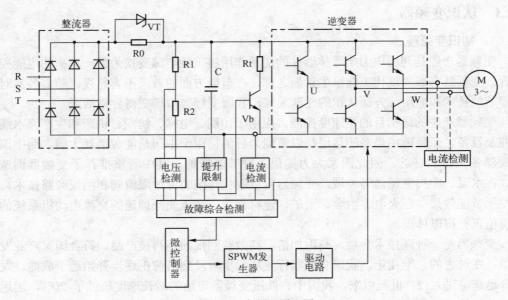

图 8-8　变频器原理图

图 8-8 中 R0 起限流作用，当 R、S、T 端子上的电源接通时，R0 接入电路，以限制启动电流。延时一段时间后，晶闸管 VT 导通，将 R0 短路，避免造成附加损耗。Rt 为能

耗制动电阻，当制动时，异步电动机进入发动机状态，逆变器向电容 C 反向充电，当直流回路的电压，即电阻 R1、R2 上的电压，升高到一定的值时（图中实际上测量的是电阻 R2 的电压），通过泵升电路使开关器件 Vb 导通，这样电容 C 上的电能就消耗在制动电阻 Rt 上。通常为了散热，制动电阻 Rt 安装在变频器外侧。电容 C 除了参与制动外，在电动机运行时，主要起滤波作用。顺便指出起滤波作用是电容器的变频器，称为电压型变频器；起滤波作用是电感器的变频器，称为电流型变频器，比较多见的是电压型变频器。微控制器经运算输出控制正弦信号后，经过 SPWM（正弦脉宽调制）发生器调制，再由驱动电路放大信号，放大后的信号驱动 6 个功率晶体管，产生三相交流电压 U、V、W 驱动电动机运转。

【例 8-3】　如图 8-8 所示，若将变频器的动力线的输入和输出接反是否可行？若不可行有什么后果？

【解】将变频器的动力线的输入和输出接反是不允许的，可能发生爆炸。

8.2.2　西门子 MM440 变频器使用简介

1. 初识西门子 MM440 变频器

西门子 MM440 变频器由微处理器控制，并采用具有现代先进技术水平的绝缘栅双极型晶体管（IGBT）作为功率输出器件，它具有很高的运行可靠性和功能多样性。脉冲宽度调制的开关频率也是可选的，降低了电动机的运行的噪声。

MM440 变频器的框图如图 8-9 所示，控制端子定义见表 8-4。

表 8-4　MM440 控制端子表

端子序号	端子名称	功　能	端子序号	端子名称	功　能
1	—	输出+10 V	16	DIN5	数字输入 5
2	—	输出 0 V	17	DIN6	数字输入 6
3	ADC1+	模拟输入 1（+）	18	DOUT1/NC	数字输出 1/常闭触点
4	ADC1-	模拟输入 1（-）	19	DOUT1/NO	数字输出 1/常开触点
5	DIN1	数字输入 1	20	DOUT1/COM	数字输出 1/转换触点
6	DIN2	数字输入 2	21	DOUT2/NO	数字输出 2/常开触点
7	DIN3	数字输入 3	22	DOUT2/COM	数字输出 2/转换触点
8	DIN4	数字输入 4	23	DOUT3NC	数字输出 3 常闭触点
9	—	隔离输出+24 V / max. 100 mA	24	DOUT3NO	数字输出 3 常开触点
10	ADC2+	模拟输入 2（+）	25	DOUT3COM	数字输出 3 转换触点
11	ADC2-	模拟输入 2（-）	26	DAC2+	模拟输出 2（+）
12	DAC1+	模拟输出 1（+）	27	DAC2-	模拟输出 2（-）
13	DAC1-	模拟输出 1（-）	28	—	隔离输出 0 V/max.100 mA
14	PTCA	连接 PTC/KTY84	29	P+	RS485
15	PTCB	连接 PTC/KTY84	30	P-	RS485

MM440 变频器的核心部件是 CPU 单元，根据设定的参数，经过运算输出控制正弦波信号，再经过 SPWM 调制，放大输出正弦交流电驱动三相异步电动机运转。

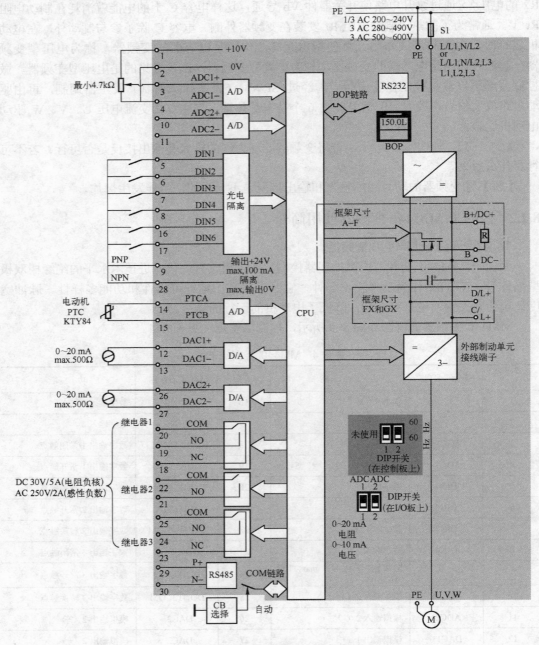

图 8-9　MM440 变频器的框图

MM440 变频器是一个智能化的数字变频器，在基本操作板上可进行参数设置，参数可分为四个级别。

1）标准级，可以访问经常使用的参数。

2）扩展级，允许扩展访问参数范围，例如变频器的I/O功能。

3）专家级，只供专家使用，即高级用户。

4）维修级，只供授权的维修人员使用，具有密码保护。

【关键点】对于一般的用户，将变频器设置成标准级或者扩展级即可。

图8-10　BOP基本操作面板的外形

BOP基本操作面板的外形如图8-10所示，利用基本操作面板可以改变变频器的参数。BOP具有7段显示的5位数字，可以显示参数的序号和数值，报警和故障信息，以及设定值和实际值。参数的信息不能用BOP存储。BOP基本操作面板上按钮的功能见表8-5。

表8-5　BOP基本操作面板上按钮的功能

显示/按钮	功　能	功能的说明
P[1] r0000 Hz	状态显示	LED显示变频器当前的设定值
I	起动变频器	按此键起动变频器。默认值运行时此键是被封锁的。为了使此键起作用，应设定P0700=1
O	停止变频器	OFF1：按此键，变频器将按选定的斜坡下降速率减速停车；默认值运行时此键被封锁；为了允许此键起作用，应设定P0700=1。OFF2：按此键两次（或一次，但时间较长）电动机将在惯性作用下自由停车此功能总是"使能"的
⌒	改变电动机的旋转方向	按此键可以改变电动机的旋转方向。电动机的反向用负号（一）表示或用闪烁的小数点表示。在默认设定时此键被封锁。为使此键有效，应先按"起动电动机"键
jog	电动机点动	在"准备合闸"状态下按压此键，则电动机起动并运行在预先设定的点动频率。当释放此键，电动机停车。当电动机正在旋转时，此键无功能
Fn	功能	此键用于浏览辅助信息。 变频器运行过程中，在显示任何一个参数时按下此键并保持不动2s，将显示以下参数值（在变频器运行中，从任何一个参数开始）： 1. 直流回路电压（用d表示，单位：V） 2. 输出电流（A） 3. 输出频率（Hz） 4. 输出电压（用o表示单位：V）。 5. 由P0005选定的数值（如果P0005选择显示上述参数中的任何一个（3、4或5），这里将不再显示）。 连续多次按下此键，将轮流显示以上参数。 跳转功能 在显示任何一个参数（rXXXX或PXXXX）时，短时间按下此键，将立即跳转到r0000，如果需要的话，可以接着修改其他的参数。跳转到r0000后，按此键将返回原来的显示点
P	访问参数	按此键即可访问参数
▲	增加数值	按此键即可增加面板上显示的参数数值
▼	减少数值	按此键即可减少面板上显示的参数数值
Fn + P	AOP菜单	调出AOP菜单提示（仅用于AOP）

2. MM440 变频器 BOP 调速

以下用一个例子介绍 MM440 变频器 BOP 调速的过程。

【例 8-4】 一台 MM440 变频器配一台西门子三相异步电动机，已知电动机的技术参数，功率为 0.75kW，额定转速为 1380r/min，额定电压为 380V，额定电流为 2.05A，额定频率为 50Hz，试用 BOP 设定电动机的运行频率设定为 10Hz。

【解】 1）设定参数。以下通过将参数 P1000 的第 0 组参数，即设置 P1000[0]=1 的设置过程为例，讲解一个参数的设置方法。参数的设定方法见表 8-6。

表 8-6　参数的设定方法

序　号	操作步骤	BOP 显示
1	按 P 键，访问参数	r0000
2	按 ▲ 键，直到显示 P1000	P1000
3	按 P 键，显示 in000，即 P1000 的第 0 组值	in000
4	按 P 键，显示当前值 2	2
5	按 ▼ 键，达到所要求的数值 1	1
6	按 P 键，存储当前设置	P1000
7	按 Fn 键，显示 r0000	r0000
8	按 P 键，显示频率	1000

2）完整的设置过程。按照表 8-7 中的步骤进行设置。

表 8-7　设置过程

步骤	参数及设定值	说　明	步骤	参数及设定值	说　明
1	P0003=2	扩展级	9	P1000=1	频率源为 BOP
2	P0010=1	为 1 才能修改电动机参数	10	P1080=0	最小频率
3	P0304=380	额定电压	11	P1082=50	最大频率
4	P0305=2.05	额定电流	12	P1120=10	从静止到达最大频率所需时间
5	P0307=0.75	额定功率	13	P1121=10	从最大频率到停止所需时间
6	P0311=1380	额定转速			
7	P0010=0	运行和设置变频器参数时必须为 0			
8	P0700=1	命令源（起停）为 BOP			

3）起停控制。按下基本操作面板上的 ▣ 按键，三相异步电动机起动，稳定运行的频率为 10Hz；当按 ◉ 按键时，电动机停机。

【关键点】 初学者在设置参数时，有时进行了错误的设置，但又不知道在什么参数的设置上出错，一般这种情况下可以对变频器进行复位，一般的变频器都有这个功能，复位后变频器的所有的参数变成出厂的设定值，但工程中正在使用的变频器要谨慎使用此功能。西门子 MM440 的复位方法是，先将 P0010 设置为 30，再将 P0970 设置为 1，变频器上的显示器中闪烁的 "busy" 消失后，变频器成功复位。

8.3　变频器多段调速

在基本操作面板进行手动调速方法简单，对资源消耗少，但这种调速方法对于操作者来说比较麻烦，而且不容易实现自动控制，而通过 PLC 控制的多段调速和通信调速，就容易实现自动控制，以下将用几个例题来介绍 MM440 变频器的多段调速。

【例 8-5】　有一台 MM440 变频器，接线图如图 8-11 所示，当按下按钮 SB1 时，三相异步电动机以 15Hz 正转，当按下按钮 SB2 时，三相异步电动机以 10Hz 正转，当按下按钮 SB3 时，三相异步电动机以 5Hz 反转，已知电动机的功率为 0.06kW，额定转速为 1430r/min，额定电压为 380V，额定电流为 0.35A，额定频率为 50Hz，请设计方案。

【解】

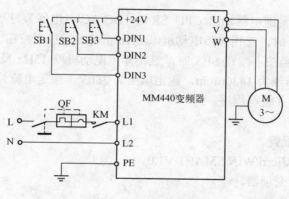

图 8-11　接线图

多段调速时，当按下按钮 SB3 时，DIN1 端子与变频器的+24V（端子 9）连接时对应一个频率，频率值设定在 P1001 中；当按下按钮 SB2 时，DIN2 端子与变频器的+24V（端子 9）连接时再对应一个频率，频率值设定在 P1002 中；当按下按钮 SB1 时，DIN3 端子与变频器的+24V 接通，对应一个频率，频率值设定在 P1003 中。变频器参数见表 8-8。

表 8-8　变频器参数

序　　号	变频器参数	出 厂 值	设 定 值	功 能 说 明
1	P0304	230	380	电动机的额定电压（380V）
2	P0305	1.8	0.35	电动机的额定电流（0.35A）
3	P0307	0.75	0.06	电动机的额定功率（60W）
4	P0310	50.00	50.00	电动机的额定频率（50Hz）
5	P0311	0	1430	电动机的额定转速（1430 r/min）
6	P1000	2	3	固定频率设定
7	P1080	0	0	电动机的最小频率（0Hz）
8	P1082	50	50.00	电动机的最大频率（50Hz）

（续）

序　号	变频器参数	出　厂　值	设　定　值	功　能　说　明
9	P1120	10	10	斜坡上升时间（10s）
10	P1121	10	10	斜坡下降时间（10s）
11	P0700	2	2	选择命令源（由端子排输入）
12	P0701	1	16	固定频率设定值（直接选择选择+ON）
13	P0702	12	16	固定频率设定值（直接选择选择+ON）
14	P0703	9	16	固定频率设定值（直接选择选择+ON）
15	P1001	0.00	5	固定频率 1
16	P1002	5.00	10	固定频率 2
17	P1003	10.00	15	固定频率 3

【例 8-6】 用一台继电器输出 CPU SR40（DC/AC/继电器），控制一台 MM440 变频器，当按下按钮 SB1 时，三相异步电动机以 5Hz 正转，当按下按钮 SB2 时，三相异步电动机以 15Hz 正转，当按下按钮 SB3 时，三相异步电动机以 15Hz 反转，已知电动机的功率为 0.06kW，额定转速为 1430r/min，额定电压为 380V，额定电流为 0.35A，额定频率为 50Hz，请设计方案，并编写程序。

【解】

1．主要软硬件配置。

1）1 套 STEP7-Micro/WIN SMART V1.0。

2）1 台 MM440 变频器。

3）1 台 CPU SR40。

4）1 台电动机。

5）1 根网线。

硬件配置接线图如图 8-12 所示。

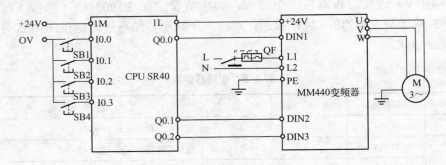

图 8-12　接线图（PLC 为继电器输出）

2．参数的设置

多段调速时，当 DIN1 端子与变频器的 24V（端子 9）连接时对应一个频率，当 DIN1 和 DIN2 端子同时与变频器的 24V（端子 9）连接时再对应一个频率，DIN3 端子与变频器的 24V 接通时为反转，DIN3 端子与变频器的 24V 不接通时为正转。变频器参数见表 8-9。

表8-9 变频器参数

序 号	变频器参数	出 厂 值	设 定 值	功 能 说 明
1	P0304	230	380	电动机的额定电压（380V）
2	P0305	1.8	0.35	电动机的额定电流（0.35A）
3	P0307	0.75	0.06	电动机的额定功率（60W）
4	P0310	50.00	50.00	电动机的额定频率（50Hz）
5	P0311	0	1430	电动机的额定转速（1430 r/min）
6	P1000	2	3	固定频率设定
7	P1080	0	0	电动机的最小频率（0Hz）
8	P1082	50	50.00	电动机的最大频率（50Hz）
9	P1120	10	10	斜坡上升时间（10s）
10	P1121	10	10	斜坡下降时间（10s）
11	P0700	2	2	选择命令源（由端子排输入）
12	P0701	1	16	固定频率设定值（直接选择选择+ON）
13	P0702	12	16	固定频率设定值（直接选择选择+ON）
14	P0703	9	12	反转
15	P1001	0.00	5	固定频率1
16	P1002	5.00	10	固定频率2

当 Q0.0 为 1 时，变频器的 9 号端子与 DIN1 端子连通，电动机以 5Hz（固定频率 1）的转速运行，固定频率 1 设定在参数 P1001 中；当 Q0.0 和 Q0.1 同时为 1 时，DIN1 和 DIN2 端子同时与变频器的 24V（端子 9）连接，电动机以 15Hz（固定频率 1＋固定频率 2）的转速运行，固定频率 2 设定在参数 P1002 中。

修改参数 P0701，对应设定数字输入 1（DIN1）的功能；修改参数 P0702，对应设定数字输入 2（DIN2）的功能，依此类推。

【关键点】不管是什么类型 PLC，只要是继电器输出，其接线图都可以参考图 8-11，若增加三个中间继电器则更加可靠，如图 8-13 所示。

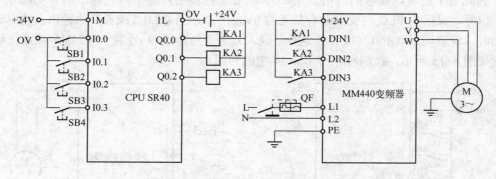

图 8-13 接线图（PLC 为继电器输出）

3．编写程序

这个程序相对比较简单，如图 8-14 所示。

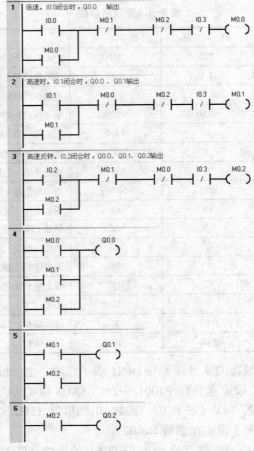

图 8-14　程序

4．PLC 为晶体管输出（PNP 型输出）时的控制方案

西门子的 S7-200 SMART PLC 为 PNP 型输出，MM440 变频器的默认为 PNP 型输入，因此电平是可以兼容的。由于 Q0.0（或者其他输出点输出时）输出的其实就是 DC 24V 信号，又因为 PLC 与变频器有共同的 0V，所以，当 Q0.0（或者其他输出点输出时）输出时，就等同于 DIN1（或者其他数字输入）与变频器的 9 号端子（24V）连通，硬件配置如图 8-15 所示，控制程序与图 8-14 中的相同。

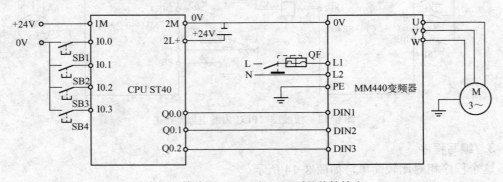

图 8-15　接线图（PLC 为 PNP 型晶体管输出）

【关键点】PLC 为晶体管输出时，其 2M（0V）必须与变频器的 0V（数字地）短接，否则，PLC 的输出不能形成回路。

5. PLC 为晶体管输出（NPN 型输出）时的控制方案

日系的 PLC 晶体管输出多为 NPN 型，如三菱的 FX 系列 PLC（新型的 FX3U 也有 PNP 型输出）多为 NPN 型输出，而西门子 MM440 变频器默认为 PNP 型输入，显然电平是不匹配的。但西门子提供了解决方案，只要将参数 P0725 设置成 0（默认为 1），MM440 变频器就变成 NPN 输入，这样就与 FX 系列 PLC 的电平匹配了。接线（PLC 为 NPN 型晶体管输出）如图 8-16 所示。

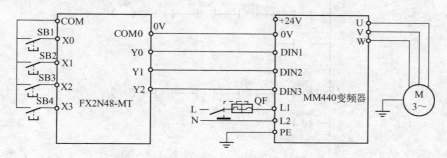

图 8-16　接线图（PLC 为 NPN 型晶体管输出）

【关键点】必须将参数 P0725 设置成 0（默认为 1），MM440 变频器就才能变成 NPN 型输入，这样 MM440 变频器就与 FX 系列 PLC 的电平匹配了。有些变频器输入电平的选择是通过跳线的方式实现的，如三菱的变频器。

6. S7-200 SMART（晶体管输出）控制三菱变频器的方案

西门子 S7-200 SMART PLC 为 PNP 型输出（目前如此），三菱 A740 变频器的默认为 NPN 型输入，因此电平是不兼容的。但三菱变频器的输入电平也是输入和输出可以选择的，与西门子不同的是，需要将电平选择的跳线改换到 PNP 型输入，而不需要改变参数设置。其接线图如图 8-17 所示。

【关键点】将电平选择的跳线改换到 PNP 型输入（由默认的 "SINK" 改成 "SOURCE"）。此外，接线图要正确。三菱的强电输入接线端子（R、S、T）和强电输出端子（U、V、W）相距很近，接线时，切不可接反。

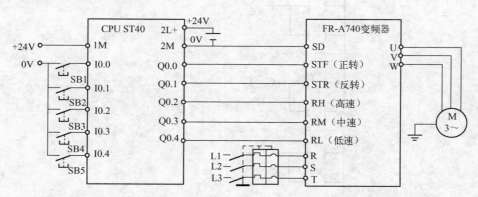

图 8-17　接线图（S7-200 SMART（晶体管输出）PLC，三菱 A740 变频器）

当三菱 A740 变频器的 STF 高电平时，电动机正转；STR 高电平时，电动机反转；RH 高电平时，电动机高速运行（15Hz），RL 高电平时，电动机低速运行（5Hz），程序如图 8-18 所示。

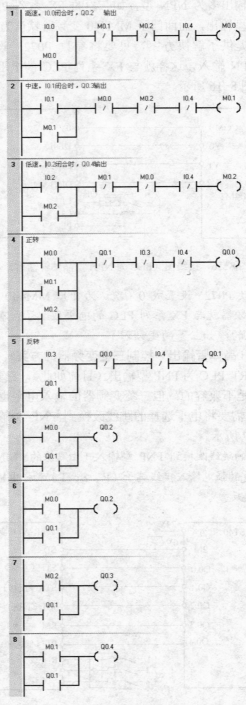

图 8-18　程序

8.4 变频器模拟量调速

8.4.1 模拟量模块的简介

1. 模拟量 I/O 扩展模块的规格

模拟量 I/O 扩展模块包括模拟量输入模块、模拟量输出模块和模拟量输入输出模块。部分模拟量模块的规格见表 8-10。

表 8-10　模拟量 I/O 扩展模块规格表

型　　号	输 入 点	输 出 点	电　　压	功　　率	电 源 要 求	
					SM 总线	DC 24V
EM AE04	4	0	DC 24V	1.5W	80mA	40mA
EM AQ2	0	2	DC 24V	1.5W	80mA	50mA
EM AM06	4	2	DC 24V	2W	80mA	60mA

2. 模拟量 I/O 扩展模块的接线

S7-200 SMARTP PLC 的模拟量模块用于输入和输出电流或者电压信号。模拟量输出模块的接线如图 8-19 所示。

模拟量输入模块有两个参数容易混淆，即模拟量转换的分辨率和模拟量转换的精度（误差）。分辨率是 A-D 模拟量转换芯片的转换精度，即用多少位的数值来表示模拟量。若 S7-200 SMART PLC 模拟量模块的转换分辨率是 12 位，则能够反映模拟量变化的最小单位是满量程的 1/4096。模拟量转换的精度除了取决于 A-D 转换的分辨率，还受到转换芯片的外围电路的影响。在实际应用中，输入的模拟量信号会有波动、噪声和干扰，内部模拟电路也会产生噪声、漂移，这些都会对转换的最后精度造成影响。这些因素造成的误差要大于 A-D 芯片的转换误差。

当模拟量的扩展模块的输入点/输出点有信号输入或者输出时，LED 指示灯不会亮，这点与数字量模块不同，因为西门子模拟量模块上的指示灯没有与电路相连。

使用模拟量模块时，要注意以下问题。

1）模拟量模块有专用的插针与 CPU 通信，并通过此电缆由 CPU 向模拟量模块提供 DC 5V 的电源。此外，模拟量模块必须外接 DC 24V 电源。

2）每个模块能同时输入/输出电流或者电压信号。双极性就是信号在变化的过程中要经过"零"，单极性不过"零"。由于模拟量转换为数字量是有符号整数，所以双极性信号对应的数值会有负数。在 S7-200 SMART PLC 中，单极性模拟量输入/输出信号的数值范围是 0～27648；双极性模拟量信号的数值范围是 −27648～+27648。

3）一般电压信号比电流信号容易受干扰，应优先选用电流信号。电压型的模拟量信号，由于输入端的内阻很高（S7-200 SMART PLC 的模拟量模块为 10MΩ），极易引入干扰。一般电压信号是用在控制设备柜内电位器设置，或者距离非常近、电磁环境好的场合。电流型信号不容易受到传输线沿途的电磁干扰，因而在工业现场获得广泛的应用。电流信号可以传输比电压信号远得多的距离。

4）对于模拟量输出模块，电压型和电流型信号的输出信号的接线相同，但在硬件组态时，要区分是电流还是电压信号，这一点和 S7-200PLC 的模拟量模块是不同的。

5）模拟量输出模块总是要占据两个通道的输出地址。即便有些模块（EM AE04）只有一个实际输出通道，它也要占用两个通道的地址。

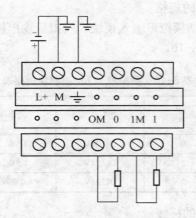

图 8-19　EM AQ02 模块接线图

8.4.2　模拟量调速的应用

数字量多段调速可以设定速度段数量是有限的，不能做到无级调速，而外部模拟量输入可以做到无级调速，也容易实现自动控制，而且模拟量可以是电压信号或者电流信号，使用比较灵活，因此应用较广。以下用两个例子介绍模拟量信号调速。

【例 8-7】　要对一台变频器进行电压信号模拟量调速，已知电动机的功率为0.06kW，额定转速为 1430r/min，额定电压为 380V，额定电流为 0.35A，额定频率为50Hz。设计电气控制系统，并设定参数。

【解】电气控制系统如图 8-20 所示，只要调节电位器就可以实现对电动机进行无级调速，参数设定见表 8-11。

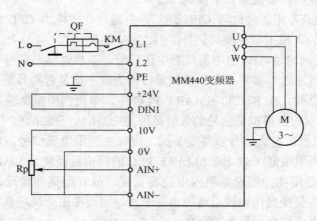

图 8-20　电气原理图

表 8-11　变频器参数表

序　　号	变频器参数	出　厂　值	设　定　值	功　能　说　明
1	P0304	230	380	电动机的额定电压（380V）
2	P0305	3.25	0.35	电动机的额定电流（0.35A）
3	P0307	0.75	0.06	电动机的额定功率（60W）
4	P0310	50.00	50.00	电动机的额定频率（50Hz）
5	P0311	0	1430	电动机的额定转速（1430 r/min）
6	P0700	2	2	选择命令源（由端子排输入）
7	P0756	0	0	选择 ADC 的类型（电压信号）
8	P1000	2	2	频率源（模拟量）
9	P701	1	1	数字量输入 1

【例 8-8】　用一台触摸屏、PLC 对变频器进行调速，已知电动机的技术参数，功率为 0.06kW，额定转速为 1430r/min，额定电压为 380V，额定电流为 0.35A，额定频率为 50Hz。

【解】

1．软硬件配置

1）1 套 STEP7-Micro/WIN SMART V1.0。

2）1 台 MM440 变频器。

3）1 台 CPU ST40。

4）1 台电动机。

5）1 根网线。

6）1 台 EM AQ02。

7）1 台 HMI。

将 PLC、变频器、模拟量输出模块 EM AQ02 和电动机按照如图 8-21 所示接线。

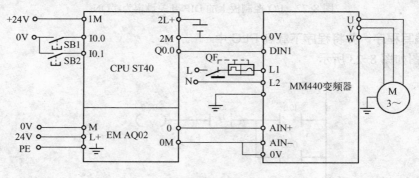

图 8-21　接线图

【关键点】接线时一定要把变频器的 0V 和 AIN-短接，PLC 的 2M 与变频器的 0V 也要短接，否则不能进行调速。

2．设定变频器的参数

先查询 MM440 变频器的说明书，再依次在变频器中设定表 8-12 中的参数。

表 8-12　变频器参数表

序　号	变频器参数	出　厂　值	设　定　值	功　能　说　明
1	P0304	230	380	电动机的额定电压（380V）
2	P0305	3.25	0.35	电动机的额定电流（0.35A）
3	P0307	0.75	0.06	电动机的额定功率（60W）
4	P0310	50.00	50.00	电动机的额定频率（50Hz）
5	P0311	0	1430	电动机的额定转速（1430 r/min）
6	P0700	2	2	选择命令源（由端子排输入）
7	P0756	0	1	选择 ADC 的类型（电流信号）
8	P1000	2	2	频率源（模拟量）
9	P701	1	1	数字量输入 1

【关键点】P0756 设定成 1 表示电流信号对变频器调速，这是容易忽略的，默认是电压信号；此外还要将 I/O 控制板上的 DIP 开关设定为 "ON"，如图 8-22 所示。

图 8-22　I/O 控制板上的 DIP 开关设定为 "ON"

3. 编写程序，并将程序下载到 PLC 中

梯形图如图 8-23 所示。

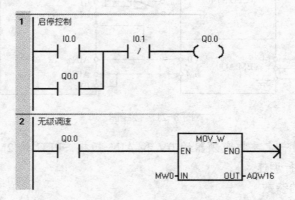

图 8-23　程序

8.5　运输站变频器的通信调速

8.5.1　USS 协议简介

USS 协议（Universal Serial Interface Protocol，通用串行接口协议）是西门子公司所有传动产品的通用通信协议，它是一种基于串行总线进行数据通信的协议。USS 协议是主-从结构的协议，规定了在 USS 总线上可以有一个主站和最多 31 个从站；总线上的每个从站都有一个站地址（在从站参数中设定），主站依靠它识别每个从站；每个从站也只对主站发来的报文做出响应并回送报文，从站之间不能直接进行数据通信。另外，还有一种广播通信方式，主站可以同时给所有从站发送报文，从站在接收到报文并做出相应的响应后，可不回送报文。

1. 使用 USS 协议的优点

1）对硬件设备要求低，减少了设备之间的布线。

2）无需重新连线就可以改变控制功能。

3）可通过串行接口设置来改变传动装置的参数。

4）可实时监控传动系统。

2. USS 通信硬件连接注意要点

1）条件许可的情况下，USS 主站尽量选用直流型的 CPU（针对 S7-200 SMART 系列）。

2）一般情况下，USS 通信电缆采用双绞线即可（如常用的以太网电缆），如果干扰比较大，可采用屏蔽双绞线。

3）在采用屏蔽双绞线作为通信电缆时，如果把具有不同电位参考点的设备互连，会造成在互连电缆中产生不应有的电流，从而造成通信口的损坏。所以要确保通信电缆连接的所有设备，共用一个公共电路参考点，或是相互隔离的，以防止不应有的电流产生。屏蔽线必须连接到机箱接地点或 9 针连接插头的插针 1。建议将传动装置上的 0V 端子连接到机箱接地点。

4）尽量采用较高的波特率，通信速率只与通信距离有关，与干扰没有直接关系。

5）终端电阻的作用是用来防止信号反射的，并不用来抗干扰。如果在通信距离很近、波特率较低或点对点的通信的情况下，可不用终端电阻。多点通信的情况下，一般也只需在 USS 主站上加终端电阻就可以取得较好的通信效果。

6）不要带电插拔 USS 通信电缆，尤其是正在通信过程中，这样极易损坏传动装置和 PLC 的通信端口。如果使用大功率传动装置，即使传动装置掉电后，也要等几分钟，让电容放电后，再去插拔通信电缆。

8.5.2　USS 通信的应用

以下用一个例子介绍 USS 通信的应用。

【例 8-9】　用一台 CPU ST40 对变频器进行 USS 无级调速，已知电动机的功率为 0.06kW，额定转速为 1440r/min，额定电压为 380V，额定电流为 0.35A，额定频率为 50Hz。请制定解决方案。

【解】

1. 软硬件配置

1）1 套 STEP7-Micro/WIN SMART V1.0（含指令库）。

2）1 台 MM440 变频器。

3）1 台 CPU ST40。

4）1 台电动机。

5）1 根编程电缆。

6）1 根屏蔽双绞线。

硬件配置如图 8-24 所示。

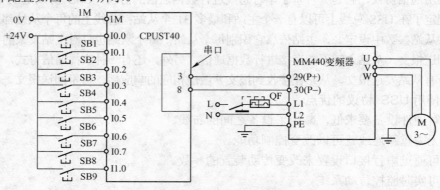

图 8-24　硬件配置图

【关键点】图 8-24 中，串口的第 3 脚与变频器的 29 脚相连，串口的第 8 脚与变频器的 30 脚相连，并不需要占用 PLC 的输出点。图 8-24 的 USS 通信连接是要求不严格时的做法，一般的工业现场不宜采用，工业现场的 PLC 端应使用专用的网络连接器，且终端电阻要接通，如图 8-25 所示，变频器端的连接图如图 8-26 所示，在购买变频器是附带有所需的电阻，并不需要另外购置。还有一点必须指出：如果有多台变频器，则只有最末端的变频器需要接入如图 8-26 的电阻。

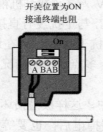

图 8-25　网络连接器图（PLC 端）

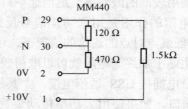

图 8-26　连接图（变频器端）

2．相关指令介绍

（1）初始化指令

USS_INIT 指令被用于启用和初始化或禁止驱动器通信。在使用任何其他 USS 协议指令之前，必须执行 USS_INIT 指令，且无错。一旦该指令完成，立即设置"完成"位，才能继续执行下一条指令。

EN 输入打开时，在每次扫描时执行该指令。仅限为通信状态的每次改动执行一次 USS_INIT 指令。使用边缘检测指令，以脉冲方式打开 EN 输入。欲改动初始化参数，执行一条新 USS_INIT 指令。USS 输入数值选择通信协议：输入值 1 将端口 0 分配给 USS 协议，并启用该协议；输入值 0 将端口 0 分配给 PPI，并禁止 USS 协议。BAUD（波特率）将波特率设为 1200bit/s、2400bit/s、4800bit/s、9600bit/s、19200bit/s、38400bit/s、57600bit/s 或 115200bit/s。

ACTIVE（激活）表示激活驱动器。当 USS_INIT 指令完成时，DONE（完成）输出打开。"错误"输出字节包含执行指令的结果。USS_INIT 指令格式见表 8-13。

表 8-13　USS_INIT 指令格式

LAD	输入 / 输出	含　　义	数 据 类 型
USS_INIT EN Mode　Done Baud　Error Port Active	EN	使能	BOOL
	Mode	模式	BYTE
	Baud	通信的波特率	DWORD
	Port	设置物理通信端口（0：CPU 中集成的 RS485，1:信号板上的 RS485 或 RS232）	BYTE
	Active	激活驱动器	DWORD
	Done	完成初始化	BOOL
	Error	错误代码	BYTE

站点号具体计算如下：

D31	D30	D29	D28	…	D19	D18	D17	D16	…	D3	D2	D1	D0
0	0	0	0		0	1	0	0		0	0	0	0

D0～D31 代表 32 台变频器，要激活某一台变频器，就将该位置 1，上面的表格将 18 号变频器激活，其十六进制表示为 16#00040000。若要将所有 32 台变频器都激活，则 ACTIVE 为 16#FFFFFFFF。

（2）控制指令

USS_CTRL 指令被用于控制 ACTIVE（激活）驱动器。USS_CTRL 指令将选择的命令放在通信缓冲区中，然后送至编址的驱动器（DRIVE（驱动器）参数），条件是已在 USS_INIT 指令的 ACTIVE（激活）参数中选择该驱动器。每台驱动器仅限指定一条 USS_CTRL 指令。USS_CTRL 指令格式见表 8-14。

表 8-14　USS_CTRL 指令格式

LAD	输入 / 输出	含　　义	数 据 类 型
USS_CTRL EN RUN OFF2 OFF3 F_ACK　Resp_R 　　　Error DIR　　Status 　　　Speed Drive　Run_EN Type　D_Dir Speed~　Inhibit 　　　Fault	EN	使能	BOOL
	RUN	模式	BOOL
	OFF2	允许驱动器滑行至停止	BOOL
	OFF3	命令驱动器迅速停止	BOOL
	F_ACK	故障确认	BOOL
	DIR	驱动器应当移动的方向	BOOL
	Drive	驱动器的地址	BYTE
	Type	选择驱动器的类型	BYTE
	Speed_SP	驱动器速度	DWORD
	Resp_R	收到应答	BOOL
	Error	通信请求结果的错误字节	BYTE
	Status	驱动器返回的状态字原始数值	WORD
	Speed	全速百分比	DWORD
	D_Dir	表示驱动器的旋转方向	BOOL
	inhibit	驱动器上的禁止位状态	BOOL
	Run_EN	驱动器运动时为 1，停止时为 0	BOOL
	Fault	故障位状态	BOOL

USS_CTRL 指令具体描述如下。

EN 位必须打开，才能启用 USS_CTRL 指令。该指令应当始终启用。RUN/STOP（运行/停止）表示驱动器是打开（1）还是关闭（0）。当 RUN（运行）位打开时，驱动器收到一条命令，按指定的速度和方向开始运行。为了使驱动器运行，必须符合三个条件，分别是 DRIVE（驱动器）在 USS_INIT 中必须被选为 ACTIVE（激活）；OFF2 和 OFF3 必须被设为 0；FAULT（故障）和 INHIBIT（禁止）必须为 0。

当 RUN（运行）关闭时，会向驱动器发出一条命令，将速度降低，直至电动机停止。OFF2 位被用于允许驱动器滑行至停止。OFF3 位被用于命令驱动器迅速停止。Resp_R（收到应答）位确认从驱动器收到应答。对所有的激活驱动器进行轮询，查找最新驱动器状态信息。每次 S7-200 SMART 从驱动器收到应答时，Resp_R 位均会打开，进行一次扫描，所有以下数值均被更新。F_ACK（故障确认）位被用于确认驱动器中的故障。当 F_ACK 从 0 转为 1 时，驱动器清除故障。DIR（方向）位表示驱动器应当移动的方向。"驱动器"（驱动器地址）输入是驱动器的地址，向该地址发送 USS_CTRL 命令。有效地址：0～31。"类型"（驱动器类型）输入选择驱动器的类型。将 3（或更早版本）驱动器的类型设为 0。将 4 驱动器的类型设为 1。

Speed_SP（速度设定值）是作为全速百分比的驱动器速度。Speed_SP 的负值会使驱动器反向旋转方向。范围：−200.0%～200.0%。假如在变频器中设定电动机的额定频率为 50Hz，Speed_SP=20.0，电动机转动的频率为 50Hz×20%=10Hz。

Error 是一个包含对驱动器最新通信请求结果的错误字节。USS 指令执行错误标题定义可能因执行指令而导致的错误条件。

Status 是驱动器返回的状态字原始数值。

Speed 是作为全速百分比的驱动器速度。范围：−200.0%～200.0%。

Run_EN（运行启用）表示驱动器是运行（1）还是停止（0）。

D_Dir 表示驱动器的旋转方向。

inhibit 表示驱动器上的禁止位状态（0 - 不禁止，1 - 禁止）。欲清除禁止位，"故障"位必须关闭，RUN（运行）、OFF2 和 OFF3 输入也必须关闭。

Fault 表示故障位状态（0 - 无故障，1 - 故障）。驱动器显示故障代码。欲清除故障位，纠正引起故障的原因，并打开 F_ACK 位。

3. 设置变频器的参数

先查询 MM440 变频器的说明书，再依次在变频器中设定表 8-15 中的参数。

表 8-15　变频器参数表

序　号	变频器参数	出　厂　值	设　定　值	功　能　说　明
1	P0304	230	380	电动机的额定电压（380V）
2	P0305	3.25	0.35	电动机的额定电流（0.35A）
3	P0307	0.75	0.06	电动机的额定功率（60W）
4	P0310	50.00	50.00	电动机的额定频率（50Hz）

（续）

序　号	变频器参数	出 厂 值	设 定 值	功 能 说 明
5	P0311	0	1440	电动机的额定转速（1440 r/min）
6	P0700	2	5	选择命令源（COM 链路的 USS 设置）
7	P1000	2	5	频率源（COM 链路的 USS 设置）
8	P2010	6	6	USS 波特率（9600bit/s）
9	P2011	0	18	站点的地址
10	P2012	2	2	PZD 长度
11	P2013	127	127	PKW 长度（长度可变）
12	P2014	0	0	看门狗时间

　　【关键点】P2011 设定值为 18，与程序中的地址一致，P2010 设定值为 6，与程序中的 9600bit/s 也是一致的，所以正确设置变频器的参数是 USS 通信成功的前提。

　　变频器的 USS 通信和 PROFIBUS 通信二者只可选其一，不可同时进行，因此如果进行 USS 通信时，变频器上的 PROFIBUS 模块必须要取下，否则 USS 被封锁，是不能通信成功的。

　　此外，要选用 USS 通信的指令，只要双击在如图 8-27 所示的库中对应的指令即可。

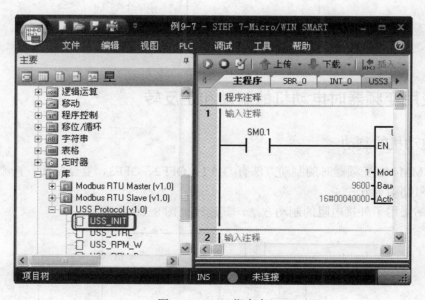

图 8-27　USS 指令库

3. 编写程序

程序如图 8-28 所示。

　　【关键点】读者在运行以上程序时，VD0 中要先赋值，如赋值 10.0。

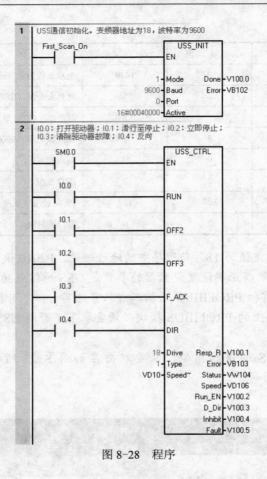

图 8-28 程序

8.6 使用变频器时电动机的制动和正反转

8.6.1 电动机的制动

使用 MM440 变频器时的制动方法有 OFF1、OFF2、OFF3、复合制动、直流注入制动和外接电阻制动等方式。

运输站采用了外接电阻的制动方法，其连线如图 8-29 所示。

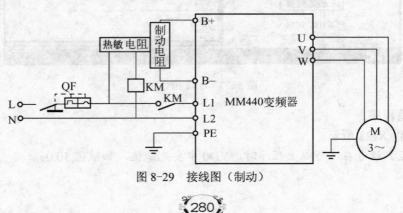

图 8-29 接线图（制动）

1）根据变频器的功率和运输站的电动机的工况，选用合适的制动电阻，具体参考 MM440 变频器使用说明书。

2）按照如图 8-29 将变频器与电动机连接在一起，注意制动电阻 R 上的开关触头要与接触器 KM 的线圈串联，这样当制动电阻过热时，制动电阻上的热敏电阻切断接触器 KM 的电源，从而切断变频器的供电电源起到保护作用。

3）验证当切断变频器电源或者按停止"按钮"时，电动机是否迅速停车。

8.6.2 电动机的起停控制

变频器的起停控制如图 8-30 所示，变频器以西门子 MM440 为例讲解，DIN1 实际是控制端子 5，+24V 是端子 9。当 DIN1 和+24V 短接时，变频器起动。

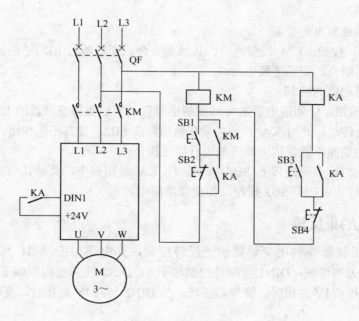

图 8-30 起动控制

1. 电路中各元器件的作用

1）QF 断路器，主电源通断开关。

2）KM 接触器，变频器通断开关。

3）SB1 按钮，变频器通电。

4）SB2 按钮，变频器断电。

5）SB3 按钮，变频器正转起动。

6）SB4 按钮，变频器停止。

7）KA 中间继电器，正转控制。

2. 设定变频器参数

根据参考说明书，填写表 8-16，并按照表 8-15 设定变频器的参数。

表 8-16　变频器参数

序　号	变频器参数	出　厂　值	设　定　值	功　能　说　明
1	P0304	230	380	额定电压 380V
2	P0305	3.25	3.25	额定电流 0.35A
3	P0307	0.75	0.75	额定功率 0.06W
4	P0310	50.00	50.00	额定频率 50.00Hz
5	P0311	0	1440	额定转速 1440r/min
6	P0700	2	2	选择命令源
7	P1000	2	1	频率源
8	P0701	1	1	正转

3．控制过程

（1）变频器通断电的控制

当按下 SB1 按钮，KM 线圈通电，其触头吸合，变频器通电；按下 SB2 按钮，KM 线圈失电，触头断开，变频器断电。

（2）变频器起停的控制

按下 SB3 按钮，中间继电器 KA 线圈得电吸合，其触头将变频器的 DIN1 与+24V 短路，电动机正向转动。此时 KA 的另一常开触头封锁 SB2，使其不起作用，这就保证了变频器在正向转动期间不能使用电源开关进行停止操作。

当需要停止时，必须先按下 SB4 按钮，使 KA 线圈失电，其常开触头断开（电动机减速停止），这时才可按下SB2 按钮，使变频器断电。

8.6.3　电动机的正反转

很多生产机械都要利用变频器的正反转控制，其电路如图 8-31 所示，以西门子 MM440 变频器为例讲解，DIN1 实际是控制端子 5，DIN2 实际是控制端子 6，+24V 是端子 9。当 DIN1 和+24V 短接时，变频器正转；当 DIN2 与+24V 短接时，变频器反转。

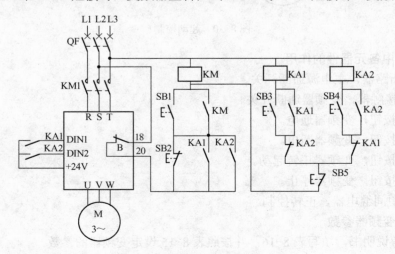

图 8-31　正反转控制

1. 电路中各元器件的作用

1）SB1 按钮，变频器通电。

2）SB2 按钮，变频器断电。

3）SB3 按钮，正转起动。

4）SB4 按钮，反转起动。

5）SB5 按钮，电机停止。

6）KA1 继电器，正转控制。

7）KA2 继电器，反转控制。

2. 电路在设计要点

1）KM 接触器仍只作为变频器的通、断电控制，而不作为变频器的运行与停止控制。因此，断电按钮 SB2 仍由运行继电器 KA1 或 KA2 封锁，使运行时 SB2 不起作用。

2）控制电路串接报警输出接点 18 和 20，当变频器故障报警时切断控制电路，KM 断开而停机。

3）变频器的通、断电，正、反转运行控制均采用主令按钮。

4）正反转继电器 KA1 和 KA2 互锁，正反转切换不能直接进行，必须先停机再改变转向。

3. 设定变频器参数

根据参考说明书，填写表 8-16，并按照表 8-17 设定变频器的参数。

表 8-17　变频器参数

序　号	变频器参数	出　厂　值	设　定　值	功 能 说 明
1	P0304	230	380	额定电压 380V
2	P0305	3.25	3.25	额定电流 0.35A
3	P0307	0.75	0.75	额定功率 0.06W
4	P0310	50.00	50.00	额定频率 50.00Hz
5	P0311	0	1440	额定转速 1440r/min
6	P0700	2	2	选择命令源
7	P1000	2	1	频率源
8	P0701	1	1	正转
9	P0702	12	2	反转

4. 变频器的正反转控制

（1）正转

当按下 SB1 按钮，KM 线圈得电吸合，其主触头接通，变频器通电处于待机状态。与此同时，KM 的辅助常开触头使 SB1 自锁。这时如按下 SB3 按钮，KA1 线圈得电吸合，其常开触头 KA1 接通变频器的 DIN1 端子，电动机正转。与此同时，其另一常开触头闭合使 SB3 自锁，常闭触头断开，使 KA2 线圈不能通电。

（2）反转

如果要使电动机反转，先按下 SB4 按钮使电动机停止。然后按下 SB4 按钮，KA2 线圈得电吸合，其常开触头 KA2 闭合，接通变频器 DIN2 端子，电动机反转。与此同时，其另一常开触头 KA2 闭合使 SB4 自保，常闭触头 KA2 断开使 KA1 线圈不能通电。

（3）停止

当需要断电时，必须先按下 SB5 按钮，使 KA1 和 KA2 线圈失电，其常开触头断开（电动机减速停止），并解除 SB2 的旁路，这时才能可按下 SB2 按钮，使变频器断电。变频器故障报警时，控制电路被切断，变频器主电路断电。

（4）控制电路的特点

- 自锁保持电路状态的持续，KM 自锁，持续通电；KA1 自锁，持续正转；KA2 自锁，持续反转。
- 互锁保持变频器状态的平稳过渡，避免变频器受冲击。KA1、KA2 互锁，正、反转运行不能直接切换；KA1、KA2 对 SB2 的锁定，保证运行过程中不能直接断电停机。
- 主电路的通断由控制电路控制，操作更安全可靠。

8.6.4 电动机的正反转（PLC 控制）

不使用变频器时，要控制电动机正反转要用两个接触器，而使用变频器后，就不再需要了。运输站电动机的起动、正反转和制动均由 PLC 控制完成，SB1 控制起动正转、SB2 反转、SB3 控制停止（制动，OFF3 方式）。

1）将 PLC、变频器和电动机按照如图 8-32 所示连线。

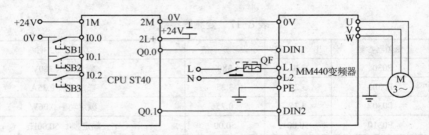

图 8-32　接线图（正反转）

2）参考说明书，按照表 8-18 设定变频器的参数。

表 8-18　变频器参数

序　号	变频器参数	出　厂　值	设　定　值	功　能　说　明
1	P0304	230	380	额定电压 380V
2	P0305	3.25	3.25	额定电流 0.35A
3	P0307	0.75	0.75	额定功率 0.06W
4	P0310	50.00	50.00	额定频率 50.00Hz
5	P0311	0	1440	额定转速 1430r/min
6	P0700	2	2	选择命令源
7	P1000	2	1	频率源
8	P0701	1	1	正转
9	P0702	12	2	反转

3）编写程序，并下载到 PLC 中去，如图 8-33 所示。

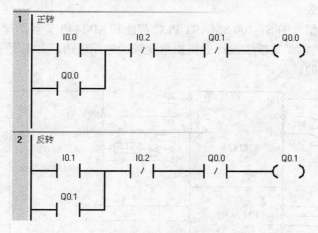

图 8-33　正反转梯形图

重点难点总结

1．掌握变频器的参数设定。

2．理解变频器的"交－直－交"工作原理。

3．掌握变频器 BOP 调速、多段调速、模拟量调速和通信调速的应用场合以及其在运输站上的应用。

4．掌握 PLC 控制变频器调速的接线方法，特别注意当 PLC 为晶体管输出时，若 PLC 为 PNP 型输出，则要将变频器的输入调整 PNP 型输入，同理若 PLC 为 NPN 型输出，则要将变频器的输入调整 NPN 型输入。

5．通信调速的难点是理解各个控制字的含义，此外对变频器参数的正确设定也十分关键。

习题

1．简述变频器的"交－直－交"工作原理。

2．三相交流异步电动机有几种调速方式？

3．使用变频器时，一般有几种调速方式？

4．变频器电源输入端接到电源输出端后有什么后果？

5．使用变频器时，制动原理是什么？

6．使用变频器时，电动机的正反转怎样实现？

7．例 8-4 中，若将 PLC 改为继电器输出，则应该怎样接线？

8．例 8-4 中，若将 PLC 改为三菱的 FX2N-48MT，则应该怎样接线？变频器的参数设置有和变化？（提示：请参考三菱 FX 系统手册和西门子变频器使用大全）

9．不用西门子的指令库，也能建立两台 CPU ST40 的 Modbus 通信，这句话对吗？为什么？

10．不用西门子的指令库，也能建立两台 CPU ST40 和 MM440 变频器的 USS 通信，这句话对吗？为什么？

11．是否所有型号的 S7-200 SMART PLC 都能和 MM440 变频器建立 USS 通信？

12．图 8-34 所示是某学生设计的模拟量变频调速原理图，并编写了如图 8-35 所示的程序，请指出其中的错误。

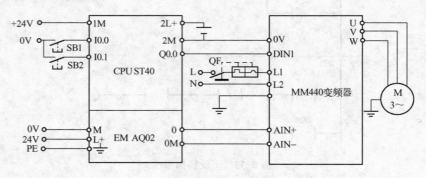

图 8-34　原理图

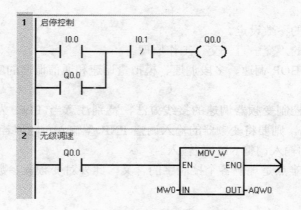

图 8-35　梯形图

第 9 章

S7-200 SMART PLC 的
其他应用技术

本章介绍 S7-200 SMART 在 PID 中的应用以及高速计数器的应用。

9.1 S7-200 SMART PLC 在 PID 中的应用

9.1.1 PID 控制原理简介

在过程控制中，按偏差的比例（P）、积分（I）和微分（D）进行控制的 PID 控制器（也称 PID 调节器）是应用最广泛的一种自动控制器。它具有原理简单、易于实现、适用面广、控制参数相互独立、参数选定比较简单和调整方便等优点；而且在理论上可以证明，对于过程控制的典型对象——"一阶滞后＋纯滞后"与"二阶滞后＋纯滞后"的控制对象，PID 控制器是一种最优控制。PID 调节是连续系统动态品质校正的一种有效方法，它的参数整定方式简便，结构改变灵活（如可为 PI 调节、PD 调节等）。长期以来，PID 控制器被广大科技人员及现场操作人员所采用，并积累了大量的经验。

PID 控制器根据系统的误差，利用比例、积分、微分计算出控制量来进行控制。当被控对象的结构和参数不能完全掌握、得不到精确的数学模型、或控制理论的其他技术难以采用时，系统控制器的结构和参数必须依靠经验和现场调试来确定，这时应用 PID 控制技术最为恰当。即当不完全了解一个系统和被控对象，或不能通过有效的测量手段来获得系统参数时，最适合采用 PID 控制技术。

1. 比例（P）控制

比例控制是一种最简单、最常用的控制方式，如放大器、减速器和弹簧等。比例控制器能立即成比例地响应输入的变化量。但仅有比例控制时，系统输出存在稳态误差（Steady-state error）。

2. 积分（I）控制

在积分控制中，控制器的输出量是输入量对时间积累。对一个自动控制系统，如果在进入稳态后存在稳态误差，则称这个控制系统是有稳态误差的或简称有差系统（System with Steady-state Error）。为了消除稳态误差，在控制器中必须引入"积分项"。积分项对误差的运算取决于时间的积分，随着时间的增加，积分项会增大。所以即便误差很小，积分项也会随着时间的增加而加大，它推动控制器的输出增大，使稳态误差进一步减小，直到等于零。因此，采用比例+积分（PI）控制器，可以使系统在进入稳态后无稳态误差。

3．微分（D）控制

在微分控制中，控制器的输出与输入误差信号的微分（即误差的变化率）成正比关系。自动控制系统在克服误差的调节过程中可能会出现振荡甚至失稳。其原因是由于存在较大的惯性组件（环节）或滞后（delay）组件，这些组件具有抑制误差的作用，其变化总是落后于误差的变化。解决的办法是使抑制误差的作用变化"超前"，即在误差接近零时，抑制误差的作用就应该是零。这就是说，在控制器中仅引入"比例"项往往是不够的，比例项的作用仅是放大误差的幅值，而目前需要增加的是"微分项"，它能预测误差变化的趋势，这样具有比例+微分的控制器就能够提前使抑制误差的控制作用等于零，甚至为负值，从而避免被控量的严重超调。所以对有较大惯性或滞后的被控对象，比例+微分（PD）控制器能改善系统在调节过程中的动态特性。

4．闭环控制系统特点

控制系统一般包括开环控制系统和闭环控制系统。开环控制系统（Open-loop Control System）是指被控对象的输出（被控制量）对控制器（controller）的输出没有影响，在这种控制系统中不依赖将被控制量反送回来以形成任何闭环回路。闭环控制系统（Closed-loop Control System）的特点是系统被控对象的输出（被控制量）会反送回来影响控制器的输出，形成一个或多个闭环。闭环控制系统有正反馈和负反馈，若反馈信号与系统给定值信号相反，则称为负反馈（Negative Feedback）；若极性相同，则称为正反馈（Positive Feedback）。一般闭环控制系统均采用负反馈，又称负反馈控制系统。可见，闭环控制系统性能远优于开环控制系统。

5．PID 控制器的参数整定

PID 控制器的参数整定是控制系统设计的核心内容。它是根据被控过程的特性，确定PID 控制器的比例系数、积分时间和微分时间的大小。PID 控制器参数整定的方法很多，概括起来有如下两大类。

（1）理论计算整定法

它主要依据系统的数学模型，经过理论计算确定控制器参数。这种方法所得到的计算数据不可以直接使用，还必须通过工程实际进行调整和修改。

（2）工程整定法

它主要依赖于工程经验，直接在控制系统的试验中进行，且方法简单、易于掌握，在工程实际中被广泛采用。PID 控制器参数的工程整定方法，主要有临界比例法、反应曲线法和衰减法。这三种方法各有其特点，其共同点都是通过试验，然后按照工程经验公式对控制器参数进行整定。但无论采用哪一种方法所得到的控制器参数，都需要在实际运行中进行最后的调整与完善。

现在一般采用的是临界比例法。利用该方法进行 PID 控制器参数的整定步骤如下。

1）首先预选择一个足够短的采样周期让系统工作。

2）仅加入比例控制环节，直到系统对输入的阶跃响应出现临界振荡，记下这时的比例放大系数和临界振荡周期。

3）在一定的控制度下通过公式计算得到 PID 控制器的参数。

6．PID 控制器的主要优点

PID 控制器成为应用最广泛的控制器，它具有以下优点。

1）PID 算法蕴涵了动态控制过程中过去、现在、将来的主要信息，而且其配置几乎最优。其中，比例（P）代表了当前的信息，起纠正偏差的作用，使过程反应迅速。微分（D）在信号变化时有超前控制作用，代表将来的信息。在过程开始时强迫过程进行，过程结束时减小超调，克服振荡，提高系统的稳定性，加快系统的过渡过程。积分（I）代表了过去积累的信息，它能消除静差，改善系统的静态特性。此三种作用配合得当，可使动态过程快速、平稳、准确，收到良好的效果。

2）PID 控制适应性好，有较强的鲁棒性，对各种工业应用场合，都可在不同的程度上应用。特别适于"一阶惯性环节+纯滞后"和"二阶惯性环节+纯滞后"的过程控制对象。

3）PID 算法简单明了，各个控制参数相对较为独立，参数的选定较为简单，形成了完整的设计和参数调整方法，很容易为工程技术人员所掌握。

4）PID 控制根据不同的要求，针对自身的缺陷进行了不少改进，形成了一系列改进的 PID 算法。例如，为了克服微分带来的高频干扰的滤波 PID 控制，为克服大偏差时出现饱和超调的 PID 积分分离控制，为补偿控制对象非线性因素的可变增益 PID 控制等。这些改进算法在一些应用场合取得了很好的效果。同时当今智能控制理论的发展，又形成了许多智能 PID 控制方法。

7. PID 的算法

PID 控制器调节输出，保证偏差（e）为零，使系统达到稳定状态，偏差是给定值（SP）和过程变量（PV）的差。PID 控制的原理基于以下公式：

$$M(t) = K_C \cdot e + K_C \int_0^1 e \, \mathrm{d}t + M_{initial} + K_C \cdot \frac{\mathrm{d}e}{\mathrm{d}t} \tag{9-1}$$

式中　$M(t)$——PID 回路的输出；

　　　K_C——PID 回路的增益；

　　　e——PID 回路的偏差（给定值与过程变量的差）；

　　　$M_{initial}$——PID 回路输出的初始值。

由于以上的算式是连续量，必须将连续量离散化才能在计算机中运算，离散处理后的算式如下：

$$M_n = K_C \cdot e_n + K_I \cdot \sum_1^n e_x + M_{initial} + K_D \cdot (e_n - e_{n-1}) \tag{9-2}$$

式中　M_n——在采样时刻 n；

　　　PID——回路的输出的计算值；

　　　K_C——PID 回路的增益；

　　　K_I——积分项的比例常数；

　　　K_D——微分项的比例常数；

　　　e_n——采样时刻 n 的回路的偏差值；

　　　e_{n-1}——采样时刻 $n-1$ 的回路的偏差值；

　　　e_x——采样时刻 x 的回路的偏差值；

　　　$M_{initial}$——PID 回路输出的初始值。

再对以上算式进行改进和简化，得出如下计算 PID 输出的算式：

$$M_n = MP_n + MI_n + MD_n \qquad (9\text{-}3)$$

式中　M_n——第 n 次采样时刻的计算值；

　　　MP_n——第 n 次采样时刻的比例项值；

　　　MI_n——第 n 次采样时刻的积分项的值；

　　　MD_n——第 n 次采样时刻微分项的值。

$$MP_n = K_C * (SP_n - PV_n) \qquad (9\text{-}4)$$

式中　MP_n——第 n 采样时刻的比例项值；

　　　K_C——增益；

　　　SP_n——第 n 次采样时刻的给定值；

　　　PV_n——第 n 次采样时刻的过程变量值。

很明显，比例项 MP_n 数值的大小和增益 K_C 成正比，增益 K_C 增加可以直接导致比例项 MP_n 的快速增加，从而直接导致 M_n 增加。

$$MI_n = K_C * T_S / T_I * (SP_n - PV_n) + MX \qquad (9\text{-}5)$$

式中　K_C——增益；

　　　T_S——回路的采样时间；

　　　T_I——积分时间；

　　　SP_n——第 n 次采样时刻的给定值；

　　　PV_n——第 n 次采样时刻的过程变量值；

　　　MX——第 $n-1$ 次采样时刻的积分项（也称为积分前项）。

很明显，积分项 MI_n 数值的大小随着积分时间 T_I 的减小而增加，T_I 的减小可以直接导致积分项 MI_n 数值的增加，从而直接导致 M_n 增加。

$$MD_n = K_C * (PV_{n-1} - PV_n) * T_D / T_S \qquad (9\text{-}6)$$

式中　K_C——增益；

　　　T_S——回路的采样时间；

　　　T_D——微分时间；

　　　PV_n——第 n 次采样时刻的过程变量值；

　　　PV_{n-1}——第 $n-1$ 次采样时刻的过程变量。

很明显，微分项 MD_n 数值的大小随着微分时间 T_D 的增加而增加，T_D 的增加可以直接导致积分项 MD_n 数值的增加，从而直接导致 M_n 增加。

【关键点】式（9-3）~式（9-6）是非常重要的。根据这几个公式，读者必须建立一个概念：增益 K_C 增加可以直接导致比例项 MP_n 的快速增加，T_I 的减小可以直接导致积分项 MI_n 数值的增加，微分项 MD_n 数值的大小随着微分时间 T_D 的增加而增加，从而直接导致 M_n 增加。理解了这一点，对于正确调节 P、I、D 三个参数是至关重要的。

9.1.2　利用 S7-200 SMART PLC 进行电炉的温度控制

要求将一台电炉的炉温控制在一定的范围。电炉的工作原理如下。

当设定电炉温度后，S7-200 SMART PLC 经过 PID 运算后由模拟量输出模块 EM AQ02 输出一个电压信号送到控制板，控制板根据电压信号（弱电信号）的大小控制电热丝的加热电压（强电）的大小（甚至断开），温度传感器测量电炉的温度，温度信号经过控制板的处理后输入到模拟量输入模块 EM AE04，再送到 S7-200 SMART PLC 进行 PID 运算，如此循环。整个系统的硬件配置如图 9-1 所示。

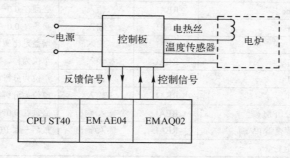

图 9-1　硬件配置图

1．主要软硬件配置

1）1 套 STEP7-Micro/WIN SMART V1.0。

2）1 台 CPU ST40。

3）1 台 EM AE04。

4）1 台 EM AQ02。

5）1 根以太网线。

6）1 台电炉（含控制板）。

2．主要指令介绍

PID 回路（PID）指令，当使能有效时，根据表格(TBL)中的输入和配置信息对引用 LOOP 执行 PID 回路计算。PID 指令的格式见表 9-1。

表 9-1　PID 指令格式

LAD	输入/输出	含　义	数据类型
PID - EN　　ENO - - TBL - LOOP	EN	使能	BOOL
	TBL	参数表的起始地址	BYTE
	LOOP	回路号，常数范围 0～7	BYTE

PID 指令使用注意事项有以下几方面。

1）程序中最多可以使用 8 条 PID 指令，回路号为 0～7，不能重复使用。

2）必须保证过程变量和给定值积分项前值和过程变量前值在 0.0～1.0 之间。

3）如果进行 PID 计算的数学运算时遇到错误，将设置 SM1.1（溢出或非法数值）并终止 PID 指令的执行。

在工业生产过程中，模拟信号 PID（由比例、积分和微分构成的闭合回路）调节是常见的控制方法。运行 PID 控制指令，S7-200 SMART PLC 将根据参数表中输入测量值、控制设定值及 PID 参数，进行 PID 运算，求得输出控制值。参数表中有 9 个参数，共占用 36 个字节，全部是 32 位的实数，部分保留给自整定用。PID 控制回路的参数表见表 9-2。

表 9-2　PID 控制回路参数表

偏移地址	参　数	数据格式	参数类型	描　述
0	过程变量 PVn	REAL	输入/输出	必须在 0.0~1.0 之间
4	给定值 SPn	REAL	输入	必须在 0.0~1.0 之间
8	输出值 Mn	REAL	输入	必须在 0.0~1.0 之间
12	增益 K_c	REAL	输入	增益是比例常数,可正可负
16	采样时间 T_s	REAL	输入	单位为秒,必须是正数
20	积分时间 T_I	REAL	输入	单位为分钟,必须是正数
24	微分时间 T_d	REAL	输入	单位为分钟,必须是正数
28	上一次积分值 M_X	REAL	输入/输出	必须在 0.0~1.0 之间
32	上一次过程变量 PV_{n-1}	REAL	输入/输出	最后一次 PID 运算过程变量值
36~76	保留自整定变量			

3. 编写电炉的温度控制程序

1)编写程序前,先要填写 PID 指令的参数表,参数见表 9-3。

表 9-3　电炉温度控制的 PID 参数表

地　址	参　数	描　述
VD100	过程变量 PVn	温度经过 A-D 转换后的标准化数值
VD104	给定值 SPn	0.335(最高温度为 1,调节到 0.335)
VD108	输出值 Mn	PID 回路输出值
VD112	增益 K_c	0.15
VD116	采样时间 T_s	35
VD120	积分时间 T_I	30
VD124	微分时间 T_d	0
VD128	上一次积分值 M_X	根据 PID 运算结果更新
VD132	上一次过程变量 PV_{n-1}	最后一次 PID 运算过程变量值

2)再编写 PLC 控制程序,程序如图 9-2 所示。

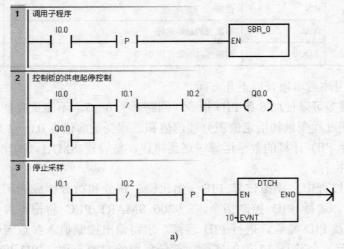

a)

图 9-2　电炉 PID 控制程序

a) 主程序

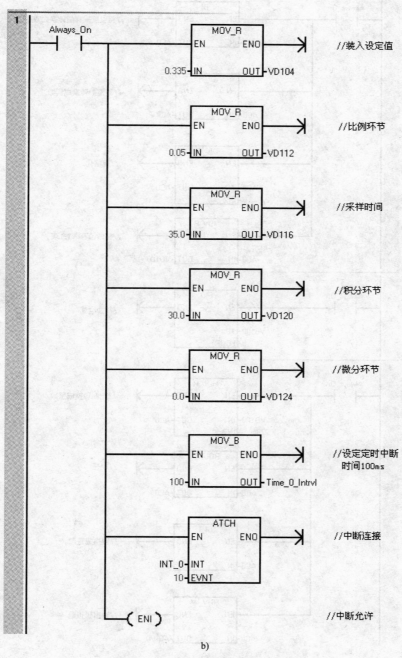

b)

图 9-2　电炉 PID 控制程序（续）

b) 主程序

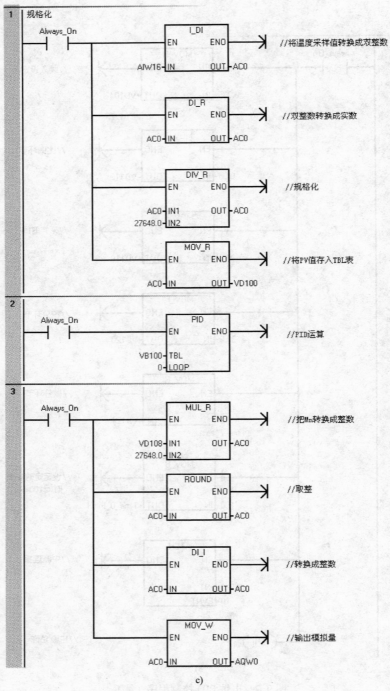

图 9-2　电炉 PID 控制程序（续）

c) 中断服务程序

　　【关键点】编写此程序首先要理解 PID 的参数表各个参数的含义，其次是要理解数据类型的转换。要将整数转化成实数，必须先将整数转化成双整数，因为 S7-200 SMART PLC 中没有直接将整数转化成实数的指令。

9.2　高速计数器的应用

9.2.1　高速计数器的简介

对超出 CPU 普通计数器能力的脉冲信号进行测量。S7-200 SMART CPU 提供了多个高速计数器（HSC0～HSC3）以响应快速脉冲输入信号。高速计数器的计数速度比 PLC 的扫描速度要快得多，因此高速计数器可独立于用户程序工作，不受扫描时间的限制。用户通过相关指令，设置相应的特殊存储器控制计数器的工作。高速计数器的一个典型的应用是利用光电编码器测量转速和位移。

1. 高速计数器的工作模式和输入

高速计数器有 8 种工作模式，每个计数器都有时钟、方向控制、复位启动等特定输入。对于双向计数器，两个时钟都可以运行在最高频率上，高速计数器的最高计数频率取决于 CPU 的类型。在正交模式下，可选择 1×（1 倍速）或者 4×（4 倍速）输入脉冲频率的内部计数频率。高速计数器有 8 种 4 类工作模式。

（1）无外部方向输入信号的单/减计数器（模式 0 和模式 1）

用高数计数器的控制字的第 3 位控制加减计数，该位为 1 时为加计数，为 0 时为减计数。

（2）有外部方向输入信号的单/减计数器（模式 3 和模式 4）

方向信号为 1 时，为加计数，方向信号为 0 时，为减计数。

（3）有加计数时钟脉冲和减计数时钟脉冲输入的双相计数器（模式 6 和模式 7）

若加计数脉冲和减计数脉冲的上升沿出现的时间间隔短，高速计数器认为这两个事件同时发生，当前值不变，也不会有计数方向的变化的指示。否则高速计数器能捕捉到每一个独立的信号。

（4）A/B 相正交计数器（模式 9 和模式 10）

它的两路计数脉冲的相位相差 90°，正转时 A 相时钟脉冲比 B 相时钟脉冲超前 90°。反转时，A 相时钟脉冲比 B 相时钟脉冲滞后 90°。利用这一特点，正转时加计数，反转时减计数。

高速计数器的输入分配和功能见表 9-4。

表 9-4　高速计数器的输入分配和功能

计数器	时钟 A	Dir/ 时钟 B	复位	单相最大时钟/输入速率	双相/正交最大时钟/输入速率
HSC0	I0.0	I0.1	I0.4	60kHz（S 型号 CPU） 30kHz（C 型号 CPU）	1. 40kHz（S 型号 CPU） 最大 1 倍计数速率=40kHz 最大 4 倍计数速率=160kHz 2. 20 kHz（C 型号 CPU） 最大 1 倍计数速率=20kHz 最大 4 倍计数速率=80kHz
HSC1	I0.1			60kHz（S 型号 CPU） 30kHz（C 型号 CPU）	
HSC2	I0.2	I0.3	I0.5	60kHz（S 型号 CPU） 30kHz（C 型号 CPU）	1. 40kHz（S 型号 CPU） 最大 1 倍计数速率=40kHz 最大 4 倍计数速率=160kHz 2. 20kHz（C 型号 CPU） 最大 1 倍计数速率=20kHz 最大 4 倍计数速率=80kHz
HSC3	I0.3			60kHz（S 型号 CPU） 30kHz（C 型号 CPU）	

【关键点】S 型号 CPU 包括 SR20、SR40、ST40、SR60 和 ST60，C 型号 CPU 包括 CR40。

高速计数器 HSC0 和 HSC2 支持八种计数模式，分别是模式 0、1、3、4、6、7、9 和 10。HSC1 和 HSC3 只支持一种计数模式，即模式 0。

高速计数器的硬件输入接口与普通数字量接口使用相同的地址。已经定义用于高速计数器的输入点不能再用于其他功能。但某些模式下，没有用到的输入点还可以用作开关量输入点。高速计数器的模式和输入分配见表 9-5。

表 9-5　S7-200 SMART HSC 模式和输入分配

模　式	中　断　描　述	输　入　点		
	HSC0	I0.0	I0.1	I0.4
	HSC1	I0.1		
	HSC2	I0.2	I0.3	I0.5
	HSC3	I0.3		
0	具有内部方向控制的单相计数器	时钟		
1		时钟		复位
3	具有外部方向控制的单相计数器	时钟	方向	
4		时钟	方向	复位
6	带有 2 个时钟输入的双相计数器	加时钟	减时钟	
7		加时钟	减时钟	复位
9	A/B 正交计数器	时钟 A	时钟 B	
10		时钟 A	时钟 B	复位

2. 高速计数器的控制字和初始值、预置值

所有的高速计数器在 S7-200 SMART CPU 的特殊存储区中都有各自的控制字。控制字用来定义计数器的计数方式和其他一些设置，以及在用户程序中对计数器的运行进行控制。高速计数器的控制字的位地址分配见表 9-6。

表 9-6　高速计数器的控制字的位地址分配表

HSC0	HSC1	HSC2	HSC3	描　　　述
SM37.0	不支持	SM57.0	不支持	复位有效控制，0＝复位高电平有效，1＝复位低电平有效
SM37.2	不支持	SM57.2	不支持	正交计数器速率选择，0＝4×计数率，1＝1×计数率
SM37.3	SM47.3	SM57.3	SM137.3	计数方向控制，0＝减计数，1＝加计数
SM37.4	SM47.4	SM57.4	SM137.4	向 HSC 中写入计数方向，0＝不更新，1＝更新
SM37.5	SM47.5	SM57.5	SM137.5	向 HSC 中写入预置值，0＝不更新，1＝更新
SM37.6	SM47.6	SM57.6	SM137.6	向 HSC 中写入初始值，0＝不更新，1＝更新
SM37.7	SM47.7	SM57.7	SM137.7	HSC 允许，0＝禁止 HSC，1＝允许 HSC

高速计数器都有初始值和预置值，所谓初始值就是高速计数器的起始值，而预置值就是计数器运行的目标值，当前值（当前计数值）等于预置值时，会引发一个内部中断事件，初始值、预置值和当前值都是 32 位有符号整数。必须先设置控制字以允许装入初始值和预置值，并且初始值和预置值存入特殊存储器中，然后执行 HSC 指令使新的初始值

和预置值有效。装载高速计数器的初始值、预置值和当前值的寄存器与计数器的对应关系
见表 9-7。

表 9-7　装载初始值、预置值和当前值的寄存器与计数器的对应关系表

高速计数器	HSC0	HSC1	HSC2	HSC3
初始值	SMD38	SMD48	SMD58	SMD138
预置值	SMD42	SMD52	SMD62	SMD142
当前值	HC0	HC1	HC2	HC3

3. 指令介绍

高速计数器（HSC）指令根据 HSC 特殊内存位的状态配置和控制高速计数器。高速
计数器定义（HDEF）指令选择特定的高速计数器（HSCx）的操作模式。模式选择定义高
速计数器的时钟、方向、起始和复原功能。高数计数指令的格式见表 9-8。

表 9-8　高速计数指令格式

LAD	输入/输出	参数说明	数据类型
HDEF EN　ENO HSC MODE	HSC	高速计数器的号码，取值 0、1、2、3	BYTE
	MODE	模式，取值为 0、1、3、4、6、7、9、10	BYTE
HSC EN　ENO N	N	指定高速计数器的号码，取值 0、1、2、3	WORD

以下一个简单例子说明控制字和高速计数器指令的具体应用，如图 9-3 所示。

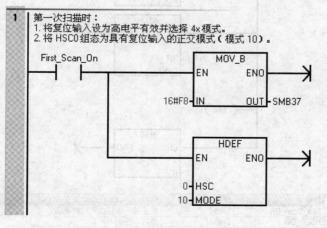

图 9-3　梯形图

9.2.2　高速计数器的应用

以下用一个例子说明高速计数器的应用。

【例 9-1】 用高速计数器 HSC0 计数，当计数值达到 500～1000 之间时报警，报警灯 Q0.0 亮。

【解】 从这个题目可以看出，报警有上位 1000 和下位 500，因此当高速计数达到计数值时，要 2 次执行中断程序。主程序如图 9-4 所示，中断程序 0 如图 9-5 所示，中断程序 1 如图 9-6 所示。

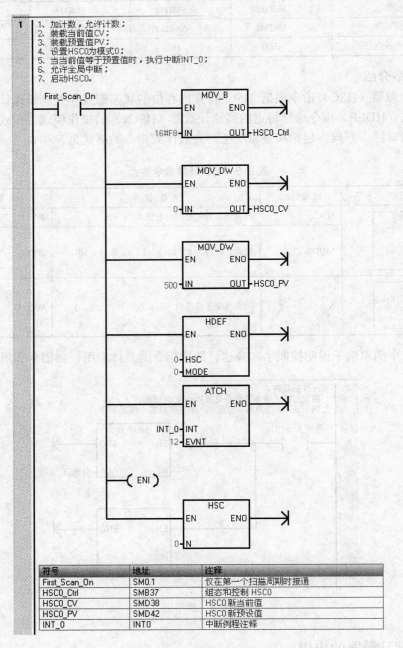

符号	地址	注释
First_Scan_On	SM0.1	仅在第一个扫描周期时接通
HSC0_Ctrl	SMB37	组态和控制 HSC0
HSC0_CV	SMD38	HSC0 新当前值
HSC0_PV	SMD42	HSC0 新预设值
INT_0	INT0	中断例程注释

图 9-4 主程序

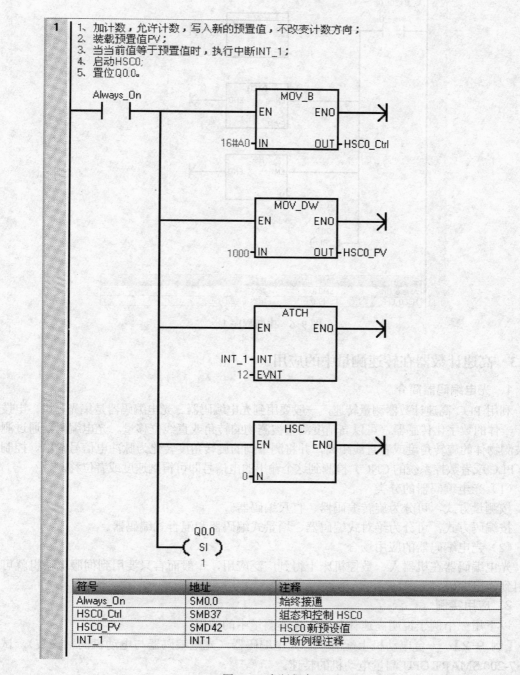

1　1、加计数，允许计数，写入新的预置值，不改变计数方向；
2、装载预置值PV；
3、当当前值等于预置值时，执行中断INT_1；
4、启动HSC0；
5、置位Q0.0。

符号	地址	注释
Always_On	SM0.0	始终接通
HSC0_Ctrl	SMB37	组态和控制 HSC0
HSC0_PV	SMD42	HSC0新预设值
INT_1	INT1	中断例程注释

图 9-5　中断程序 0

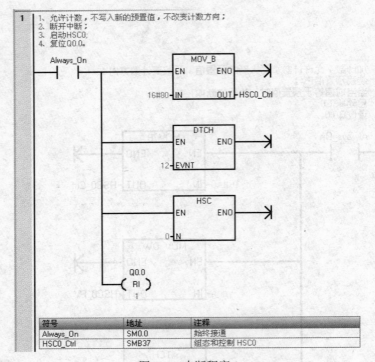

图 9-6　中断程序 1

9.2.3　高速计数器在转速测量中的应用

1．光电编码器简介

利用 PLC 高速计数器测量转速，一般要用到光电编码器。光电编码器是集光、机、电技术于一体的数字化传感器，可以高精度测量被测物的转角或直线位移量。光电编码器通过测量被测物体的旋转角度或者直线距离，并将测量到的旋转角度转化为脉冲电信号输出。控制器（PLC 或者数控系统的 CNC）检测到这个输出的电信号即可得到速度或者位移。

（1）光电编码器的分类

按测量方式，可分为旋转编码器、直尺编码器。

按编码方式，可分为绝对式编码器、增量式编码器和混合式编码器。

（2）光电编码器的应用场合

光电编码器在机器人、数控机床上得到广泛应用，一般而言只要用到伺服电动机就可能用到光电编码器。

2．应用实例

以下用一个例子说明高速计数器在转速测量中的应用。

【例 9-2】　一台电动机上配有一台光电编码器（光电编码器与电动机同轴安装），试用 S7-200 SMART CPU 测量电动机的转速。

【解】　由于光电编码器与电动机同轴安装，所以光电编码器的转速就是电动机的转速。

方法一：直接编写程序

1．软硬件配置

1）1 套 STEP7-MicroWIN SMART V1.0。

2）1 台 CPU ST40。

3）1 台光电编码器（1024 线）。

4）1 根以太网线。

接线图如图 9-7 所示。

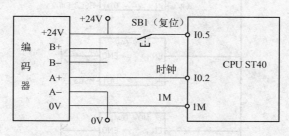

图 9-7　接线图

【关键点】光电编码器的输出脉冲信号有+5V 和+24V（或者+18V），而多数 S7-200 SMART CPU 的输入端的有效信号是+24V（PNP 接法时），因此，在选用光电编码器时要注意最好不要选用+5V 输出的光电编码器。图 9-7 中的编码器是 PNP 型输出，这一点非常重要，涉及程序的初始化，在选型时要注意。此外，编码器的 A-端子要与 PLC 的 1M 短接。否则不能形成回路。

那么若只有+5V 输出的光电编码器是否可以直接用于以上回路测量速度呢？答案是不能，但经过晶体管升压后是可行的，具体解决方案读者自行思考。

2. 编写程序

本例的编程思路是先对高速计数器进行初始化，启动高数计数器，在 100ms 内高数计数器计数个数，转化成每分钟编码器旋转的圈数就是光电编码器的转速，也就是电动机的转速。光电编码器为 1024 线，也就是说，高数计数器每收到 1024 个脉冲，电动机就转 1 圈。电动机的转速公式如下。

$$n = \frac{N \times 10 \times 60}{1024} = \frac{N \times 75}{2^7}$$

式中　n——电动机的转速；

　　　N——100ms 内高数计数器计数个数（收到脉冲个数）。

特殊寄存器 SMB57 各位的含义如图 9-8 所示。梯形图如图 9-9 和图 9-10 所示。

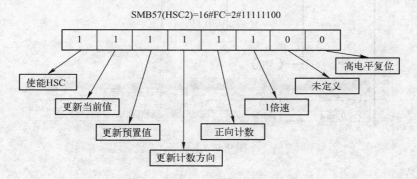

SMB57(HSC2)=16#FC=2#11111100

图 9-8　特殊寄存器 SMB57 各位的含义

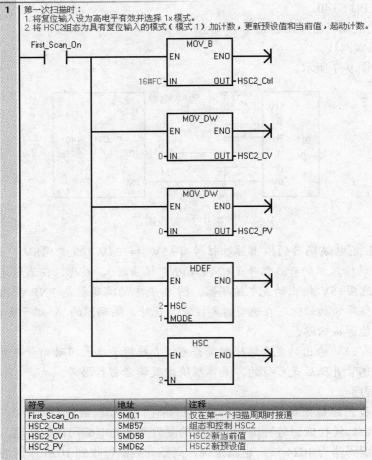

符号	地址	注释
First_Scan_On	SM0.1	仅在第一个扫描周期时接通
HSC2_Ctrl	SMB57	组态和控制 HSC2
HSC2_CV	SMD58	HSC2 新当前值
HSC2_PV	SMD62	HSC2 新预设值

2 定时中断，每100毫秒中断一次

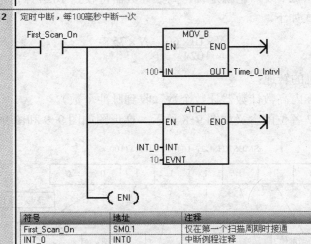

符号	地址	注释
First_Scan_On	SM0.1	仅在第一个扫描周期时接通
INT_0	INT0	中断例程注释
Time_0_Intrvl	SMB34	指定中断 0 的时间间隔（从 1 - 255，以 1 ms ...

图 9-9　主程序

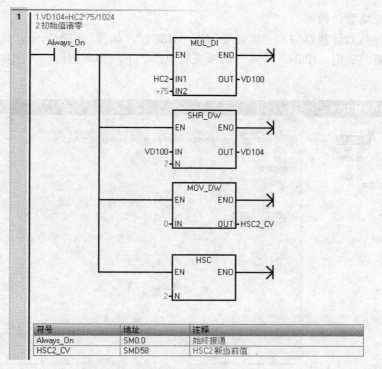

图 9-10　中断程序 INT_0

方法二：使用指令向导编写程序

初学者学习高速计数器是有一定的难度的，STEP7-MicroWIN SMART 软件内置的指令向导提供了简单方案，能快速生成初始化程序，以下介绍这一方法。

（1）打开指令向导

首先，单击菜单栏中的"工具"→"高速计数器"按钮，如图 9-11 所示，弹出图 9-12 所示的界面。

图 9-11　打开"高速计数器"指令向导

（2）选择高数计数器

本例选择高数计数器 2，也就是要勾选"HSC2"，如图 9-12 所示。选择哪个高速计数器有具体情况决定，单击"模式"选项或者单击"下一步"按钮，弹出如图 9-13 所示的界面。

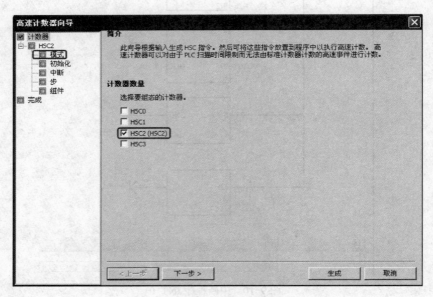

图 9-12　选择"高速计数器"编号

（3）选择高速计数器的工作模式

如图 9-13 所示，在"模式"选项中，选择"模式 1"，单击"下一步"按钮，弹出如图 9-14 所示的界面。

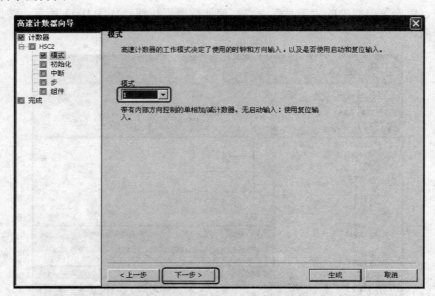

图 9-13　选择"高速计数器"模式

（4）设置"高速计数器"参数

如图 9-14 所示，初始化程序的名称可以使用系统自动生成的，也可以由读者重新命名，本例的预置值为"0"，当前值也为"0"，输入初始计数方向为"上"，复位输入为高电平有效，所以选择"高"。单击"下一步"按钮，弹出如图 9-15 所示的界面。

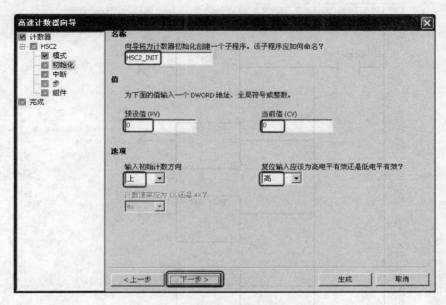

图 9-14　设置"高速计数器"参数

（5）设置完成

本例不需要设置高数计数器中断、步和组建，因此单击"完成"按钮即可，如图 9-15 所示。

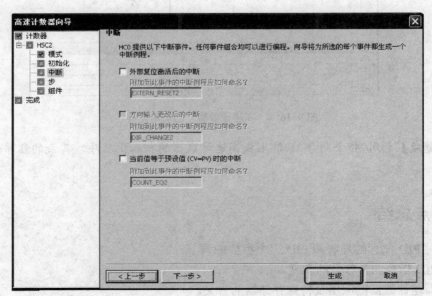

图 9-15　设置"高速计数器"完成

高速计数器设置完成后，可以看到"指令向导"自动生成初始化程序，如图 9-16 所示。这个初始化程序与作者编写的初始化程序几乎一样，但更加简便。

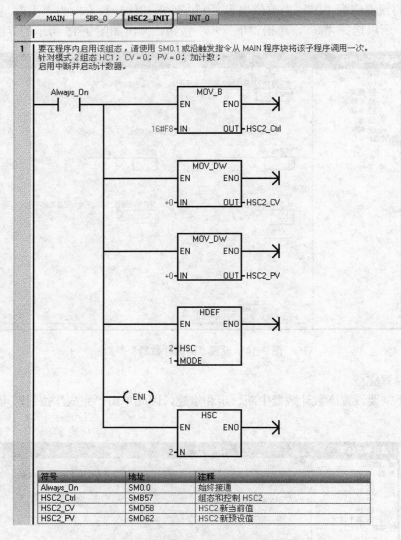

图 9-16　"高速计数器"的初始化程序

【关键点】利用"指令向导"只能生成高速计数器的初始化程序，其余的程序仍然需要读者编写。

重点难点总结

1. 对 PID 概念的理解和 PID 三个参数的调节。
2. PID 指令的各参数的含义。
3. 高速计数器的应用及特殊存储器的含义。

习题

1. PID 三个参数的含义是什么？

2. 闭环控制有什么特点？

3. 简述调整 PID 三个参数的方法。

4. 简述 PID 控制器的主要优点。

5. 某水箱的出水口的流量是变化的，注水口的流量可通过调节水泵的转速控制，水位的检测可以通过水位传感器完成，水箱最大盛水高度为 2m，要求对水箱进行水位控制，保证水位高度为 1.6m。用 PLC 作为控制器，EM AE04 为模拟量输入模块，用于测量水位信号，用 EM AQ02 产生输出信号，控制变频器，从而控制水泵的输出流量。水箱的水位控制的原理图如图 9-17 所示。

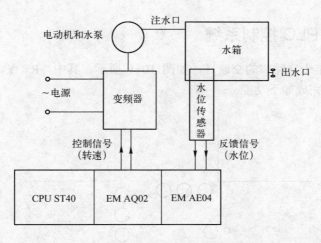

图 9-17　水箱的水位控制的原理图

6. 用一台 CPU ST40 和一只电感式接近开关测量一台电动机的转速，先设计接线图，再编写梯形图程序。

第10章

可编程序控制器系统集成

本章介绍 5 个典型可编程序控制器系统的集成过程，供读者模仿学习，本章是前面章节内容的综合应用，因此本章的例题都有一定的难度。

10.1 交通灯 PLC 控制系统

【例 10-1】 某十字路口的交通灯，如图 10-1 所示。其中，R、Y、G 分别代表红、黄、绿交通灯。要完成如下功能。

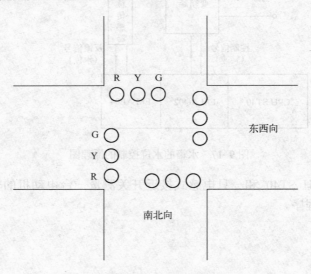

图 10-1 交通灯示意图

1）设置起动按钮、停止按钮。正常起动情况下，东西向绿灯亮 30s，转东西绿灯以 0.5s 间隔闪烁 4s，转东西黄灯亮 3s，转南北向绿灯亮 30s，转南北绿灯以 0.5s 间隔闪烁 4s，转南北黄灯亮 3s，再转东西绿灯亮 30s，以此类推。

2）假设 PLC 内部时钟为北京时间，在上午 7:30～9:00 及下午 16:30～18:00 为上下班高峰时段，在这一时间段内，绿灯的常亮时间为 45s，其余闪烁及黄灯时间不变。

3）在东西向绿灯时，南北向应显示红灯。当东西向转黄灯亮时，南北向红灯以 0.5s 间隔闪烁；同理，南北绿灯时，东西向应显示红灯。

10.1.1 绘制时序图

由于十字交通灯的逻辑比较复杂，为了方便编写程序，可先根据题意绘制时序图，如图 10-2 所示。

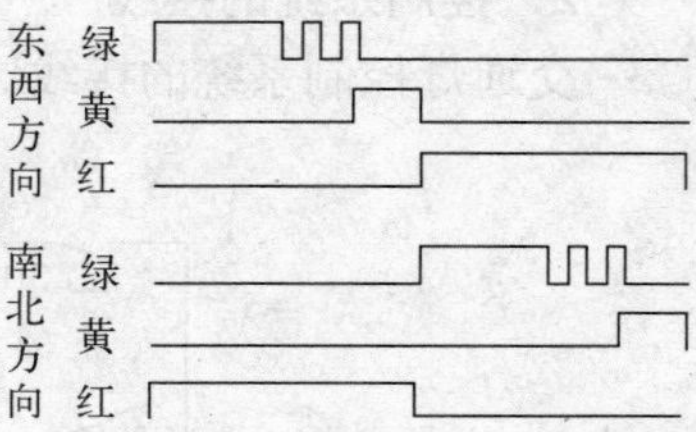

把不同颜色的灯的亮灭情况罗列出来，具体如下。

1. 正常时段

（1）东西方向

$T < 30s$ ，绿灯亮，$30s \leqslant T < 34s$ 绿灯闪烁；

$34s \leqslant T < 37s$ 黄灯亮；

$37s \leqslant T \leqslant 74s$ ，红灯亮。

（2）南北方向

$T < 37s$ ，红灯亮；

$37s \leqslant T < 67s$ ，绿灯亮，$67s \leqslant T < 71s$ 绿灯闪烁；

$74s \geqslant T \geqslant 71s$ 黄灯亮。

图 10-2　交通灯时序图

2. 高峰时段

（1）东西方向

$T < 45s$ ，绿灯亮，$45s \leqslant T < 49s$ 绿灯闪烁；

$49s \leqslant T < 52s$ 黄灯亮；

$104s \geqslant T \geqslant 52s$ ，红灯亮。

（2）南北方向

$T < 52s$ ，红灯亮；

$52s \leqslant T < 97s$ ，绿灯亮，$97s \leqslant T < 101s$ 绿灯闪烁；

$104s \geqslant T \geqslant 101s$ 黄灯亮。

10.1.2　PLC 的 I/O 分配

PLC 的 I/O 分配见表 10-1。

表 10-1　PLC 的 I/O 分配表

输　入			输　出		
名　　称	符　号	输 入 点	名　　称	符　号	输 出 点
开始按钮	SB1	I0.0	绿灯（南北）	HL1	Q0.0
停止按钮	SB2	I0.1	黄灯（南北）	HL2	Q0.1
			红灯（南北）	HL3	Q0.2
			绿灯（东西）	HL4	Q0.3
			黄灯（东西）	HL5	Q0.4
			红灯（东西）	HL6	Q0.5

10.1.3　控制系统的接线与测试

1. 系统的软硬件配置

1）1 台 CPU SR20。

2）1 套 STEP7-MicroWin SMART V1.0。

3）1 根网线。

2．控制系统的接线

交通灯控制系统的接线比较简单，如图 10-3 所示。

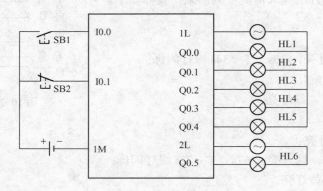

图 10-3　PLC 接线图

3．控制系统的接线与测试

完成接线后，要认真检查，在不带电的状态，用万用表测试，以确保接线正确。要特别注意，线路中不允许有短路。

10.1.4　编写控制程序

编写这个程序有两个容易想到的方法：一是比较指令编写，梯形图如图 10-4 所示，相对简单；二是基本指令编写，梯形图如图 10-5 所示，相对麻烦。

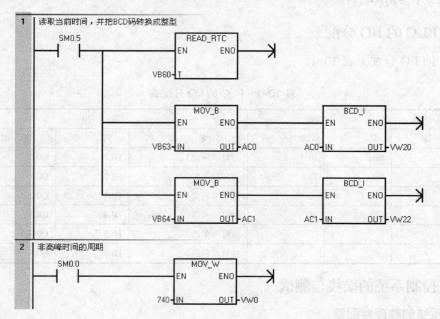

图 10-4　梯形图（比较指令）

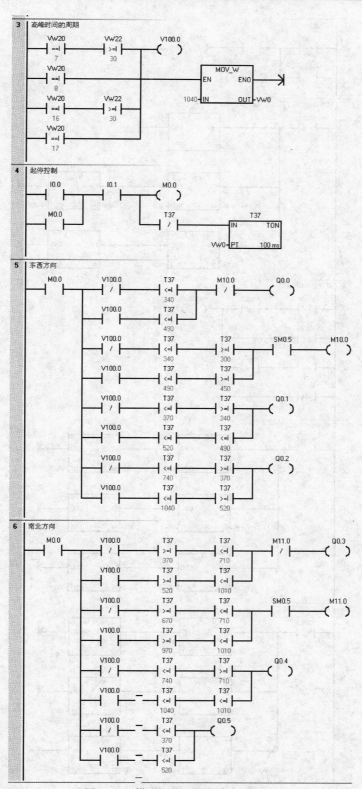

图 10-4　梯形图（比较指令）（续）

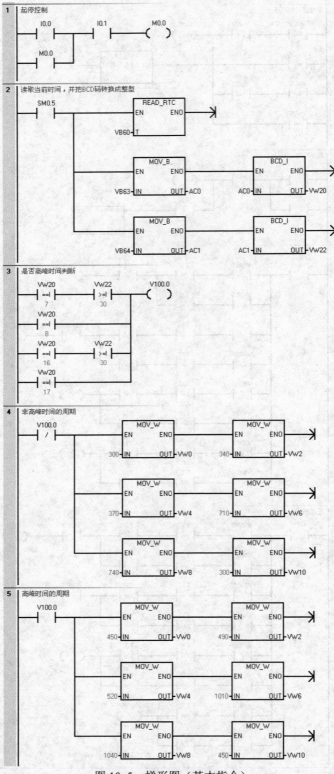

图 10-5　梯形图（基本指令）

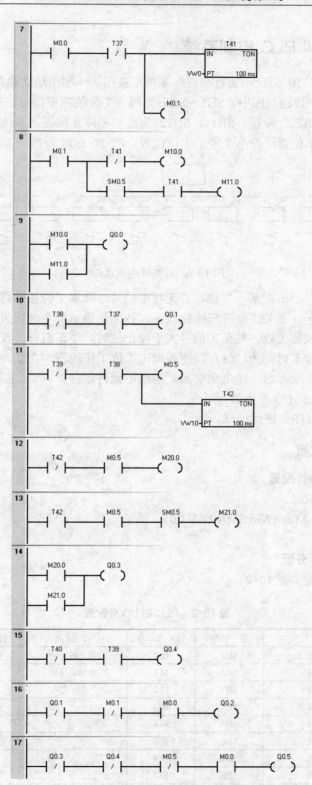

图 10-5　梯形图（基本指令）（续）

10.2 行车呼叫 PLC 控制系统

【例 10-2】 图 10-6 所示为行车呼车系统示意图。一部电动运输车提供 8 个工位使用。系统共有 12 个按钮。图中，SB1～SB8 为每一工位的呼车按钮。SB9、SB10 为电动小车点动左行，点动右行按钮。SB11、SB12 为起动和停止按钮。系统上电后，可以按下这两个按钮调整小车位置，使小车停于工位位置。SQ1～SQ8 为每一工位信号。

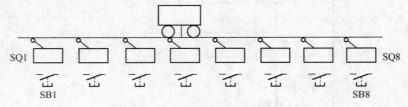

图 10-6 行车呼叫示意图

正常工作流程：小车在某一工位，若无呼车信号，除本工位指示灯不亮外，其余指示灯亮，表示允许呼车。当某工位呼车按钮按下，各工位指示灯全部熄灭，行车运动至该车位，运动期间呼车按钮失效。呼车工位号大于停车位时，小车右行，反之则左行。当小车停在某一工位后，停车时间为 30s，以便处理该工位工作流程。在此段时间内，其他呼车信号无效。从安全角度考虑，停电来电后，小车不允许运行。

1）列出该系统的 I/O 配置表。

2）编写 PLC 程序并进行调试。

10.2.1 软硬件配置

1. 系统的软硬件配置

1）1 台 CPU SR60。

2）1 套 STEP7-MicroWin SMART V1.0。

3）1 根网线。

2. PLC 的 I/O 分配

PLC 的 I/O 分配见表 10-2。

表 10-2 PLC 的 I/O 分配表

名 称	符 号	输 入 点	名 称	符 号	输 出 点
1 号位置呼叫按钮	SB1	I0.0	电动机正转	KA1	Q0.0
2 号位置呼叫按钮	SB2	I0.1	电动机反转	KA2	Q0.1
3 号位置呼叫按钮	SB3	I0.2	指示灯	HL1	Q0.2
4 号位置呼叫按钮	SB4	I0.3			
5 号位置呼叫按钮	SB5	I0.4			
6 号位置呼叫按钮	SB6	I0.5			
7 号位置呼叫按钮	SB7	I0.6			
8 号位置呼叫按钮	SB8	I0.7			
行车位于 1 号位置	SQ1	I1.0			

（续）

名　　称	符　号	输 入 点	名　　称	符　号	输 出 点
行车位于 2 号位置	SQ2	I1.1			
行车位于 3 号位置	SQ3	I1.2			
行车位于 4 号位置	SQ4	I1.3			
行车位于 5 号位置	SQ5	I1.4			
行车位于 6 号位置	SQ6	I1.5			
行车位于 7 号位置	SQ7	I1.6			
行车位于 8 号位置	SQ8	I1.7			
点动按钮（正）	SB9	I2.0			
点动按钮（反）	SB10	I2.1			
起动按钮	SB11	I2.2			
停止按钮	SB12	I2.3			

3．控制系统的接线

控制系统的接线如图 10-7 所示。

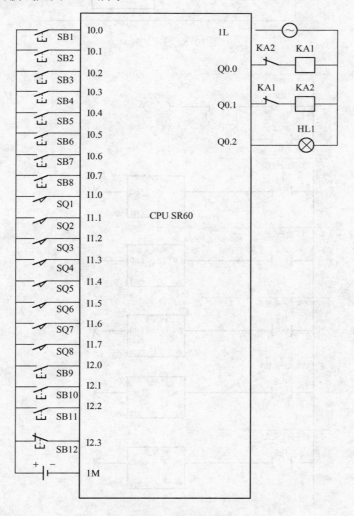

图 10-7　PLC 接线图

10.2.2　编写程序

系统的主程序如图 10-8 所示，子程序如图 10-9 所示。

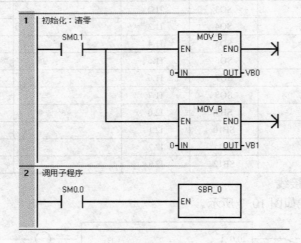

图 10-8　主程序

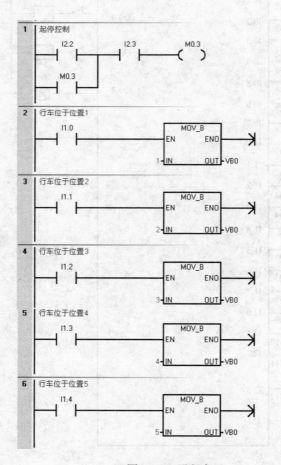

图 10-9　子程序

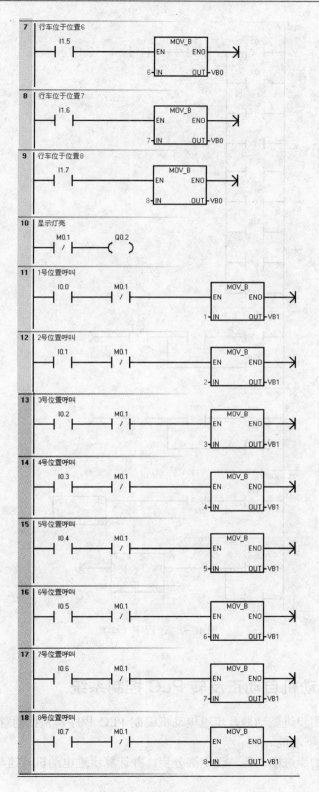

图 10-9 子程序（续）

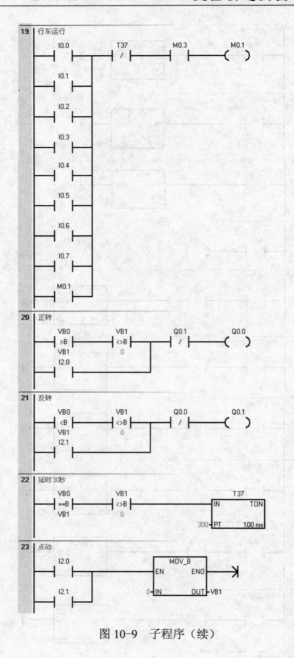

图 10-9　子程序（续）

10.3　步进电动机自动正反转 PLC 控制系统

【例 10-3】　用步进驱动器及步进电动机编制 PLC 程序，根据题意要求画出电路图并连线调试，完成以下功能。

1）根据提供的步进驱动器，设定细分步，并计算步进电动机转速与 PLC 给定脉冲之间的对应关系。

2）根据步进驱动器控制回路端子、电动机线圈端子等画出 PLC 控制步进电动机运行的电路图。

3）步进电动机的运行过程：正转 3 圈，再反转 3 圈，如此往复 3 次。

4）设置正向起动按钮、停止按钮。

10.3.1　软硬件配置

1. 主要软硬件配置

1）1 套 STEP7-Micro/WIN SMART V1.0。

2）1 台步进电动机，型号为 17HS111。

3）1 台步进驱动器，型号为 SH-2H042Ma。

4）1 台 CPU ST40。

2. PLC 的 I/O 分配

PLC 的 I/O 分配见表 10-3。

表 10-3　PLC 的 I/O 分配表

名　称	符　号	输 入 点	名　称	符　号	输 出 点
起动按钮	SB1	I0.0	高速输出		Q0.0
停止按钮	SB2	I0.1	电动机正反转控制		Q0.1
停止按钮	SB3	I0.2			

3. 控制系统的接线

控制系统的接线如图 10-10 所示。

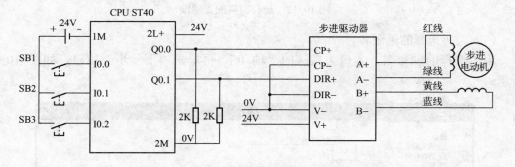

图 10-10　PLC 接线图

10.3.2　运动轴组态

高速输出有 PWM 模式和运动轴模式，对于较复杂的运动控制显然用运动轴模式控制更加便利。以下将具体介绍这种方法。

（1）激活"运动控制向导"

打开 STEP 7 软件，在主菜单"工具"中单击"运动"按钮，弹出装置选择界面，如图 10-11 所示。

图 10-11　激活"位置控制向导"

（2）选择需要配置的轴

CPU ST40 系列 PLC 内部有三个轴可以配置，本例选择"轴 0"即可，如图 10-12 所示，再单击"下一步"按钮。

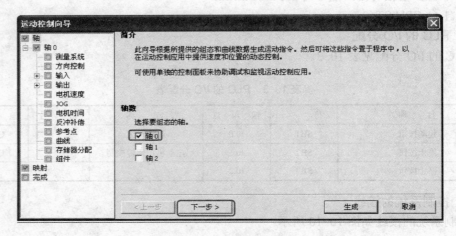

图 10-12　选择需要配置的轴

（3）为所选择的轴命名

为所选择的轴命名，本例为默认的"轴 0"，再单击"下一步"按钮，如图 10-13 所示。

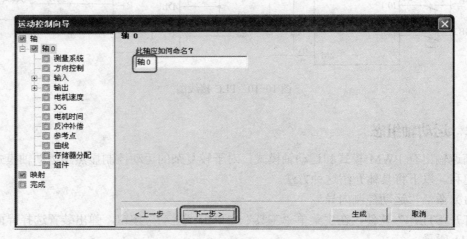

图 10-13　为所选择的轴命名

（4）输入系统的测量系统

在"选择测量系统"选项选择"工程单位"。由于步进电动机的步距角为 1.8°，电动机转一圈需要 200 个脉冲，所以"电机一次旋转所需的脉冲"为"200"；"测量的基本单位"设为"mm"；"电机一次旋转产生多少'mm'运动"为"10.0000"；这些参数与实际的机械结构有关，再单击"下一步"按钮，如图 10-14 所示。

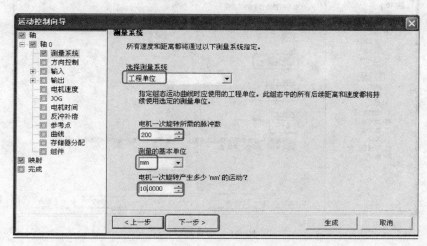

图 10-14　输入系统的测量系统

（5）设置脉冲方向输出

设置有几路脉冲输出，其中有单相（1 个输出）、双向（2 个输出）和正交（2 个输出）三个选项，本例选择"单相（1 个输出）"；再单击"下一步"按钮，如图 10-15 所示。

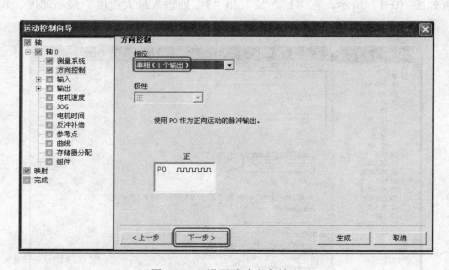

图 10-15　设置脉冲方向输出

（6）分配输入点

本例中并不用到 LMT+（正限位输入点）、LMT-（负限位输入点）、RPS（参考点输入点）和 ZP（零脉冲输入点），所以可以不设置。直接选中 "STP"（停止输入点），选择 "启用"，停止输入点为 "I0.1"，指定相应输入点有效时的响应方式为 "减速停止"，指定输入信号有效电平为 "高" 电平有效。再单击 "下一步" 按钮，如图 10-16 所示。

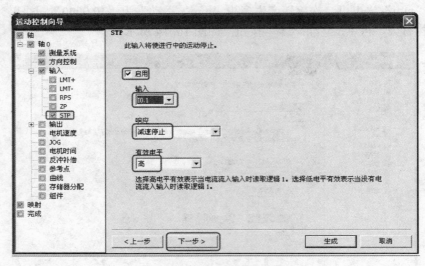

图 10-16　分配输入点

（7）指定电机速度

MAX_SPEED：定义电机运动的最大速度。

SS_SPEED：根据定义的最大速度，在运动曲线中可以指定的最小速度。如果 SS_SPEED 数值过高，电动机可能在起动时失步，并且在尝试停止时，负载可能使电动机不能立即停止而多行走一段。停止速度也为 SS_SPEED

设置如图 10-17 所示，在 "1"、"2" 和 "3" 处输入最大速度、最小速度、起动和停止速度，再单击 "下一步" 按钮。

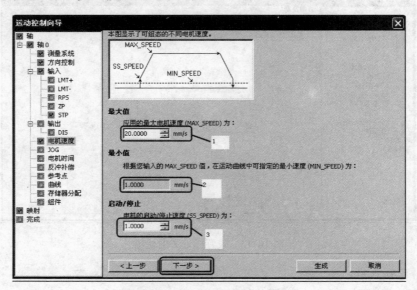

图 10-17　指定电动机速度

（8）设置加速和减速时间

ACCEL_TIME（加速时间）：电动机从 SS_SPEED 加速至 MAX_SPEED 所需要的时间，默认值 = 1000 ms（1s），本例选默认值，如图 10-18 所示的"1"处。

DECEL_TIME（减速时间）：电动机从 MAX_SPEED 减速至 SS_SPEED 所需要的时间，默认值 =1000ms（1s），本例选默认值，如图 10-18 所示的"2"处，再单击"下一步"按钮。

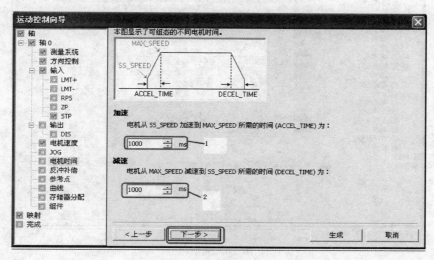

图 10-18　设置加速和减速时间

（9）为配置分配存储区

指令向导在 V 内存中以受保护的数据块页形式生成子程序，在编写程序时不能使用 PTO 向导已经使用的地址，此地址段可以系统推荐，也可以人为分配，人为分配的好处可以避开读者习惯使用的地址段。为配置分配存储区的 V 内存地址如图 10-19 所示，本例设置为"VB0～VB92"，再单击"下一步"按钮。

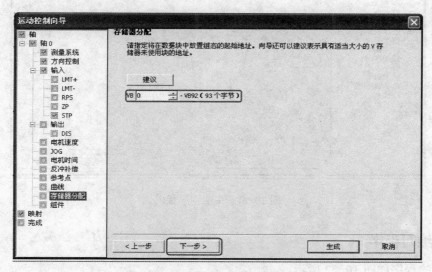

图 10-19　为配置分配存储区

（10）完成组态

单击"下一步"按钮，如图 10-20 所示。弹出如图 10-21 所示的界面，单击"生成"按钮，完成组态。

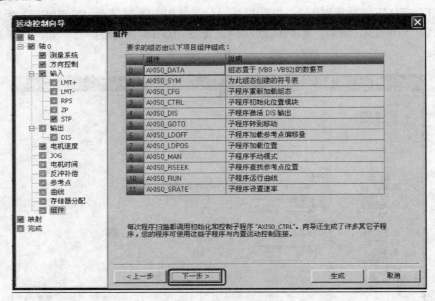

图 10-20　完成组态

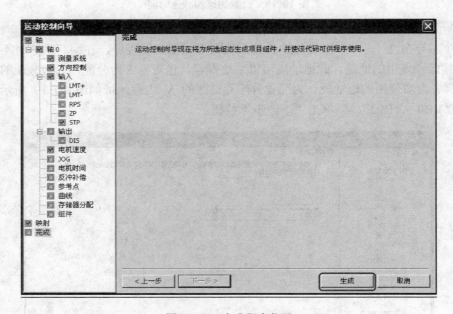

图 10-21　生成程序代码

10.3.3　编写程序

系统的程序如图 10-22 所示。

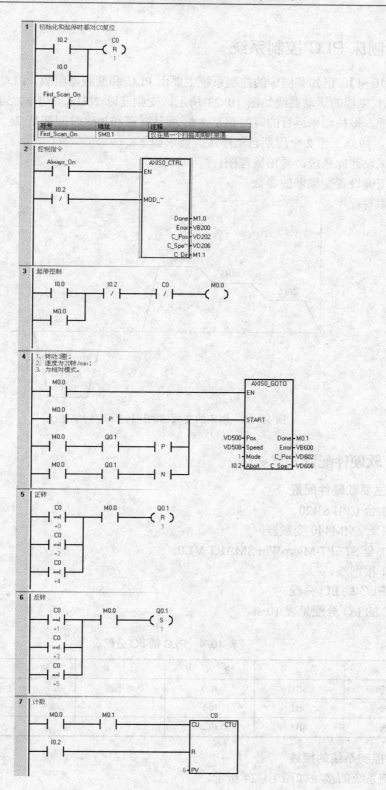

图 10-22 程序

10.4 刨床 PLC 控制系统

【例 10-4】 已知某刨床的控制系统主要由 PLC 和变频器组成，PLC 对变频器进行通信调速，变频器的运动曲线如图 10-23 所示，变频器以 20Hz、30Hz、50Hz、0Hz 和反向 50Hz 运行，每种频率运行的时间都是 8s，而且减速和加速时间都是 2s（这个时间不包含在 8s 内），如此工作 2 个周期自动停止。要求如下：

1）试设计此系统，画出原理图。

2）正确设置变频器的参数。

3）编写程序。

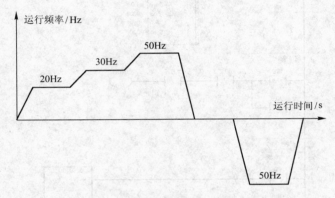

图 10-23 刨床的变频器的运行频率-时间曲线

10.4.1 软硬件配置

1. 主要软硬件配置

1）1 台 CPU SR20。

2）1 台 MM440 变频器。

3）1 套 STEP7-MicroWin SMART V1.0。

4）1 根网线。

2. PLC 的 I/O 分配

PLC 的 I/O 分配见表 10-4。

表 10-4 PLC 的 I/O 分配表

名　称	符　号	输 入 点	名　称	符　号	输 出 点
起动按钮	SB1	I0.0	继电器		Q0.0
停止按钮	SB2	I0.1			
急停按钮	SB3	I0.2			

3. 控制系统的接线

控制系统的接线如图 10-24 所示。

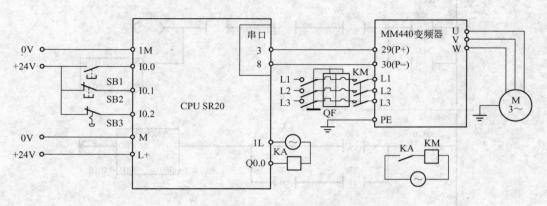

图 10-24   PLC 接线图

4．变频器参数设定

变频器的参数设定见表 10-5。

表 10-5   变频器的参数

序 号	变频器参数	出 厂 值	设 定 值	功 能 说 明
1	P0005	21	21	显示频率值
2	P0304	380	380	电动机的额定电压（380V）
3	P0305	19.7	20	电动机的额定电流（0.35A）
4	P0307	7.5	7.5	电动机的额定功率（7.5kW）
5	P0310	50.00	50.00	电动机的额定频率（50Hz）
6	P0311	0	1440	电动机的额定转速（1430 r/min）
7	P0700	2	5	选择命令源（COM 链路的 USS 设置）
8	P1000	2	5	频率源（COM 链路的 USS 设置）
9	P1000	10	2	斜坡上升时间
10	P1120	10	2	斜坡下降时间
11	P1121	6	6	USS 波特率（6～9600）
12	P2011	0	0	站点的地址
13	P2012	2	2	PZD 长度
14	P2013	127	127	PKW 长度（长度可变）
15	P2014	0	0	看门狗时间

10.4.2   编写程序

从图 10-23 可见，一个周期的运行时间是 52s，上升和下降时间直接设置在变频器中，也就是 P1120=P1121=2s，编写程序不用考虑。编写程序时，可以将 2 个周期当做一个周期考虑，编写程序更加方便。梯形图如图 10-25 所示。

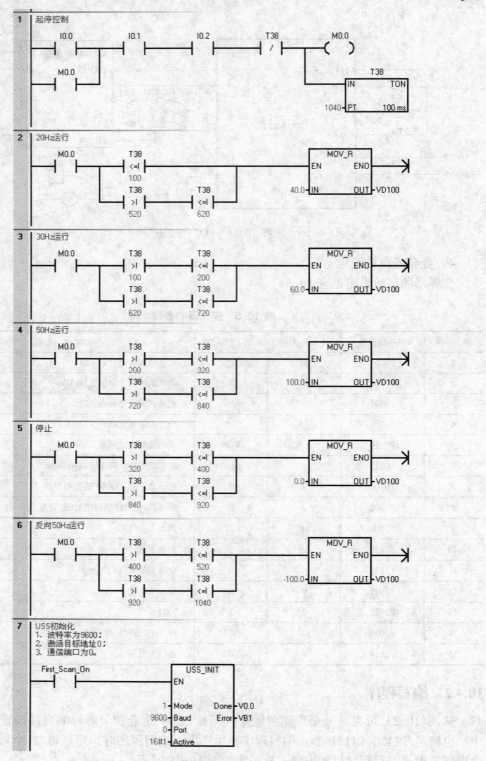

图 10-25　梯形图

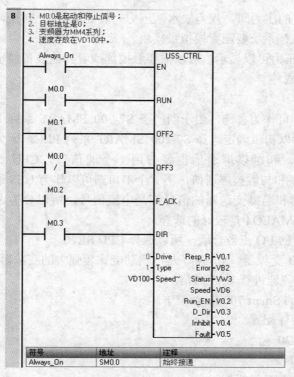

符号	地址	注释
Always_On	SM0.0	始终接通

图 10-25 梯形图（续）

10.5 物料搅拌机的 PLC 控制

【例 10-5】 有一个物料搅拌机，主机由 7.5kW 的电动机驱动。根据物料不同，要求速度在一定的范围内无极可调，且要求物料太多或者卡死设备时系统能及时保护；机器上配有冷却水，冷却水温度不能超过 50℃，而且冷却水管不能堵塞，也不能缺水，堵塞和缺水将造成严重后果，冷却水的动力不在本设备上，水温和压力要可以显示。

10.5.1 硬件系统集成

1. 分析问题

根据已知的工艺要求，分析结论如下：

1）主电动机的速度要求可调，所以应选择变频器。

2）系统要求有卡死设备时，系统能及时保护。当载荷超过一定数值时（特别是电动机卡死时），电流急剧上升，当电流达到一定数值时即可判定电动机是卡死的，而电动机的电流是可以测量的。因为使用了变频器，变频器可以测量电动机的瞬时电流，这个瞬时电流值可以用通信的方式获得。

3）很显然这个系统需要一个控制器，PLC、单片机系统都是可选的，但单片机系统的开发周期长，单件开发并不合算，因此选用 PLC 控制，由于本系统并不复杂，所以小型 PLC 即可满足要求。

4）冷却水的堵塞和缺水可以用压力判断，当水压力超过一定数值时，视为冷却水堵塞，当压力低于一定的压力时，视为缺水，压力一般要用压力传感器测量，温度由温度传感器测量。因此，PLC 系统要配置模拟量模块。

5）要求水温和压力可以显示，所以需要触摸屏或者其他设备显示。

2．硬件系统集成

（1）硬件选型

1）小型 PLC 都可作为备选，由于西门子 S7-200 SMART 系列 PLC 通信功能较强，而且性价比较高，所以初步确定选择 S7-200 SMART 系列 PLC，因为 PLC 要和变频器通信占用一个通信口，和触摸屏通信也要占用一个通信口，CPU SR20 有一个编程口（PN），用于下载程序和与触摸屏通信，另一个串口则可以作为 USS 通信用。

由于压力变送器和温度变送器的信号都是电流信号，所以要考虑使用专用的 AD 模块，两路信号使用 EMAEO4 是较好的选择。

由于 CPU SR20 的 I/O 点数合适，所以选择 CPU SR20。

2）选择 MM440 变频器。MM440 是一款功能比较强大的变频器，价格适中，可以与 S7-200 SMART 很方便地进行 USS 通信。

3）选择西门子的 Smart 700 IE 触摸屏。

（2）系统的软硬件配置

1）1 台 CPU SR20。

2）1 台 EM AE04。

3）1 台 Smart 700 IE 触摸屏。

4）1 台 MM440 变频器。

5）1 台压力传感器（含变送器）。

6）1 台温度传感器（含变送器）。

7）1 套 STEP7-MicroWin SMART V1.0。

8）1 套 WINCC FLEXIBLE 2008 SP4。

（3）原理图

系统的原理图如图 10-26 所示。

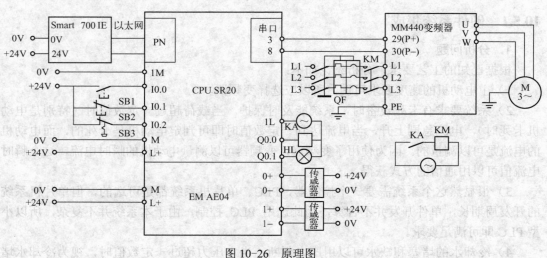

图 10-26　原理图

（4）变频器参数设定

变频器的参数设定见表 10-6。

表 10-6 变频器的参数

序 号	变频器参数	出 厂 值	设 定 值	功 能 说 明
1	P0005	21	27	显示电流值
2	P0304	380	380	电动机的额定电压（380V）
3	P0305	19.7	20	电动机的额定电流（0.35A）
4	P0307	7.5	7.5	电动机的额定功率（7.5kW）
5	P0310	50.00	50.00	电动机的额定频率（50Hz）
6	P0311	0	1440	电动机的额定转速（1430 r/min）
7	P0700	2	5	选择命令源（COM 链路的 USS 设置）
8	P1000	2	5	频率源（COM 链路的 USS 设置）
9	P2010	6	6	USS 波特率（6～9600）
10	P2011	0	18	站点的地址
11	P2012	2	2	PZD 长度
12	P2013	127	127	PKW 长度（长度可变）
13	P2014	0		看门狗时间

10.5.2 编写 PLC 程序

1．I/O 分配

PLC 的 I/O 分配见表 10-7。

表 10-7 PLC 的 I/O 分配表

序 号	地 址	功 能	序 号	地 址	功 能
1	I0.0	起动	8	AIW16	温度
2	I0.1	停止	9	AIW18	压力
3	I0.2	急停	10	VD0	满频率的百分比
4	M0.0	启/停	11	VD22	电流值
5	M0.3	缓停	12	VD50	转速设定
6	M0.4	启/停	13	VD104	温度显示
7	M0.5	快速停	14	VD204	压力显示

2．编写程序

温度传感器最大测量量程是 0～100℃，其对应的数字量是 0～27648，所以 AIW16 采集的数字量除以 27648 再乘以 100（即 $\dfrac{AIW16 \cdot 100}{27648}$）就是温度值；压力传感器的最大量程是 0～10000Pa，其对应的数字量是 0～27648，所以 AIW18 采集的数字量除以 27648 再乘以 10000（即 $\dfrac{AIW18 \cdot 10000}{27648}$）就是压力值；程序中的 VD0 是满频率的百分比，由于电动

机的额定转速是 1400r/min，假设电动机转速是 700r/min，那么 VD0＝50.0，所以
VD0＝VD50÷1400×100（VD50÷140）。

程序如图 10-27 所示。

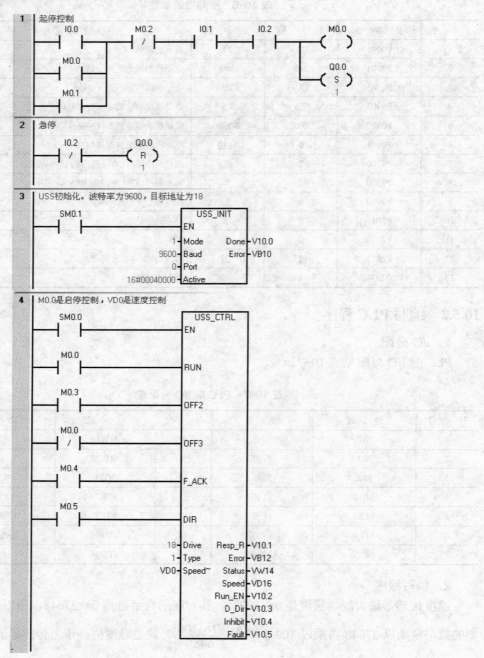

图 10-27　程序

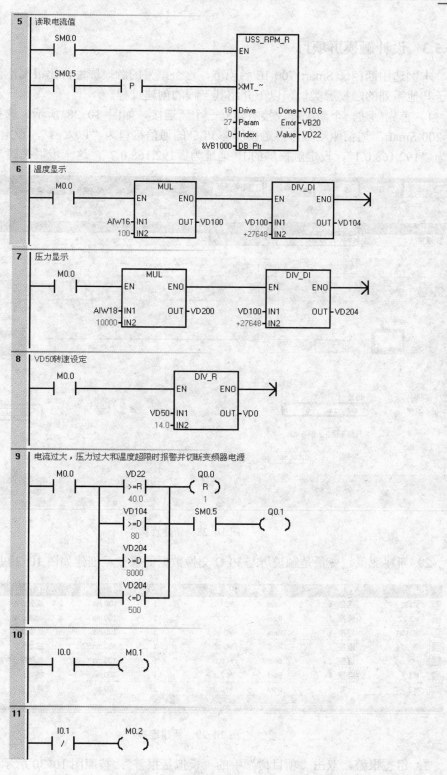

图 10-27 程序（续）

10.5.3 设计触摸屏项目

本例选用西门子 Smart 700 IE 触摸屏，这个型号的触摸屏性价比很高，使用方法与西门子其他系列的触摸屏类似，以下介绍其工程的创建过程。

1）首先创建一个新工程，接着建立一个新连接，如图 10-28 所示。选择"SIMATIC S7 200 Smart"通信驱动程序，触摸屏与 PLC 的通信接口为"以太网"，设定 PLC 的 IP 地址为"192.168.0.1"，设定触摸屏的 IP 地址为"192.168.0.2"，这一步很关键。

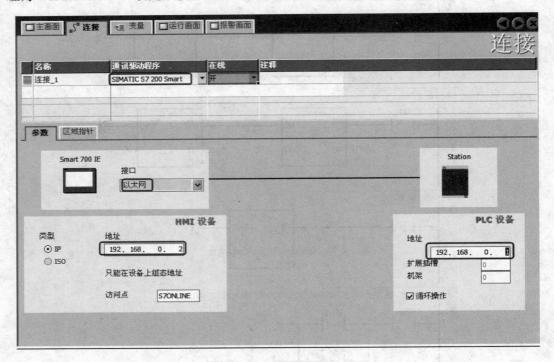

图 10-28　新建连接

2）新建变量。变量是触摸屏与 PLC 交换数据的媒介。创建如图 10-29 所示的变量。

名称	连接	数据类型	地址	数组计数	采集周期	注释
VD50	连接_1	Real	VD50	1	100 ms	速度设定
VD 22	连接_1	Real	VD 22	1	100 ms	电流读取
VD104	连接_1	Real	VD 104	1	100 ms	温度显示
VD204	连接_1	Real	VD 204	1	100 ms	压力显示
M0	连接_1	Bool	M 0.0	1	100 ms	起停指示和控制
M1	连接_1	Bool	M 0.1	1	100 ms	起动
M2	连接_1	Bool	M 0.2	1	100 ms	停止

图 10-29　新建连接

3）组态报警。双击"项目树"中的"模拟量报警"，按照图 10-30 所示组态报警。

文本	编号	▲	类别	触发变量	限制	触发模式
温度过高	1		警告	VD104 ▼	50	上升沿时 ▼
压力过低	2		警告	VD204	1000	下降沿时

图 10-30　组态报警

4）制作画面。本例共有 3 个画面，如图 10-31～图 10-33 所示。

5）动画连接。在各个画面中，将组态的变量和画面连接在一起。

6）保存、下载和运行工程，运行效果如图 10-31～图 10-33 所示。

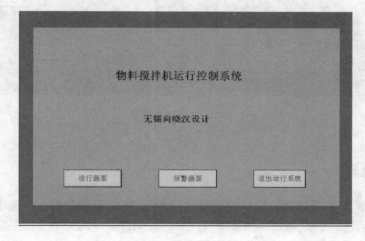

图 10-31　组态报警

图 10-32　组态报警

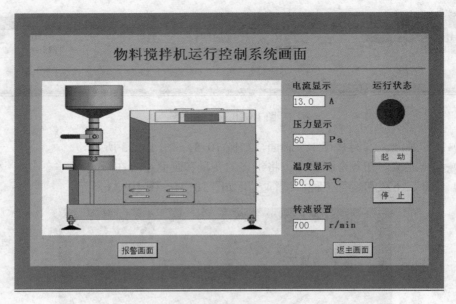

图 10-33　组态报警

重点难点总结

本章共讲解了 5 个实例，有一定的难度，涉及 PLC 逻辑控制、步进电动机的位置控制、变频器的调速、USS 通信和触摸屏应用等。如果读者学习完本章，并掌握该章节的内容，应该能完成不太复杂 PLC 控制的工程项目。

习题

1. 用 PLC 实现三级输送机的顺序控制。系统描述如下：

现有一套三级输送机，用于实现货物的传输，每一级输送机有一台交流电送机进行控制，电动机为 M1、M2、M3，分别由接触器 KM1、KM2、KM3、KM4、KM5、KM6 控制电动机的正反转。

控制任务：

（1）当装置上电时，系统进行复位，所有电动机停止运行。

（2）当手/自动转换开关 SA1 打到左边时系统进入自动状态。按下系统启动按钮 SB1 时，电动机 M1 首先正转启动，运行 10s 后，电动机 M2 正传启动，当电动机 M2 运行 10s 后，电动机 M3 正转启动，此时系统完成启动过程，进入正常运转状态。

（3）按下系统停止按钮 SB2 时，电动机 M1 首先停止，当 M1 停止 10s 后，M2 停止，M2 停止 10s 后，电动机 M3 停止。

系统在启动过程中按下停止按钮 SB2，电动机按启动顺序反向停止运行。

参 考 文 献

[1] 向晓汉. S7-200 PLC 完全精通教程[M]. 北京：化学工业出版社，2012.

[2] 向晓汉. S7-300/400 PLC 基础与案例精选[M]. 北京：机械工业出版社，2011.

[3] 向晓汉. 西门子 PLC 工业通信网络应用案例精讲[M]. 北京：化学工业出版社，2011.

[4] 西门子（中国）有限公司. S7-200 SMART 可编程控制器系统手册，2012.

[5] 西门子（中国）有限公司. MICROMASTER 440 标准变频器使用大全，2007.

[6] 蔡行健. 深入浅出西门子 S7-200 PLC[M]. 北京：北京航空航天大学出版社[M]，2003.

[7] 廖常初. PLC 编程及应用[M]. 3 版. 北京：机械工业出版社，2008.

[8] 连建华. PLC 应用技术[M]. 北京：国防工业出版社，2009.